中文版 Illustrator CS6 基础教程

▶ ▶ ▶ ▶

凤凰高新教育◎编著

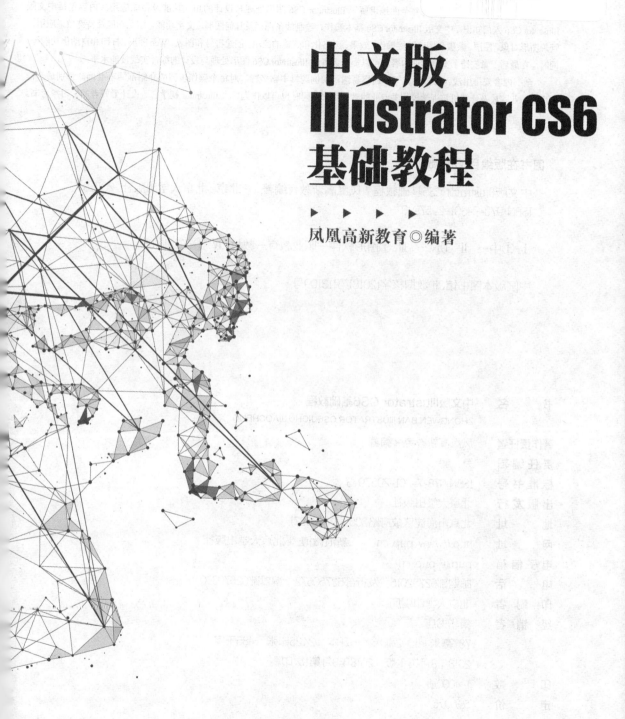

北京大学出版社
PEKING UNIVERSITY PRESS

内容提要

Illustrator CS6 是优秀的矢量图形处理软件，被广泛应用于印刷、插画绘制、商业广告设计等领域。

本书以案例为引导，系统并全面地讲解了 Illustrator CS6 图形处理与设计的相关功能及技能应用。内容包括中文版 Illustrator CS6 入门知识，中文版 Illustrator CS6 基本操作，绘制线条图形及几何图形，文字功能、填充功能及特殊效果应用，管理图形对象，图层、蒙版和图稿链接操作，效果、风格化和滤镜的应用，创建符号和图表，Web 图形、打印和自动化功能等。同时，在最后一章安排了案例实训内容，可以提升读者的 Illustrator CS6 图形处理与设计的综合实战技能水平。

全书内容安排由浅入深，语言写作通俗易懂，实例题材丰富多样，对每个操作步骤的介绍都清晰准确，特别适合作为广大职业院校及计算机培训学校相关专业的教材用书；同时也可以作为广大 Illustrator 初学者、设计爱好者的学习参考书。

图书在版编目(CIP)数据

中文版Illustrator CS6基础教程 / 凤凰高新教育编著. — 北京：北京大学出版社, 2018.8
ISBN 978-7-301-29579-3

Ⅰ. ①中… Ⅱ. ①凤… Ⅲ. ①图形软件—职业教育—教材 Ⅳ. ①TP391.412

中国版本图书馆CIP数据核字(2018)第113109号

书　　　名	**中文版Illustrator CS6基础教程**	
	ZHONGWEN BAN IIIUSTRATOR CS6 JICHU JIAOCHENG	
著作责任者	凤凰高新教育　编著	
责任编辑	尹　毅	
标准书号	ISBN 978-7-301-29579-3	
出版发行	北京大学出版社	
地　　址	北京市海淀区成府路205 号　　100871	
网　　址	http://www.pup.cn　　　新浪微博: @ 北京大学出版社	
电子信箱	pup7@ pup.cn	
电　　话	邮购部62752015　发行部62750672　编辑部62570390	
印 刷 者	北京大学印刷厂	
经 销 者	新华书店	
	787毫米 × 1092毫米　16开本　24.25印张　486千字	
	2018年8月第1版　2018年8月第1次印刷	
印　　数	1-4000册	
定　　价	59.00元	

Illustrator CS6 是优秀的矢量图形处理软件，被广泛应用于插画绘制、商业广告设计等领域。Illustrator CS6 不仅传承了前期版本的优秀功能，还增加了许多非常实用的新功能。

本书内容介绍

本书以案例为引导，系统并全面地讲解了 Illustrator CS6 图形处理与设计的相关功能及技能应用。内容包括中文版 Illustrator CS6 入门知识，中文版 Illustrator CS6 基本操作，绘制线条图形及几何图形，文字功能、填充功能及特殊效果应用，管理图形对象，图层、蒙版和图稿链接操作，效果、风格化和滤镜的应用，创建符号和图表，Web 图形、打印和自动化功能等。同时，在最后一章安排了案例实训内容，可以提升读者的 Illustrator CS6 图形处理与设计的综合实战技能水平。

本书相关特色

（1）全书内容安排由浅入深，语言写作通俗易懂，实例题材丰富多样，对每个操作步骤的介绍都清晰准确，特别适合作为广大职业院校及计算机培训学校相关专业的教材用书；同时也可以作为广大 Illustrator 初学者、设计爱好者的学习参考用书。

（2）内容全面，轻松易学。本书内容翔实，系统全面，采用"步骤讲述＋配图说明"的方式编写，操作简单明了，浅显易懂。图书配有多媒体教学网盘，网盘内容包括本书中所有案例的素材文件与最终效果文件；同时还配有与书中内容同步讲解的多媒体教学视频，让读者像看电视一样，轻松掌握 Illustrator CS6 的图形处理与设计技能。

（3）案例丰富，实用性强。全书安排 24 个"课堂范例"，帮助初学者认识和掌握相关工具、命令的实战应用；安排 36 个"课堂问答"，帮助初学者解决学习过程中遇到的疑难问题；安排 12 个"上机实战"、12 个"同步训练"、10 个"综合上机实训"，提升初学者的实战技能水平；并且每章都安排了"知识能力测试"，认真完成这些测试习题，有助于初学者加强对知识技能的巩固（提示：相关习题答案在网盘文件中）。

本书知识结构图

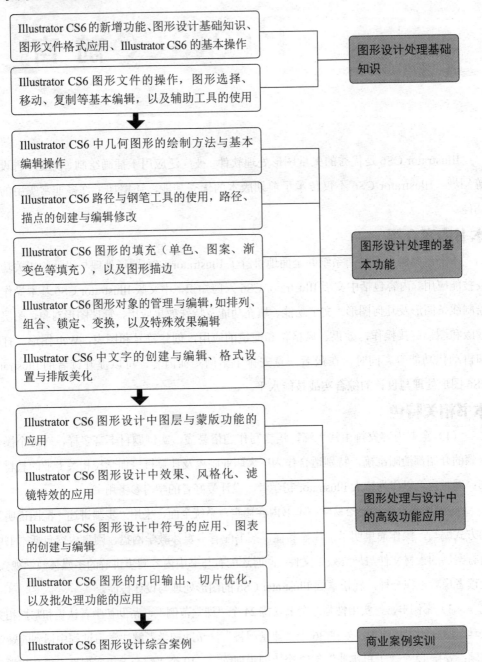

教学课时安排

本书综合介绍了 Illustrator CS6 软件的功能应用，现给出本书教学的参考课时（共65 个课时），主要包括教师讲授 38 课时和学生上机实训 27 课时两部分，内容如下。

章节内容	课时分配	
	教师讲授	学生上机实训
第1章　中文版 Illustrator CS6 入门知识	2	0
第2章　中文版 Illustrator CS6 基本操作	2	2
第3章　绘制线条图形	3	2
第4章　绘制几何图形	3	2
第5章　文字功能应用	4	2
第6章　填充功能应用	3	2
第7章　管理图形对象	4	3
第8章　特殊效果应用	2	1
第9章　图层、蒙版和图稿链接操作	3	1
第10章　效果、风格化和滤镜的应用	4	4
第11章　创建符号和图表	2	1
第12章　Web 图形、打印和自动化功能	1	1
第13章　商业案例实训	5	5
合　　计	38	27

网盘内容说明

本书附赠超值多媒体资源，具体内容如下。

1．素材文件

素材文件是指本书中所有章节实例的素材文件，全部收录在网盘中的"素材文件"文件夹中。读者学习时，可以参考图书讲解内容，打开对应的素材文件进行同步操作练习。

2．结果文件

结果文件是指本书中所有章节实例的最终效果文件，全部收录在网盘中的"结果文件"文件夹中。读者学习时，可以打开结果文件查看其实例效果，为自己在学习过程中练习操作提供帮助。

3．视频教学文件

本书为读者提供了长达 7 小时的与书中内容同步的视频教程，并且有语音讲解，非常适合无基础读者学习。读者可以通过相关的视频播放软件（如 Windows Media Player、暴风影音等）打开每章的视频文件进行学习。

4．PPT 课件

本书提供了非常方便的 PPT 教学课件，各位老师选择该书作为教材，不用再担心没有教学课件，也不必再专门制作课件内容了。

5．习题答案

网盘中的"习题答案"文件为老师及读者提供每章"知识能力测试"的参考答案，还包括本书最后 3 套"知识与能力总复习"的参考答案。

6. 设计专业软件学习指导电子书

 官方微信公众号	← 以上资源，请扫描左方二维码关注公众号，输入代码 NYB52164，获取下载地址及密码。	 在线视频教程学习

温馨提示：更多职场技能学习，也可以登录精英网（www.elite168.top）。

创作者说

本书由"凤凰高新教育"策划并编写。在本书的编写过程中，我们竭尽所能地为读者呈现最好、最全的实用功能，但仍难免有疏漏和不妥之处，敬请广大读者指正。若读者在学习过程中产生疑问或有任何建议，可以通过 E-mail 或 QQ 群与我们联系。

另外，读者可以打开手机微信，选择"扫一扫"，扫此二维码关注"新精英充电站"公众号，获得更多的职场技能和学习资源，让您在职场中"升职加薪，不加班"！

官方微信公众号
投稿信箱：pup7@pup.cn

读者信箱：2751801073@qq.com

读者交流 QQ 群：586527675（职场办公之家群 2）、218192911（办公之家）

提示：申请加入 QQ 群时，如系统提示 QQ 群已满，请根据验证信息提示加入新群。

编　者

CONTENTS 目 录

第 8 章　特殊效果应用

第 9 章　图层、蒙版和图稿链接操作

CS6
ILLUSTRATOR

第1章
中文版 Illustrator CS6 入门知识

本章导读

中文版 Adobe Illustrator CS6 是图形设计、矢量绘制软件，本章将对 Illustrator CS6 的基础知识进行讲解，包括 Illustrator CS6 的新增功能、工作界面等内容。

学习目标

- 了解 Illustrator CS6
- 了解矢量图和位图
- 了解图像的颜色模式和存储格式
- 熟悉 Illustrator CS6 的工作界面
- 熟悉 Illustrator CS6 首选项参数设置

1.1 初识 Illustrator CS6

Illustrator CS6 是优秀的矢量图形处理软件，最新版 CS6 不仅传承了前期版本的优秀功能，还增加了许多非常实用的新功能。

1.1.1 了解 Illustrator CS6

Adobe CS6 中的 Adobe Illustrator CS6 软件由 Adobe Mercury 支持，能够高效、精确地处理大型复杂文件，被广泛应用于插画绘制、广告设计等领域。

1.1.2 Illustrator CS6 的新增功能

Illustrator CS6 新增了许多实用功能，包括性能强化、图案功能强化、描边渐变、图像描摹增强等。下面具体介绍这些常用的新增功能。

1. 性能强化

Adobe 这次的 CS6 版本有 4 个软件支持 OpenCL 加速，其中之一就是 Illustrator（以下简称 AI）。新版本 AI 解决了一些以前一直存在的性能问题，并且新出了 64 位版本。64 位版本可以调用更多的内存。

2. 图案功能强化

这个更新应该是 CS6 最有代表性的功能强化之一了。AI CS6 为自定义图案增加了一个面板以方便设置，可以轻松创建"四方连续填充"。

在【色板】中双击一个图案就可以打开【图案选项】面板，通过它可以快速创建无缝拼贴的效果，如图 1-1 所示。

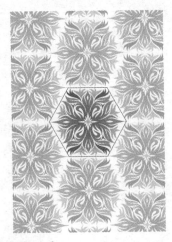

图 1-1　无缝拼贴的效果

3．描边渐变

一直以来，常见的矢量软件对路径的描边都不能添加渐变。这次 AI 重新编码，增加了描边渐变的功能，在【渐变】面板中增加了描边渐变的控制参数，如图 1-2 所示。

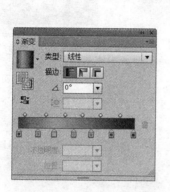

图 1-2　描边渐变的效果

4．图像描摹增强

AI 从 CS2 版本开始增加了实时描摹，一直到 CS6 版本，其功能和精度在不断地强化。这次 CS6 版本增加了【图像描摹】面板，将以前描摹选项中的复杂参数简单直观化，让用户能够快速得到自己想要的效果，如图 1-3 所示。

图 1-3　图像描摹的效果

5．高斯模糊增加【预览】按钮

高斯模糊增加了一个【预览】按钮，可以直接看到效果。同时，由于软件性能加强，模糊计算速度也变快了很多，如图 1-4 所示。

6．增加颜色代码名称

【颜色】面板增加了颜色代码名称，这样在选择完一个 RGB 颜色后，可以直接得到这个颜色的代码，从而能够将其复制到其他软件中，如图 1-5 所示。

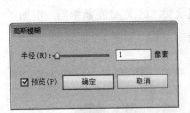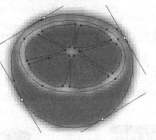

图1-4　高斯模糊预览的效果　　　　　　　　图1-5　【颜色】面板

1.2　矢量图和位图

在计算机绘图设计领域中，图像基本上可分为位图和矢量图两类。位图与矢量图各有优缺点，下面将分别进行介绍。

1.2.1　矢量图

矢量图也称为向量图，可以对其进行任意大小的缩放，而不会出现失真现象。矢量图像的形状更容易修改和控制，但色彩层次不如位图丰富和真实。常用的矢量图绘制软件有 Adobe Illustrator、CorelDRAW、FreeHand、Flash 等。矢量图的放大效果如图 1-6 所示。

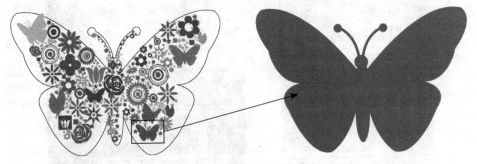

图1-6　矢量图的放大效果

1.2.2　位图

位图也称为点阵图、栅格图像、像素图，简单地说，就是由像素点构成的图。对位图过度放大就会失真。构成位图的最小单位是像素点，位图就是由像素阵列的排列来实现其显示效果的。常见的位图编辑软件包括 Photoshop、Painter、Fireworks、Ulead PhotoImpact、光影魔术手等。位图的放大效果如图 1-7 所示。

图 1-7　位图的放大效果

1.2.3　图像分辨率

图像分辨率和图像大小之间有着密切的关系。图像分辨率越高，所包含的像素越多，图像的信息量就越大，文件也就越大。通常文件的大小是以 MB（兆字节）为单位的。一般情况下，一个幅面为 A4 大小的 RGB 模式的图像，若分辨率为 300PPI，则文件大小约为 20MB。

图像的颜色模式和存储格式

颜色模式是定义颜色值的方法，不同的颜色模式使用特定的数值定义颜色；存储格式就是将对象存储于文件中时所用的记录格式。

1.3.1　Illustrator CS6 常用颜色模式

颜色模式是一种用来确定显示和打印电子图像色彩的模式。常见颜色模式包括 RGB 颜色模式、CMYK 颜色模式、Lab 颜色模式等，下面以 RGB 颜色模式和 CMYK 颜色模式为例进行介绍。

1．RGB 颜色模式

RGB 颜色模式通过光的三原色红、绿、蓝进行混合产生丰富的颜色。绝大多数可视光谱都由红、绿、蓝三色光按不同比例和强度混合而成。三原色红、绿、蓝之间若发生混合，则会生成青、洋红和黄色。

RGB 颜色模式也被称为"加色模式"，如图 1-8 所示。因为通过将 R、G 和 B 混合可产生白色，所以"加色模式"用于照明光、电视和计算机显示器。例如，显示器通过红色、绿色和蓝色荧光粉发射光线产生颜色。

图 1-8　RGB 颜色模式

2．CMYK 颜色模式

CMYK 颜色模式的应用基础是在纸张上打印和印刷时油墨的光吸收特性。当白色光线照射到透明的油墨上时，油墨将吸收一部分光谱，没有吸收的颜色反射回人的眼睛。

混合青、洋红和黄色可以产生黑色，或者通过三色相减产生所有颜色，因此 CMYK 颜色模式也称为"减色模式"，如图 1-9 所示。因为青、洋红和黄色不能混合出高密度的黑色，所以须加入黑色油墨以实现更好的印刷效果。将青、洋红、黄色、黑色油墨混合重现颜色的过程称为四色印刷。

图 1-9　CMYK 颜色模式

1.3.2　Illustrator CS6 常用存储格式

为了便于文件的编辑和输出，需要将设计作品以一定的格式存储在计算机中。下面介绍两种常见的矢量文件存储格式。

1．AI 格式

AI 是 Illustrator 的默认图形文件格式，使用 CorelDRAW、Illustrator、FreeHand、Flash 等软件都可以打开该格式的文件进行编辑。在 Photoshop 软件中可以作为智能对象打开，如果在 Photoshop 软件中使用传统方式打开，系统会将其转换为位图图像。

2．EPS 格式

EPS 文件虽然采用矢量格式记录文件信息，但是也可包含位图图像，而且将所有像素信息整体以像素文件的记录方式进行保存。而对于针对像素图像的组版剪裁和输出控制信息，如轮廓曲线的参数、加网参数和网点形状、图像和色块的颜色设备等，将用 PostScript 语言方式另行保存。

1.4 Illustrator CS6 的工作界面

在 Illustrator CS6 中进行图形绘制，主要是通过工具、命令和面板选项来进行的，所以学习绘图操作之前，必须熟悉它的工作界面。启动 Illustrator CS6 后，工作界面如图 1-10 所示。

图 1-10 Illustrator CS6 的工作界面

❶ 菜单栏	菜单栏中包含可以执行的各种命令，单击菜单名称即可打开相应的菜单
❷ 工具选项栏	用来设置工具的各种选项，它会随着所选工具的不同而变换内容
❸ 工具箱	包含用于执行各种操作的工具，如创建选区、移动图形、绘画、文字等
❹ 图像窗口	图像窗口是显示和编辑图像的区域
❺ 状态栏	可以显示文档大小、文档尺寸、当前工具和窗口缩放比例等信息
❻ 浮动面板	可以帮助我们编辑图像。有的用来设置编辑内容，有的用来设置颜色属性

1.4.1 菜单栏

菜单栏位于标题栏下方，包括 9 组菜单命令。执行菜单命令时，单击相应的组菜单，在弹出的子菜单中选择相应的命令即可，如图 1-11 所示。

图 1-11 菜单栏

菜单栏左侧还显示了 AI 软件名称和一些扩展命令按钮，右上方界面包含【最小化】【向下还原】【关闭】按钮。

技 能 拓 展

如果菜单命令为浅灰色，则表示该命令目前处于不能被选择的状态。如果菜单命令右侧有标记，则表示该命令下还包含子菜单。如果菜单命令后有"…"标记，则表示选择该命令可以打开对话框，如果菜单命令右侧有字母组合，则表示该命令的键盘快捷键。

1.4.2 工具选项栏

在工具选项栏中，Illustrator CS6 会根据用户选中的当前对象列出相应的设置选项，以方便快速对当前对象进行属性设置或修改，【选择工具】选项栏如图 1-12 所示。

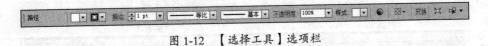

图 1-12 【选择工具】选项栏

1.4.3 工具箱

在工具箱中，集合了 Illustrator CS6 中常用的绘图工具按钮，移动鼠标指针到工具按钮上，短暂停留后，系统将显示此工具的名称，执行【窗口】→【工具】命令可以显示或关闭工具箱。

在工具按钮右下方三角按钮的位置按下鼠标左键，短暂停留后，可以显示此工具组的所有工具，移动鼠标指针到要选择的工具上，释放鼠标后即可选择相应工具，如图 1-13 所示。

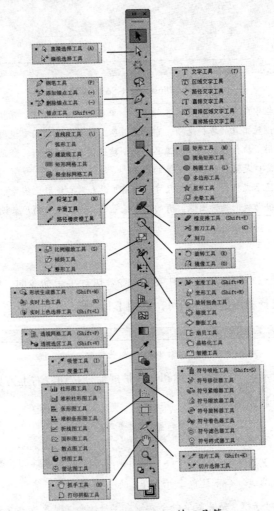

图 1-13 Illustrator CS6 的工具箱

温馨
提示

　　右击工具图标右下角的按钮■，就会显示其他相似功能的隐藏工具；将鼠标指针停留在工具上，相应工具的名称将出现在鼠标指针下面的工具提示中；在键盘上按下相应的快捷键，即可从工具箱中自动选择相应的工具。

1.4.4　图像窗口

　　在绘图区域中，可以绘制并调整文件内容，需要注意的是，在进行文件打印或印刷输出时，只有将图形放置在相应的画板内才能被正确输出。

1.4.5　状态栏

　　状态栏位于工作界面的底部，用于显示当前文件页面缩放比例和页面标识等信息。如果是多画板文件，还将显示画板导航内容，用户可以快速设置页面缩放，并选择需要的画板，如图 1-14 所示。

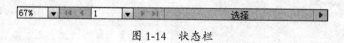

图 1-14　状态栏

1.4.6　浮动面板

　　浮动面板可将某一方面的功能选项集合在一个面板中，方便用户对常用选项进行设置，如【色板】面板（图 1-15）和【画笔】面板（图 1-16）。Illustrator CS6 中多数浮动面板都可以在【窗口】菜单中进行显示或关闭操作。单击面板右上角的 ▾≡ 扩展按扭，可以打开面板快捷菜单，如图 1-17 所示。

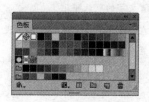

图 1-15　【色板】面板

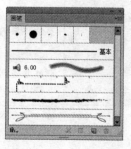

图 1-16　【画笔】面板

图 1-17　面板快捷菜单

1.5 Illustrator CS6 首选项参数设置

设置首选项参数可以指示 Illustrator CS6 如何工作，包括工具、显示、标尺单位、用户界面和增效工具等设置。下面介绍一些常用的首选项参数设置。

1.5.1 【常规】选项

执行【编辑】→【首选项】→【常规】命令或者按【Ctrl+K】组合键，弹出【首选项】对话框，如图 1-18 所示。

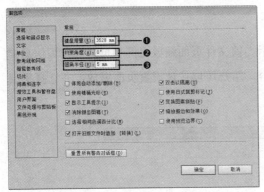

❶ 键盘增量	在其文本框中输入数值表示通过键盘上的方向键移动图形的距离
❷ 约束角度	在其文本框中输入数值设置页面坐标的角度，默认值为 0°，表示页面保持水平垂直状态
❸ 圆角半径	在其文本框中输入数值设置圆角矩形的默认圆角半径

图 1-18 　【常规】选项

1.5.2 【文字】选项

在【首选项】对话框中，选择【文字】选项，在该选项中，可以设置文字的相关参数，如图 1-19 所示。

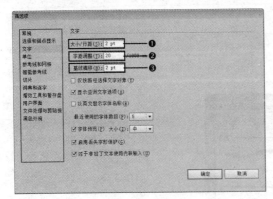

❶ 大小 / 行距	在其文本框中输入数值可以设置文字的默认行距
❷ 字距调整	在其文本框中输入数值可以设置文字的默认字距
❸ 基线偏移	在其文本框中输入数值可以设置基线的默认位置

图 1-19 　【文字】选项

1.5.3 【单位】选项

在【首选项】对话框中，选择【单位】选项，在该选项中，可以设置单位的相关参数，如图 1-20 所示。

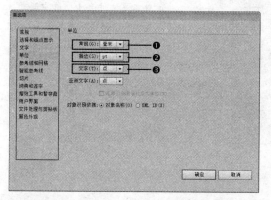

❶ 常规	在其下拉列表框中，可以设置标尺的度量单位，默认为毫米
❷ 描边	在其下拉列表框中，可以设置描边宽度的单位
❸ 文字	在其下拉列表框中，可以设置文字的度量单位

图 1-20　【单位】选项

温馨提示

Illustrator CS6 中默认度量单位是点（pt），1pt=0.3528 毫米，用户可以根据需要更改 Illustrator CS6 中用于常规度量、描边和文字的单位。

1.5.4 【参考线和网格】选项

在【首选项】对话框中，选择【参考线和网格】选项，在该选项中，可以设置参考线和网格的相关参数，如图 1-21 所示。

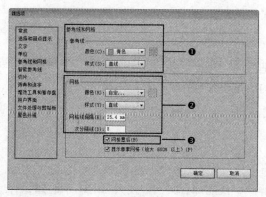

❶ 参考线	在【参考线】栏中，可以设置参考线的颜色、样式等属性
❷ 网格	在【网格】栏中，可以设置网格的颜色、样式、网格线间隔等参数
❸ 网格置后	选中【网格置后】复选框后，用户设置的网格坐标格将位于文件最后面

图 1-21　【参考线和网格】选项

1.5.5 【增效工具和暂存盘】选项

在【首选项】对话框中，选中【增效工具和暂存盘】选项，在该选项中，可以设置增效工具和暂存盘的相关参数，如图 1-22 所示。

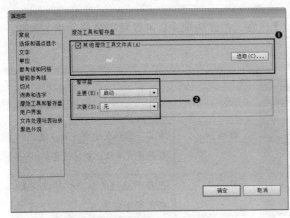

❶ 其他增效工具文件夹	通常情况下，软件安装后会自动定义好相应的【其他增效工具文件夹】，选中此复选框后，单击【选取】按钮，在弹出的对话框中可以重新选择增效工具文件夹
❷ 暂存盘	在【暂存盘】栏中，可以设置【主要】和【次要】暂存盘

图 1-22 【增效工具和暂存盘】选项

课堂问答

通过本章的讲解，大家对 Illustrator CS6 和图像基础知识有了一定的了解，下面列出一些常见的问题供大家学习参考。

问题①：暂存盘满了怎么办？

答：选择【编辑】→【首选项】→【增效工具和暂存盘】选项，在该选项中，选择空间较大的硬盘作为暂存盘，尽量不要选择系统盘作为暂存盘，以免影响运行速度。完成设置后，重新启动 Illustrator CS6 即可。

问题②：Illustrator CS6 能打开 CDR 格式的图形吗？

答：CDR 是 CorelDraw 软件格式，两者不通用。但是，可以在 CorelDraw 软件中，将图形存储为通用格式，如保存为 EPS 格式，再在 Illustrator CS6 中打开。

问题③：分辨率是什么？

答：分辨率决定了位图图像细节的精细程度。通常情况下，图像的分辨率越高，所包含的像素就越多，图像就越清晰，印刷的质量也就越好。同时，它也会增加文件占用的存储空间。矢量图在计算机中的存储方式不同，它与分辨率无关。

上机实战——调整操作界面

为了让大家巩固本章知识点，下面讲解一个技能综合案例，使大家对本章的知识有更深入的了解。

思路分析

使用 Illustrator CS6 进行图形绘制时，对操作界面进行调整，可以使操作更加个性化。

下面介绍如何调整操作界面。

本例首先启动 Illustrator CS6 软件，然后展开、拆分、组合和嵌套面板，最后调整面板宽度。

制作步骤

步骤 01　安装 Illustrator CS6 程序后，在折叠面板上方单击【展开面板】按钮，如图 1-23 所示。通过前面的操作，展开折叠面板，效果如图 1-24 所示。

图 1-23　折叠面板

图 1-24　展开折叠面板的效果

温馨提示

展开面板后，再次单击【折叠面板】按钮，可以折叠面板。折叠面板后，图像操作窗口会更大。

步骤 02　向外侧拖动组合面板的标题栏，如图 1-25 所示。释放鼠标后，可以将组合面板拆分为单个面板，如图 1-26 所示。

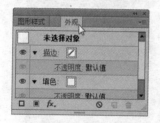

图 1-25　拖动标题栏

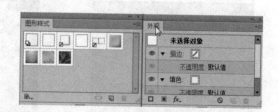

图 1-26　拆分面板

步骤 03　拖动面板标题栏到另一个面板标题栏位置，会出现蓝色提示条，如图 1-27 所示。释放鼠标后，可以组合面板，如图 1-28 所示。

图 1-27　拖动面板标题栏

图 1-28　组合面板

步骤 04　拖动面板标题栏到另一个面板下方，会出现蓝色提示条，如图 1-29 所示。释放鼠标后，可以嵌套面板，如图 1-30 所示。

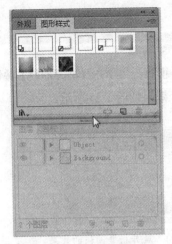

图 1-29　拖动面板标题栏

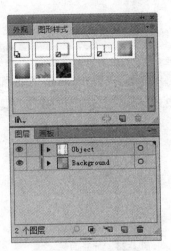

图 1-30　嵌套面板

步骤 05　移动鼠标指针到面板右侧，鼠标指针变为↔形状，如图 1-31 所示。拖动鼠标即可加宽面板，如图 1-32 所示。

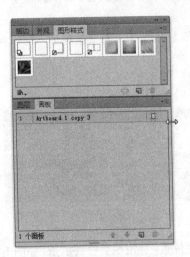

图 1-31　移动鼠标指针到面板右侧

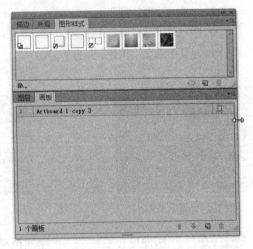

图 1-32　加宽面板

温馨提示　拖动面板下方可以加长面板，拖动面板右下角区域，可以同比增大面板空白区域。

⊕ 同步训练——更改和自定义工作区

为了增强大家的动手能力，下面安排一个同步训练案例，让大家达到举一反三、触类旁通的学习效果。

图解流程

思路分析

在工作界面中，窗口、工具箱、菜单栏、面板等组件的排列区域统称为工作区。在 Illustrator CS6 中提供了多种预设工作区，包括 Web、上色、基本功能等。我们也可以自定义符合自己使用习惯的工作区。

本例首先打开【首选项】对话框，然后更改操作界面的亮度值，以得到更加舒适的工作环境。

关键步骤

关键步骤 01　启动 Illustrator CS6，进入 Illustrator CS6 工作界面，首次启动时，Illustrator CS6 默认为基本功能工作区。

关键步骤 02　执行【窗口】→【工作区】命令，在下级菜单中，可以选择目标工作区，如【上色】工作区。

关键步骤 03　调整窗口，使其符合自己的操作习惯。

关键步骤 04　调整工作区后，执行【窗口】→【工作区】→【新建工作区】命令，可以存储个性化工作区。

🍃 知识能力测试

本章讲解了 Illustrator CS6 基础知识，为对本章知识进行巩固和考核，布置相应的练习题（答案见网盘）。

一、填空题

1. 混合_____、_____和_____可以产生黑色，或者通过三色相减产生所有颜色，因此 CMYK 颜色模式也称为"减色模式"。

2. 菜单栏左侧还显示了 AI 软件名称、一些扩展命令按钮，在右上方包括_____、_____、_____按钮。

3. 位图也称为_____、_____、_____，简单地说，就是由像素点构成的图，对位图过度放大就会失真。

二、选择题

1. （　　）是 Illustrator 的默认图形文件格式，使用 CorelDRAW、Illustrator、FreeHand、Flash 等软件都可以打开进行编辑。

　　A. AI　　　　　　　B. JPG　　　　　　C. PSD　　　　　　D. TIF

2. 新版本 AI 解决了一些以前一直存在的性能问题，并且新出了（　　）位版本。

　　A. 85　　　　　　　B. 24　　　　　　　C. 32　　　　　　　D. 64

3. Illustrator CS6 中多数浮动面板都可以在（　　）菜单中进行显示或关闭。

　　A.【格式】　　　　B.【面板】　　　　C.【窗口】　　　　D.【浮动】

三、简答题

1. 简述图像分辨率和图像大小之间的关系。

2. 暂存盘满了怎么办？

CS6
ILLUSTRATOR

第 2 章
中文版 Illustrator CS6
基本操作

本章导读

在绘图之前，会用到一些基本的文件操作方法，如文件和页面管理、视图控制、辅助工具的应用等。本章将具体介绍文件操作及页面辅助工具等知识。

学习目标

- 熟练掌握基础文件操作
- 熟练掌握选择工具的使用方法
- 熟练掌握图形的移动和复制方法
- 熟练掌握设置显示状态的方法
- 熟练掌握页面辅助工具的使用

基础文件操作

基础文件操作包括新建、打开、保存及置入文件等，学好这些知识，可以为以后的深入学习打下良好的基础。

2.1.1 新建空白文件

启动 Illustrator CS6 后，执行【文件】→【新建】命令，或者按【Ctrl+N】组合键，打开【新建文档】对话框。在对话框中，设置与新文件相关的选项，完成设置后，单击【确定】按钮，即可新建一个空白文件，如图 2-1 所示。

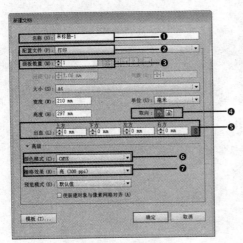

❶ 名称	为新建空白文件命名
❷ 配置文件	用于决定文档的默认配置文件
❸ 画板数量	设置新建文件中画板的数量
❹ 取向	设置绘图页面的显示方向
❺ 出血	制作印刷品时，文件四周的出血范围
❻ 颜色模式	在下拉列表框中，包括 CMYK 和 RGB 两种颜色模式
❼ 栅格效果	设置为栅格图形添加特效时的效果分辨率

图 2-1 【新建文档】对话框

2.1.2 从模板新建

Illustrator CS6 为用户准备了大量实用的模板文件，通过模板文件可以快速创建专业领域的文件模板，执行【文件】→【从模板新建】命令即可。

2.1.3 打开目标文件

在 Illustrator CS6 中，打开目标文件的方法与其他应用程序相同，具体操作步骤如下。

步骤 01 执行【文件】→【打开】命令，或者按【Ctrl+O】组合键，弹出【打开】对话框，在【查找范围】下拉列表框中，选择目标文件夹。在列出的文件中，选择需要打开的文件，单击【打开】按钮，如图 2-2 所示。

图 2-2　【打开】对话框

步骤 02　通过前面的操作，打开目标文件"番茄 .ai"，如图 2-3 所示。

图 2-3　打开目标文件

　　按【Ctrl+O】组合键，打开【打开】对话框。在选择文件时，按住【Shift】键单击
目标文件，可以选择多个连续文件；按住【Ctrl】键单击目标文件，可以选择不连续的文件。

2.1.4　存储文件

　　文件进行编辑和修改后，必须保存才能与其他用户进行共享，所以制作完成设计作
品后，文件的保存显得非常重要。下面介绍几种常用的文件保存方式。

1.【存储】命令

　　使用【存储】命令存储文件的具体操作步骤如下。

步骤 01　执行【文件】→【存储】命令，或者按【Ctrl+S】组合键，弹出【存储为】对话框，在【保存在】下拉列表框中，选择存储文件的路径；在【保存类型】下拉列表框中选择需要保存的类型，在【文件名】文本框中输入文件名称，完成设置后，单击【保存】按钮，如图 2-4 所示。

步骤 02　弹出【Illustrator 选项】对话框，设置需要存储文件的版本、字体和其他参数，单击【确定】按钮即可完成文件存储操作，如图 2-5 所示。

图 2-4　【存储为】对话框　　　　图 2-5　【Illustrator 选项】对话框

2.【存储为】命令

执行【文件】→【存储为】命令，或者按【Shift+Ctrl+S】组合键，弹出【存储为】对话框。【存储为】命令和【存储】命令的区别在于：【存储为】命令可以不覆盖原始文件，而将修改文件另存为一个副本文件。

3.【存储为模板】命令

执行【文件】→【存储为模板】命令，弹出【存储为】对话框，在对话框中选择存储模板的位置，并设置文件名和保存类型，完成设置后，单击【确定】按钮，即可将文件存储为模板文件。

2.1.5　关闭文件

保存文件后，如果不再使用当前文件，就可以暂时关闭它，以节约内存空间，提高工作效率。执行【文件】→【关闭】命令，或者按【Ctrl+W】组合键，即可关闭当前文件。

2.1.6　置入 \ 导出文件

Illustrator CS6 允许用户置入其他格式的文件，置入文件后，可以通过【链接】面板选择和更新链接文件；还可以通过执行【导出】命令将文件以其他格式和名称进行保存。

课堂范例——设置出血

步骤 01 执行【文件】→【文档设置】命令，设置【单位】为"毫米"，【出血】为"3mm"，如图 2-6 所示。出血效果如图 2-7 所示。

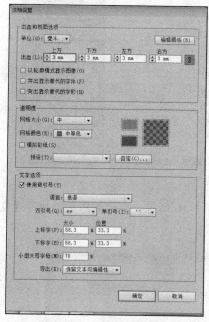

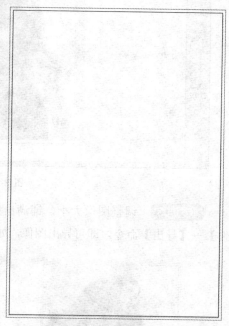

图 2-6 【文档设置】对话框

图 2-7 出血效果

步骤 02 执行【文件】→【置入】命令，弹出【置入】对话框，在【查找范围】下拉列表框中选择需要置入文件所在的位置，选中文件后，单击【置入】按钮，如图 2-8 所示。置入效果如图 2-9 所示。

图 2-8 【置入】对话框

图 2-9　置入效果

步骤 03　调整图像大小，铺满出血框，如图 2-10 所示。完成编辑后，执行【文件】→【导出】命令，即可导出图像，如图 2-11 所示。

图 2-10　调整图像大小

图 2-11　【导出】对话框

温馨提示

制作印刷品时，为了避免露白，或者误裁掉主体图像，通常要在印刷品成品周围留出几毫米出血尺寸。出血尺寸通常为 3mm，可根据纸张厚度，适当增减。

2.2 选择工具的使用

在绘图过程中，需要选择图形进行编辑。Illustrator CS6 提供了多种选择工具，下面分别进行介绍。

2.2.1 选择工具

【选择工具】可以快速选中整个路径或图形。在选择对象时，可以通过单击的方法选择，如图 2-12 所示；也可以使用拖动鼠标形成矩形框的方法选择对象，如图 2-13 所示。

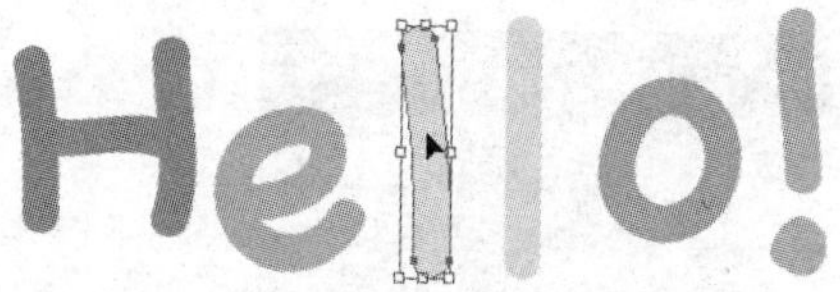

图 2-12 单击选中图形

图 2-13 拖动选中图形

2.2.2 直接选择工具

【直接选择工具】可以通过单击或框选方法快速选择编辑对象中的任意一个图形、路径中的任意一个锚点或某个路径上的线段。例如，选择锚点如图 2-14 所示；选择并拖动线段，如图 2-15 所示。

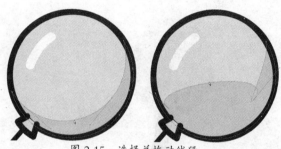

图 2-14 选择锚点

图 2-15 选择并拖动线段

2.2.3 编组选择工具

编组是指选择多个图形后，将它们编入一个组中。使用【编组选择工具】可以选择群组中的任意图形对象。

2.2.4 魔棒工具

【魔棒工具】可以选择图形中具有相同属性的对象，如描边颜色、不透明度和混合模式等属性。具体操作步骤如下。

步骤 01 打开"网盘\素材文件\第2章\树.ai"，如图 2-16 所示。双击【魔棒工具】，弹出【魔棒】面板，选中【填充颜色】复选框，设置【容差】为"5"，如图 2-17 所示。

技能拓展

使用【魔棒工具】选择图形时，按住【Shift】键单击可以加选图形；按住【Alt】键单击可以减选图形。

图 2-16　打开素材　　　　　　　　　图 2-17　【魔棒】面板

步骤 02　　使用【魔棒工具】 在深绿色图形上单击，如图 2-18 所示。通过前面的操作，选中图形中所有深绿色图形，如图 2-19 所示。

图 2-18　单击一个深绿色图形　　　　　图 2-19　选中所有深绿色图形

2.2.5　套索工具

【套索工具】 用于选择锚点、路径和整体图形。该工具可以拖动出自由形状的选区，如图 2-20 所示；只要与拖动选框有接触的图形都会被选中，如图 2-21 所示，特别适合用于选择复杂图形。

图 2-20　自由形状的选区　　　　　　　图 2-21　选中有接触的图形

2.2.6 使用菜单命令选择图形

选择对象后，执行【选择】→【相同】命令，在下拉菜单中选择命令，可以选择与所选对象具有相同属性的其他图形。

课堂范例——更改图形形状

步骤01 打开"网盘\素材文件\第2章\苹果.ai"，如图2-22所示。

步骤02 选择【魔棒工具】，在灰色背景上单击，选中所有灰色图形，如图2-23所示。按【Delete】键删除所选图形，如图2-24所示。

图 2-22 打开素材

图 2-23 选中图形

图 2-24 删除图形

步骤03 使用【选择工具】选中对象，如图2-25所示。按【Ctrl+C】组合键复制图形，按【Ctrl+V】组合键粘贴图形，如图2-26所示。移动复制图形到下方，更改图形形状，如图2-27所示。

图 2-25 选中对象

图 2-26 复制与粘贴图形

图 2-27 移动图形

2.3 图形移动和复制

完成对象绘制后，可以根据需要移动、复制对象，用户可以通过多种方法移动和复制图形对象。

2.3.1 移动对象

选中对象后，拖动鼠标左键即可移动相应图形对象。用户还可以精确移动对象，具体操作步骤如下。

步骤 01 打开"网盘\素材文件\第 2 章\长颈鹿 .ai"，使用【选择工具】 单击选中图形，如图 2-28 所示。

步骤 02 双击【选择工具】 ，或者执行【对象】→【变换】→【移动】命令，打开【移动】对话框，选中【预览】复选框，设置参数值，单击【确定】按钮，如图 2-29 所示。

步骤 03 通过前面的操作可以移动图形位置，移动效果如图 2-30 所示。

图 2-28 选中图形

图 2-29 【移动】对话框

图 2-30 移动效果

【移动】对话框常用的参数及其作用如图 2-31 所示。

❶ 水平	指定对象在水平方向的移动距离，正值向右移动，负值向左移动	
❷ 垂直	指定对象在垂直方向的移动距离，正值向下移动，负值向上移动	
❸ 距离	显示移动的距离大小	
❹ 角度	显示移动的角度	
❺ 选项	选中【变换对象】复选框，表示变换图形；选中【变换图案】复选框，表示变换图形中的图案填充	
❻ 复制	单击该按钮，将按所选参数复制出一个移动图形	

图 2-31 【移动】对话框

2.3.2　复制对象

当需要创建相似对象时，可以通过复制的方法，除了在【移动】对话框中单击【复制】按钮外，还可以通过以下方式进行操作。

方法一：选择对象后，执行【编辑】→【复制】命令，或者按【Ctrl+C】组合键复制对象，按【Ctrl+V】组合键粘贴即可；执行【编辑】→【粘在前面】命令，或者按【Cul+F】组合键可以将复制对象粘贴到原对象上面，执行【编辑】→【粘在后面】命令，或者按【Ctrl+B】组合键可以将复制对象粘贴到原对象下面。

方法二：选择对象，按住【Alt+Shift】组合键拖动鼠标，可以水平或垂直复制对象。按【Ctrl+D】组合键，可以以相同的属性重复复制对象。

> **技能拓展**
>
> 选择对象后，按键盘上的【↑】【↓】【←】【→】键，可将对象微移 1 个点的距离。如果同时按住【Shift】键，则可以移动 10 个点的距离。

按住【Alt】键拖动对象，鼠标指针会变为▶形状，释放鼠标后，可以快速复制对象。

📖 课堂范例——创建布纹

步骤 01　打开"网盘\素材文件\第 2 章\蓝布纹 .ai"，如图 2-32 所示。使用【选择工具】 ▶ 选中对象，如图 2-33 所示。

步骤 02　双击【选择工具】 ▶，弹出【移动】对话框，设置【水平】为"150pt"，单击【复制】按钮，如图 2-34 所示。

图 2-32　打开素材

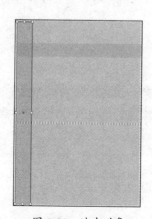
图 2-33　选中对象

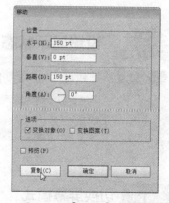
图 2-34　【移动】对话框

步骤 03　通过前面的操作可复制对象，复制对象效果如图 2-35 所示。按【Ctrl+D】组合键两次，以相同的属性重复复制对象，如图 2-36 所示。

步骤 04　使用【选择工具】 ▶ 选中对象，如图 2-37 所示。

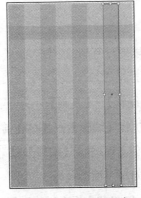
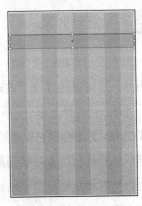

图 2-35 复制对象效果　　　图 2-36 重复复制对象　　　图 2-37 选中对象

步骤 05 双击【选择工具】，弹出【移动】对话框，设置【垂直】为"150pt"，单击【复制】按钮，如图 2-38 所示。释放鼠标后，得到复制对象，如图 2-39 所示。按【Ctrl+D】组合键 3 次，以相同的属性重复复制对象，重复复制对象效果如图 2-40 所示。

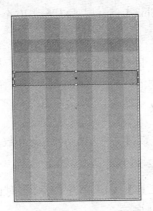
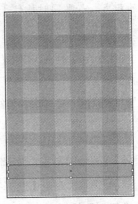

图 2-38 【移动】对话框　　　图 2-39 复制对象　　图 2-40 重复复制对象效果

2.4 设置显示状态

在绘制图形时，需要放大或缩小窗口的显示比例，移动显示区域，这样可以帮助用户更加精确地进行编辑。Illustrator CS6 提供了多种屏幕显示模式，下面分别进行介绍。

2.4.1 切换屏幕模式

为了方便用户绘图与查看，Illustrator CS6 为用户提供了多种屏幕显示模式。单击工具箱底部的【更改屏幕模式】按钮，在打开的下拉列表框中，提供了正常屏幕模式、带有菜单栏的全屏模式、全屏模式 3 种命令用于切换屏幕模式。

1．正常屏幕模式

该模式是默认的屏幕模式，它可以完整地显示菜单栏、浮动面板、工具栏、滚动条等。在这种屏幕模式下，文档窗口以最大化的形式显示，如图 2-41 所示。

2．带有菜单栏的全屏模式

在这种模式下，只显示菜单栏、工具箱和浮动面板，文档窗口将以最大化的形式显示。这样有利于更大空间地查看和编辑图形，如图 2-42 所示。

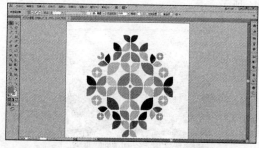
图 2-41　正常屏幕模式

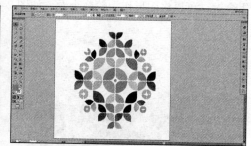
图 2-42　带有菜单栏的全屏模式

3．全屏模式

全屏模式显示没有标题栏和菜单栏，只有带滚动条的全屏窗口，以屏幕最大区域显示图形，如图 2-43 所示。将鼠标指针移动到屏幕边缘，会自动滑出工具箱或浮动面板，如图 2-44 所示。

技能拓展

按【F】键可在各个屏幕模式之间快速切换，按【Tab】键可以隐藏和显示浮动面板、工具栏和工具选项栏。

图 2-43　全屏模式

图 2-44　滑出浮动面板

2.4.2　改变显示模式

在 Illustrator CS6 中，对象有 4 种显示模式，包括预览、轮廓、叠印预览和像素预览。下面分别进行介绍。

1．预览

该模式是默认模式，但并不出现在【视图】菜单中，此模式能够显示图形对象的颜色、阴影和细节等，并以最接近打印后的效果来显示对象，如图 2-45 所示。

2．轮廓

轮廓模式只显示图形的轮廓线，没有颜色显示，在该显示状态下制图，可使屏幕刷新时间减短，大大节约了绘图时间。执行【视图】→【轮廓】命令，或者按【Ctrl+Y】组合键，可以将图形作为轮廓查看，如图 2-46 所示。

图 2-45　预览模式　　　　　　　　图 2-46　轮廓模式

3．叠印预览

叠印预览显示叠印或挖空后的实际印刷效果，以防止出现设置错误。执行【视图】→【叠印预览】命令，或按【Shift+Ctrl+Y】组合键，可以将图形以叠印预览模式查看。

4．像素预览

像素预览是以位图的形式显示图形。执行【视图】→【像素预览】命令，或者按【Alt+Ctrl+Y】组合键，可以将图形以像素预览模式查看。

2.4.3　改变显示大小和位置

使用【缩放工具】🔍 和【抓手工具】✋可以缩小和放大视图，并移动视图的位置，下面分别进行介绍。

1．缩放工具

将【缩放工具】🔍 移动到图形上，单击鼠标可以放大视图，按住【Alt】键并单击可以缩小视图。如果想查看一定范围内的对象，可以单击并拖动鼠标，拖出一个选框，如图 2-47 所示。释放鼠标后，选框内的对象就会被放大，如图 2-48 所示。

技 能 拓 展

双击工具箱中的【缩放工具】🔍，可以将图形以 100% 的比例显示。

图 2-47　单击并拖动鼠标

图 2-48　放大视图

2．抓手工具

当窗口不能显示完整图形时，使用【抓手工具】可以调整图形的视图位置，选择【抓手工具】，拖动鼠标到目标位置即可。原视图如图 2-49 所示，移动视图如图 2-50 所示。

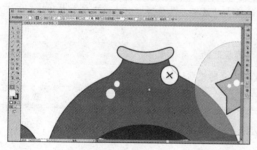

图 2-49　原视图

图 2-50　移动视图

在使用大部分其他工具时，按住键盘上的空格键都可以暂时将其切换为【抓手工具】。

2.5　创建画板

画板和画布是用于绘图的区域。画板内部的图形将被打印，画板外称为画布，位于画布上的图形不会被打印，下面介绍如何创建画板。

2.5.1　画板工具

使用【画板工具】可以创建画板、调整画板大小和移动画板。【画板工具】选项栏常用参数的作用如图 2-51 所示。

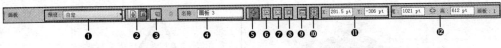

图 2-51 【画板工具】选项栏

❶ 预设	指定画板尺寸，这些预设为指定输出设置了对应的像素长宽比
❷ 方向	指定画板方向
❸ 新建画板	选中该按钮，在绘图区域单击，将以当前参数创建画板
❹ 名称	设置画板名称
❺ 移动／复制带画板的图稿	选中该按钮，可以移动画板和画板中的图形；按住【Alt】键单击并拖动一个画板，即可复制画板和画板中的图形
❻ 显示中心标记	选中该按钮，在画板中心显示一个中心标记，用于定位对象
❼ 显示十字线	选中该按钮，显示通过画板每条边中心的十字线，用于定位对象
❽ 显示视频安全区域	选中该按钮，可显示参考线，用户能够查看的所有文本和图形都应放在安全区域内
❾ 画板选项	单击该按钮，打开【画板选项】对话框，在对话框中可以设置参考标记和画板大小
❿ 参考点	选择参考点，可以设置移动画板时的参考位置
⓫ X、Y 值	根据 Illustrator CS6 工作区标尺来定义画板位置
⓬ 宽、高度值	用于设置画板大小

选择【画板工具】▢，在绘图区域移动鼠标，如图 2-52 所示，释放鼠标后，即可创建一个新画板，如图 2-53 所示。

图 2-52 选择【画板工具】拖动鼠标

图 2-53 创建新画板

2.5.2 【画板】和【重新排列画板】对话框

使用【画板】面板可以添加和删除画板、重新调整画板顺序，还可以更改画板名称等。执行【窗口】→【画板】命令，即可打开【画板】面板，如图 2-54 所示。

执行【对象】→【画板】→【重新排列】命令，即可打开【重新排列画板】对话框，在该对话框中可以选择画板的布局方式，如图 2-55 所示。

图 2-54 【画板】面板

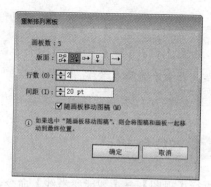

图 2-55 【重新排列画板】对话框

2.6 使用页面辅助工具

在图像绘制过程中，通过网格、参数线等辅助工具，可以快速、准确地组织和调整图形对象，使操作变得更加简单和精确。

2.6.1 标尺

标尺可以帮助用户在窗口中精确地移动对象，以及测量距离。执行【视图】→【标尺】→【显示标尺】命令，或者按【Ctrl+R】组合键，窗口顶部和左侧会显示标尺，如图 2-56 所示。

2.6.2 参考线

参考线可以帮助用户对齐文本和图形对象。显示标尺后，移动鼠标指针到标尺上，单击并拖动鼠标，便可快速创建参考线，如图 2-57 所示。

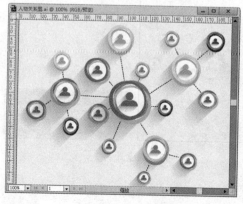

图 2-56 显示标尺

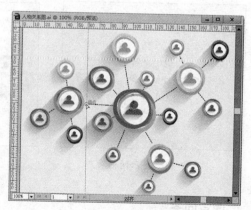

图 2-57 创建参考线

　　执行【视图】→【参考线】命令，在展开的子菜单中，可以选择相应命令隐藏、锁定、释放和清除参考线。

2.6.3　智能参考线

　　执行【视图】→【智能参考线】命令，或者按【Ctrl+U】组合键，可以开启智能参考线功能，在图形的移动、调整或转换过程中，系统将自动寻找路径、交叉点和图形位置。

2.6.4　对齐点

　　执行【视图】→【对齐点】命令，可以启用点对齐功能，此后移动对象时，可将其对齐到锚点和参考线上。

2.6.5　网格工具

　　网格是一系列交叉的虚线或点，可以用于在绘图窗口中精确地对齐和定位对象，执行【视图】→【显示网格】命令，或者按【Ctrl+"】组合键，可以快速显示网格，如图 2-58 所示。

2.6.6　度量工具

　　【度量工具】 可以测量任意两点之间的距离，选择【度量工具】 后拖动鼠标，测量结果会显示在【信息】面板中，如图 2-59 所示。

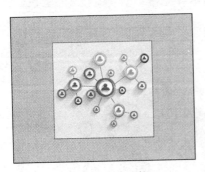

图 2-58　显示网格

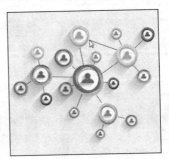

图 2-59　测量距离

课堂问答

　　通过本章的讲解，大家对 Illustrator CS6 基本操作有了一定的了解，下面列出一些常见的问题供大家学习参考。

问题①：如何快速关闭文件？

答：完成图形的编辑后，可以采用以下方法关闭文件：

方法一：执行【文件】→【关闭】命令，或者单击文档窗口右上角的 ▨ **X** 按钮，即可关闭当前的图形文件。

方法二：执行【文件】→【退出】命令，或者单击程序窗口右上角的 ▨ **X** 按钮，关闭文件并退出 Illustrator CS6 程序。如果文件没有保存，会弹出一个对话框，询问是否保存文件。

问题②：如何关闭智能参考线功能？

答：在默认状态下，Illustrator CS6 的智能参考线为开启状态。用户不需要系统自动对齐时，可以关闭该功能。执行【视图】→【智能参考线】命令，取消该命令前方的 ✓ 图标即可。

问题③：【置入】和【打开】命令有什么区别？

答：【置入】命令是将外部文件添加到当前图形编辑窗口中，不会单独出现窗口；而【打开】命令所打开的文件位于一个独立的窗口中。

📑 上机实战——从模板新建 T 恤样品文件

为了让大家巩固本章知识点，下面讲解一个技能综合案例，使大家对本章的知识有更深入的了解。

效果展示

图 2-60　效果展示

思路分析

使用模板文件可以根据需要，快速创建常用的商业模板文件，如 T 恤样品展示、红包、网盘等，该操作可以简化工作步骤，提高工作效率。

本例首先使用【从模板新建】命令创建 T 恤模板文件，然后复制 T 恤，最后添加 T 恤图案完成操作。

制作步骤

步骤 01　启动 Illustrator CS6，进入工作界面，执行【文件】→【从模板新建】命令，在【空白模板】文件夹中，选择"T 恤 .ait"文件，单击【新建】按钮，如图 2-61 所示。

步骤 02　通过前面的操作，创建 T 恤模板文件，如图 2-62 所示。

图 2-61　【从模板新建】对话框

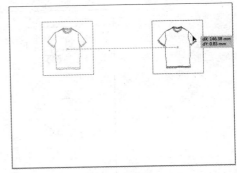

图 2-62　创建 T 恤模板文件

步骤 03　执行【视图】→【参考线】→【隐藏参考线】命令，隐藏参考线，如图 2-63 所示。选择【选择工具】 ，按住【Alt】键向右拖动复制图形，如图 2-64 所示。

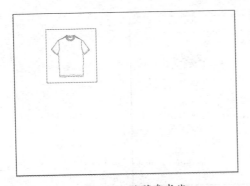

图 2-63　隐藏参考线　　　　　　　图 2-64　复制图形

技能拓展

　　按住【Shift】键，可以水平或垂直拖动图形。

步骤 04　使用【选择工具】 框选上方图形，如图 2-65 所示。按住【Alt】键，向下拖动复制图形，如图 2-66 所示。

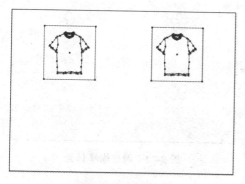

图 2-65 框选图形

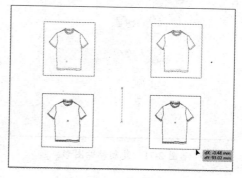

图 2-66 复制图形

步骤 05　执行【文件】→【打开】命令，弹出【打开】对话框，在【查找范围】下拉列表框中选择目标文件夹，在列出的文件中选中需要打开的文件"蝴蝶"，单击【打开】按钮，如图 2-67 所示。蝴蝶图形如图 2-68 所示。

图 2-67 【打开】对话框

图 2-68 蝴蝶图形

步骤 06　使用【套索工具】 框选图形，如图 2-69 所示。释放鼠标后，选中右上角的 4 个图形，如图 2-70 所示。

图 2-69 框选图形

图 2-70 选中图形

步骤 07　将选中图形复制粘贴到 T 恤文件中，如图 2-71 所示。调整蝴蝶位置，如图 2-72 所示。

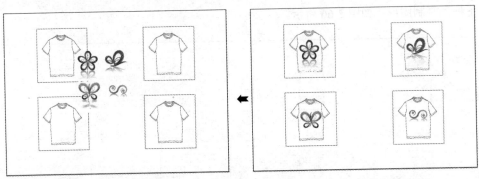

图 2-71　复制粘贴图形　　　　　　　　　图 2-72　调整蝴蝶位置

同步训练——标尺原点操作

　　为了增强大家的动手能力，下面安排一个同步训练案例，让大家达到举一反三、触类旁通的学习效果。

图解流程

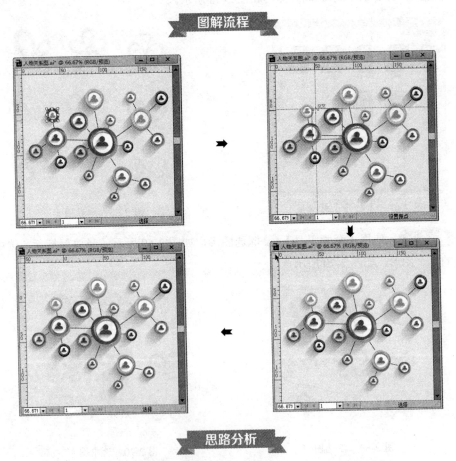

思路分析

　　创建标尺时，默认原点为（0，0），用户可以根据需要修改标尺原点。

　　本例首先显示标尺，然后拖动鼠标修改原点，最后双击恢复默认原点。

关键步骤

关键步骤01 启动 Illustrator CS6，进入 Illustrator CS6 工作界面，执行【视图】→【标尺】→【显示标尺】命令。

关键步骤02 从左上角往右下角拖动鼠标，释放鼠标后，修改原点。

关键步骤03 双击左上角位置，恢复默认原点。

知识能力测试

本章讲解了 Illustrator CS6 基本操作，为对本章知识进行巩固和考核，布置相应的练习题（答案见网盘）。

一、填空题

1. 为了方便用户绘图与查看，Illustrator CS6 为用户提供了多种屏幕显示模式。单击工具箱底部的【更改屏幕模式】按钮，在打开的下拉列表框中，提供了_____、_____、_____3 种命令用于切换屏幕模式。

2. 在 Illustrator CS6 中，对象有 4 种显示模式，包括_____、_____、_____和_____。

3. 在带有菜单栏的全屏模式下，只显示_____、_____和_____，文档窗口将以最大化的形式显示。

二、选择题

1. 将【缩放工具】移动到图形上，单击鼠标可以放大视图，按住（　　）键并单击可以缩小视图。

    A.【Aot】　　　　　B.【Shift】　　　　C.【Ctrl】　　　　　D.【Alt】

2. 参考线可以帮助用户对齐文本和图形对象。显示标尺后，移动鼠标指针到（　　）上，单击并拖动鼠标，便可快速创建参考线。

    A. 参考线　　　　　B. 标尺　　　　　C. 对象　　　　　D. 标尺栏

3. 执行【视图】→【对齐点】命令，可以启用点对齐功能，此后移动对象时，可将其对齐到（　　）和参考线上。

    A. 锚点　　　　　B. 像素点　　　　C. 节点　　　　　D. 角点

三、简答题

1. 参考线和智能参考线有什么区别？

2. 如何关闭智能参考线功能？

CS6
ILLUSTRATOR

第3章
绘制线条图形

本章导读

    Illustrator CS6 提供的自由绘图工具，能够更方便地完成复杂路径的绘制，使用路径调整工具，可以使路径绘制操作变得更加简单。本章将详细介绍自由曲线绘制工具及编辑路径。

学习目标

- 了解路径和锚点的定义
- 熟练掌握自由曲线绘制工具的使用方法
- 熟练掌握编辑路径的基本方法

3.1 路径和锚点

在 Illustrator CS6 中，使用绘图工具可以绘制出不规则的直线、曲线及任意图形。而绘制的每个图形对象都由路径和锚点构成。

3.1.1 路径

使用绘图工具绘制图形时产生的线条称为路径。路径由一个或多个直线段或曲线段组成，如图 3-1 所示。

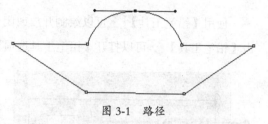

图 3-1　路径

3.1.2 锚点

锚点分为平滑点和角点，平滑曲线由平滑点连接而成，如图 3-2 所示；直线和转角曲线由角点连接而成，如图 3-3 所示。

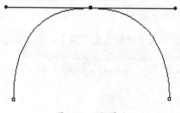

图 3-2　平滑点

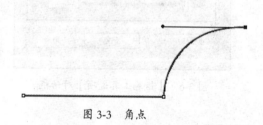

图 3-3　角点

3.1.3 方向线和方向点

选择曲线锚点时，锚点上会出现方向线和方向点，如图 3-4 所示。拖动方向点可以调整方向线的方向和长度，从而改变曲线的形状，如图 3-5 所示。

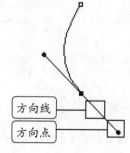

图 3-4　方向线和方向点

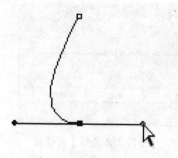

图 3-5　拖动方向点

3.2 自由曲线绘制工具

除了几何图形外，本节将介绍 Illustrator CS6 中的一些自由曲线绘制工具，如【铅笔工具】和【钢笔工具】等。

3.2.1 【铅笔工具】的使用

使用【铅笔工具】可以绘制开放或闭合的路径，就像用铅笔在纸上绘图一样，双击【铅笔工具】可以打开【铅笔工具选项】对话框，如图 3-6 所示。

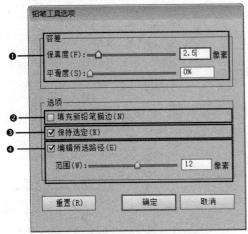

❶ 保真度	设置铅笔工具绘制曲线时路径上各点的精确度
❷ 填充新铅笔描边	选中此复选框后将对绘制的铅笔描边应用填充
❸ 保持选定	设置在绘制路径之后是否保持路径的所选状态。此复选框默认为已选中
❹ 编辑所选路径	选中该复选框，用【铅笔工具】编辑选中的曲线路径

图 3-6 【铅笔工具选项】对话框

3.2.2 【平滑工具】的使用

【平滑工具】可以将锐利的线条变得平滑。双击【平滑工具】可以打开【平滑工具选项】对话框，如图 3-7 所示。选择【平滑工具】后，在图形上拖动鼠标即可，平滑前和平滑后的效果对比如图 3-8 所示。

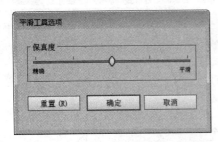

图 3-7 【平滑工具选项】对话框

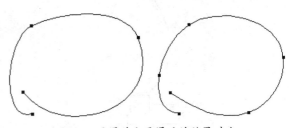

图 3-8 平滑前和平滑后的效果对比

3.2.3　【钢笔工具】的使用

【钢笔工具】是创建路径最常用的工具，钢笔工具用于绘制直线段和曲线段，并可以对路径进行编辑。

1．绘制直线段

使用【钢笔工具】绘制直线段的具体操作步骤如卜。

步骤 01　选择【钢笔工具】，在面板上单击创建第一个锚点，如图 3-9 所示。再次在其他位置单击，生成第二个锚点，如图 3-10 所示。之后依次单击生成其他锚点。

步骤 02　如果要闭合路径，将鼠标指针移动到第一个锚点的位置，鼠标指针会变为形状，如图 3-11 所示。单击鼠标即可闭合路径，如图 3-12 所示。

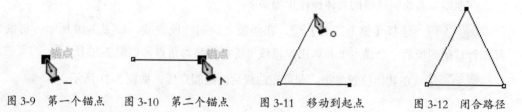

图 3-9　第一个锚点　　图 3-10　第二个锚点　　图 3-11　移动到起点　　图 3-12　闭合路径

2．绘制曲线段

使用【钢笔工具】绘制曲线段的具体操作步骤如下。

步骤 01　选择【钢笔工具】，在曲线起点位置单击生成第一个锚点，如图 3-13 所示。然后将鼠标指针移动到下一个锚点位置，单击并拖曳鼠标，如果向前一条方向线的相反方向拖动鼠标，可创建同方向的曲线，如图 3-14 所示。

步骤 02　如果按照与有一条方向线相同的方向拖动鼠标，可创建"S"形曲线，如图 3-15 所示。

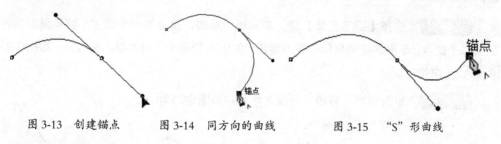

图 3-13　创建锚点　　　图 3-14　同方向的曲线　　　图 3-15　"S"形曲线

3．绘制转角曲线

绘制转角曲线，需要在创建新锚点前改变方向线的方向。绘制转角曲线的具体操作步骤如下。

步骤 01　选择【钢笔工具】，在面板上绘制一段曲线，如图 3-16 所示。将鼠标指针移动到方向点上，单击并按住【Alt】键向相反方向拖动，如图 3-17 所示。

步骤 02　放开【Alt】键和鼠标，在其他位置单击并拖动鼠标创建一个新的平滑点，如图 3-18 所示。

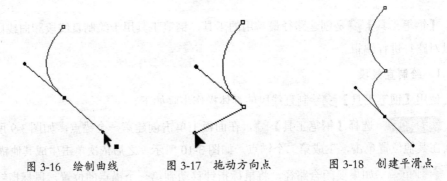

图 3-16　绘制曲线　　　图 3-17　拖动方向点　　　图 3-18　创建平滑点

4. 在曲线后面绘制直线

在曲线后面绘制直线的具体操作步骤如下。

步骤 01　选择【钢笔工具】 ，在面板上绘制一段曲线，如图 3-19 所示。将鼠标指针移动到最后一个锚点上并单击，将该平滑点转换为角点，如图 3-20 所示。

步骤 02　在其他位置单击，即可在曲线后面绘制直线，如图 3-21 所示。

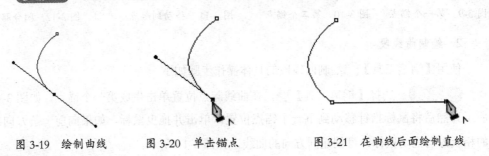

图 3-19　绘制曲线　　图 3-20　单击锚点　　图 3-21　在曲线后面绘制直线

课堂范例——绘制人物轮廓

步骤 01　选择【钢笔工具】 ，在画板中单击，确定第一个锚点，移动鼠标指针到第二个锚点，单击并拖动鼠标创建曲线段，如图 3-22 所示。继续绘制曲线段，如图 3-23 和图 3-24 所示。

步骤 02　单击锚点，将该点转换为角点，如图 3-25 所示。

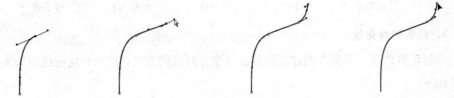

图 3-22　创建曲线　图 3-23　继续绘制曲线一　图 3-24　继续绘制曲线二　图 3-25　转换锚点类型

步骤 03　继续绘制曲线段，如图 3-26 至图 3-29 所示。

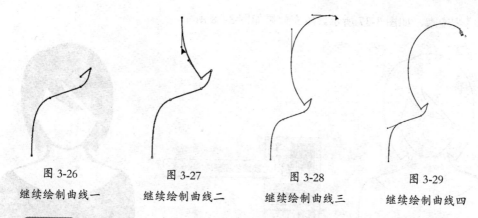

图 3-26   图 3-27   图 3-28   图 3-29

继续绘制曲线一   继续绘制曲线二   继续绘制曲线三   继续绘制曲线四

步骤 04   继续绘制曲线段，在需要转换的时候转换锚点类型，如图 3-30 至图 3-32
所示。

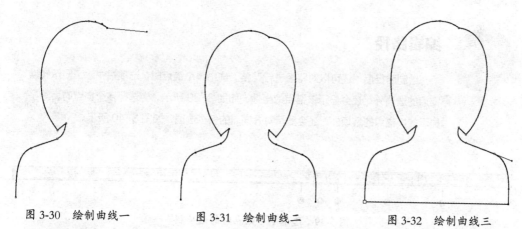

图 3-30 绘制曲线一   图 3-31 绘制曲线二   图 3-32 绘制曲线三

步骤 05   移动鼠标到第一个锚点，鼠标指针变为 形状，单击闭合锚点，如图 3-33
所示。

步骤 06   绘制脸部轮廓，效果如图 3-34 所示；绘制颈部轮廓，效果如图 3-35 所示。

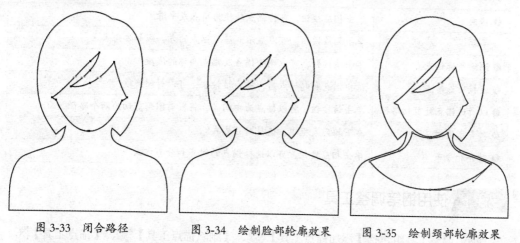

图 3-33 闭合路径   图 3-34 绘制脸部轮廓效果   图 3-35 绘制颈部轮廓效果

步骤 07   选中外部轮廓图形，如图 3-36 所示。在【工具箱】中单击【互换填色和描边】按钮 🔄，如图 3-37 所示。填充效果如图 3-38 所示。

 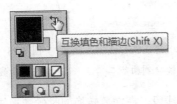 

图 3-36　选中图形　　　图 3-37　单击【互换填色和描边】按钮　　　图 3-38　填充效果

3.3　编辑路径

绘制路径后，还可以对路径进行调整。选中单个锚点时，选项栏中除了显示转换锚点的选项外，还会显示该锚点的坐标，如图 3-39 所示。当选择多个锚点时，除了显示转换锚点的选项外，还会显示对齐锚点的各个选项，如图 3-40 所示。

图 3-39　选中单个锚点时的选项栏

图 3-40　选中多个锚点时的选项栏

❶ 转换	单击相应按钮，可将锚点转换为角点或平滑点
❷ 手柄	单击相应按钮，可以显示或隐藏锚点的方向线和方向点
❸ 删除所选锚点	单击该按钮，可以删除锚点及锚点两端的线段
❹ 连接所选终点	选中锚点和起始点后，单击该按钮，可以封闭线段
❺ 以所选锚点处剪切路径	单击该按钮，将以锚点为中间点，将当前图形剪切为两个路径
❻ 对齐所选对象	在下拉列表框中，选择对齐方式
❼ 对齐和分布	单击相应按钮，可以选择锚点的对齐和分布方式

3.3.1　使用钢笔调整工具

钢笔调整工具组包括【添加锚点工具】 、【删除锚点工具】 、【锚点工具】 ，分别用于添加新锚点、删除多余锚点和转换锚点的属性。

1．添加锚点

单击【添加锚点工具】 ，在路径上要添加锚点的地方单击即可添加锚点。如果添加锚点的路径是直线段，则添加的锚点必是角点，如图 3-41 所示。如果添加锚点的路径是曲线段，则添加的锚点必是平滑点，如图 3-42 所示。拖动控制点即可改变曲线形状。

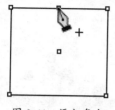
图 3-41 添加角点

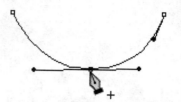
图 3-42 添加平滑点

2．删除锚点

单击【删除锚点工具】 ，当鼠标指针指向路径中需要删除的锚点时，单击即可删除该锚点，删除角点效果如图 3-43 所示。如果路径是曲线段，则曲线会发生相应的改变，效果如图 3-44 所示。

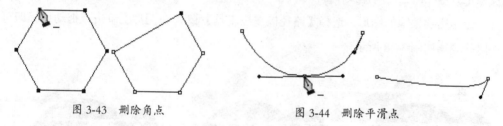
图 3-43 删除角点 图 3-44 删除平滑点

3．转换锚点属性

单击【锚点工具】 ，在平滑锚点上单击，可以将平滑点转换为角点，如图 3-45 所示。在角锚点上，单击并拖动，可以将角点转换为平滑点，如图 3-46 所示。

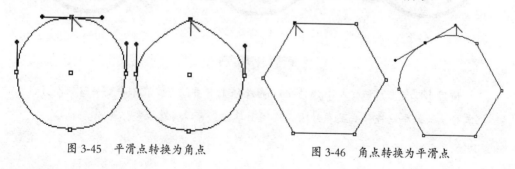
图 3-45 平滑点转换为角点 图 3-46 角点转换为平滑点

3.3.2 使用擦除工具

擦除工具包括【橡皮擦工具】 和【路径橡皮擦工具】 ，它们的使用方法相似，都是通过在路径上反复拖动来调整路径的形状。

1. 橡皮擦工具

【橡皮擦工具】 ✐可以擦除图稿的任何区域，包括路径、复合路径、【实时上色】
组内路径和剪贴路径。选择该工具后，拖动鼠标即可擦除图像，如图 3-47 所示。

图 3-47　擦除图像

2. 路径橡皮擦工具

【路径橡皮擦工具】 ✐可以通过沿路径涂抹来删除该路径的各个部分，使用路径橡
皮擦工具擦除路径的具体操作方法如下。

选中需要擦除的图形，选择【路径橡皮擦工具】 ✐，在图形上单击或拖动鼠标即可
擦除路径，如图 3-48 所示。

图 3-48　擦除路径

使用【路径橡皮擦工具】 ✐在开放的路径上单击，可以在单击处将路径断开，
将其分割为两个路径；如果在封闭的路径上单击，可以将路径整体删除。

3.3.3　路径的连接

无论是同一个路径中的两个端点，还是两个开放式路径中的端点，均可以将其连接
在一起。

使用【直接选择工具】 ▶，选中需要连接的两个锚点，如图 3-49 所示。单击选项

栏中的【连接所选终点】按钮 ，或执行【对象】→【路径】→【连接】命令，即可快速将两条分离的线段连接起来，如图 3-50 所示。

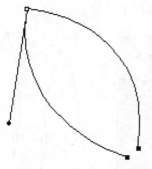

图 3-49　选择锚点　　　　　　　　　图 3-50　连接锚点

温馨提示　绘制路径过程中，将鼠标移动到起始锚点上，鼠标变为 形状时，单击鼠标即可连接锚点。

3.3.4　均匀分布锚点

使用【平均】命令可以让选择的锚点均匀分布，使用【直接选择工具】 选择多个锚点，如图 3-51 所示。执行【对象】→【路径】→【平均】命令，打开【平均】对话框，设置【轴】为"水平"，效果如图 3-52 所示。设置【轴】为"垂直"，效果如图 3-53 所示。设置【轴】为"两者兼有"，效果如图 3-54 所示。

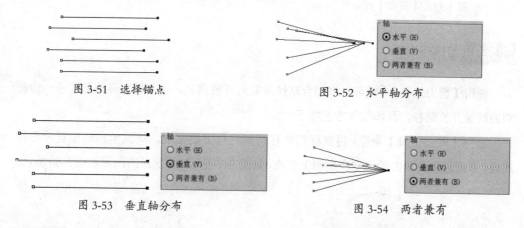

图 3-51　选择锚点　　　　　　　　　　图 3-52　水平轴分布

图 3-53　垂直轴分布　　　　　　　　　图 3-54　两者兼有

3.3.5　简化路径

简化命令可以用来简化所选图形中的锚点，在路径造型时应尽量减少锚点的数目，以达到减少系统负载的目的。简化路径的具体操作方法如下。

选择需要简化的路径，如图 3-55 所示。执行【对象】→【路径】→【简化】命令，弹出【简化】对话框，在【曲线精度】文本框中输入路径需要简化的程度，如输入"1%"，单击【确定】按钮，如图 3-56 所示。简化路径效果如图 3-57 所示。

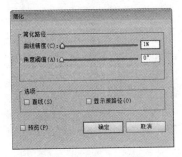

图 3-55　选择路径　　　图 3-56　【简化】对话框　　　图 3-57　简化路径效果

【简化】对话框常用参数的作用如图 3-58 所示。

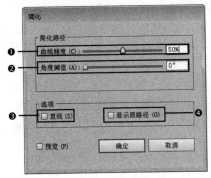

图 3-58　【简化】对话框

❶ 曲线精度	设置简化后的路径与原始路径的接近程度。该值越低，路径的简化程度越高
❷ 角度阈值	设置角的平滑度。如果角点的角度小于该选项中设置的数值，将不会改变角点；如果角点的角度大于该值，则会被简化掉
❸ 直线	在对象的原始锚点间创建直线
❹ 显示原路径	在简化的路径背后显示原始路径，便于观察简化前后的对比效果

3.3.6　切割路径

使用【剪刀工具】可以将闭合路径分割为开放路径，也可以将开放路径进一步分割为两条开放路径，具体操作方法如下。

选择【剪刀工具】，将鼠标指针移动到路径上的某点，如果单击的位置为路径线段，系统便会在单击的地方产生两个锚点，如图 3-59 所示。分割后的图形如图 3-60 所示。

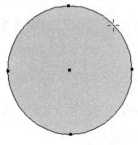

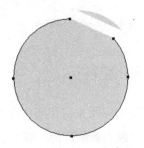

图 3-59　单击线段　　　　　图 3-60　分割后的图形

使用【剪刀工具】✂分割路径时，如果在操作过程中，单击点不在路径或锚点上，系统将弹出提示对话框，提示操作错误。

3.3.7 偏移路径

偏移路径命令可以在现有路径的外部或者内部新建一条新的路径，具体操作方法如下。

选择需要偏移的路径，如图 3-61 所示。执行【对象】→【路径】→【偏移路径】命令，在打开的【位移路径】对话框中，设置【位移】为"1pt"，单击【确定】按钮，如图 3-62 所示。偏移路径效果如图 3-63 所示。

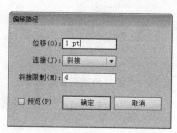
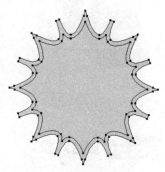

图 3-61　选择路径　　　图 3-62　【偏移路径】对话框　　　图 3-63　偏移路径效果

3.3.8 轮廓化路径

图形路径只能进行描边，不能填充颜色，要想对路径进行填色，需要将单路径转换为双路径，而双路径的宽度，是根据选择路径描边的宽度确定的，具体操作方法如下。

选择需要轮廓化的路径，如图 3-64 所示。执行【对象】→【路径】→【轮廓化描边】命令，可以将路径转换为轮廓图形，如图 3-65 所示。

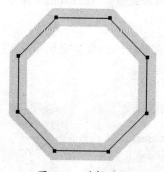
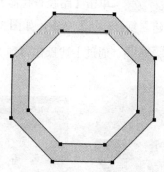

图 3-64　选择路径　　　　　　图 3-65　轮廓化路径

3.3.9 路径查找器

使用路径查找器工具可以组合路径，很多复杂的图形都是通过简单图形的相加、相减、相交等方式生成的。执行【窗口】→【路径查找器】命令，可以打开【路径查找器】面板，如图 3-66 所示。

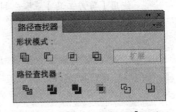

图 3-66 【路径查找器】面板

选择需要进行组合的图形后，单击【路径查找器】面板中的各个按钮，可以得到不同的组合图形，常用的图形组合效果如图 3-67 所示。

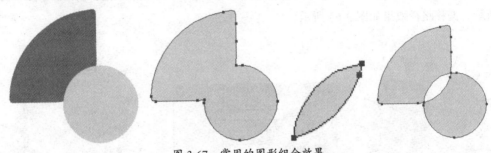

图 3-67 常用的图形组合效果

3.3.10 复合对象

将多个图形对象转换为一个完全不同的图形对象，这样不仅改变了图形对象的形状，也将多个图形对象组合为一个图形对象，称为复合对象，复合对象中包括复合形状与复合路径。

1. 复合形状

复合形状是可编辑的图稿，由两个或多个对象组成，每个对象都分配有一种形状模式。复合形状简化了复杂形状的创建过程，因为可以精确地操作每个所含路径的形状模式、堆栈顺序、形状、位置和外观。创建复合形状的具体操作步骤如下。

步骤 01 选择对象，如图 3-68 所示。

步骤 02 单击【路径查找器】面板右上角的扩展按钮 ，在打开的快捷菜单中，选择【建立复合形状】命令，如图 3-69 所示。

步骤 03 通过上述操作得到【相加】模式的复合形状，如图 3-70 所示。

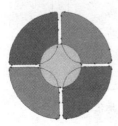

图 3-68 选择对象

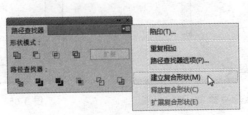

图 3-69 【路径查找器】面板菜单命令

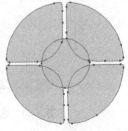

图 3-70 复合形状

2. 复合路径

创建复合路径后，复合路径中的所有对象都将应用最下方对象的上色和样式属性。创建复合路径的具体操作方法如下。

选中多个图形对象，执行【对象】→【复合路径】→【建立】命令，或者按【Ctrl+B】组合键，即可将多个图形对象转换为一个复合路径对象，如图 3-71 所示。

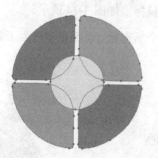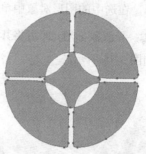

图 3-71　复合路径效果

> **温馨提示**
>
> 创建复合路径后，多个图形对象就会转换为一个对象，并不是组合对象，使用【直接选择工具】只能调整锚点。

创建复合路径后，将两个图形对象合并为一个对象，两个图形对象的重叠区域会被镂空，要想使镂空的区域被填充，可以单击【属性】面板中的【使用非零缠绕填充规则】按钮，再单击【反转路径方向（关）】按钮，如图 3-72 所示。

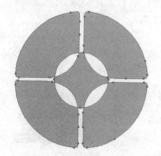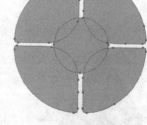

图 3-72　填充镂空区域

> **技能拓展**
>
> 选中复合路径后，执行【对象】→【复合路径】→【释放】命令，或者按【Ctrl+Alt+Shift+8】组合键，可以重新将复合路径恢复为原始的图形对象。

3.3.11　形状生成器

形状生成器工具是通过合并或擦除简单形状创建复杂形状的交互式工具。使用该工具可以在画板中直观地合并、编辑和填充形状。

1．使用形状生成器合并图形

使用形状生成器合并图形的具体操作步骤如下。

步骤 01　使用【选择工具】▶选中需要创建形状的路径，如图 3-73 所示。

步骤 02　选择【形状生成器工具】，将鼠标指针指向选中图形的局部，即可出现高亮显示，在选中的图形对象中单击并拖曳鼠标，如图 3-74 所示。

步骤 03　释放鼠标后，即可将其合并为一个新形状，而颜色填充为工具箱中的【填色】颜色，如图 3-75 所示。

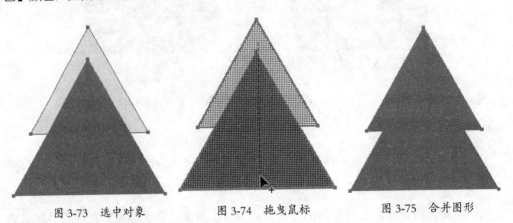

图 3-73　选中对象　　　　图 3-74　拖曳鼠标　　　　图 3-75　合并图形

2．使用形状生成器分离图形

使用【形状生成器工具】，在选中的图形对象中单击，系统会根据图形对象重叠边缘分离图形对象，如图 3-76 所示。

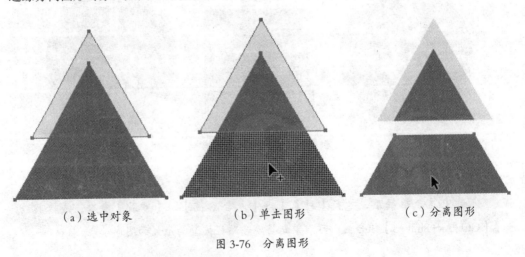

（a）选中对象　　　　（b）单击图形　　　　（c）分离图形

图 3-76　分离图形

3．使用形状生成器删除局部图形

默认情况下，【形状生成器工具】处于合并模式，允许合并路径或选区，也可以按住【Alt】键切换至抹除模式，以删除任何不想要的边缘或选区，如图 3-77 所示。

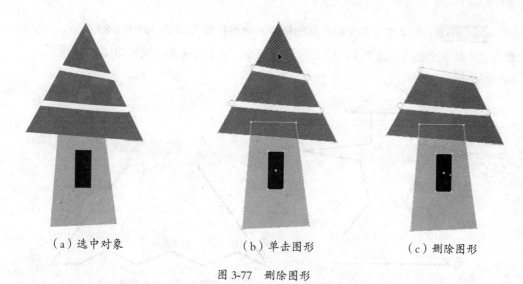

（a）选中对象　　　　　（b）单击图形　　　　　（c）删除图形

图 3-77　删除图形

课堂范例——绘制线稿机器人

步骤 01　使用【钢笔工具】绘制三角形，如图 3-78 所示。继续绘制长方形，如图 3-79 所示。使用【添加锚点工具】在线段上单击，添加两个锚点，如图 3-80 所示。

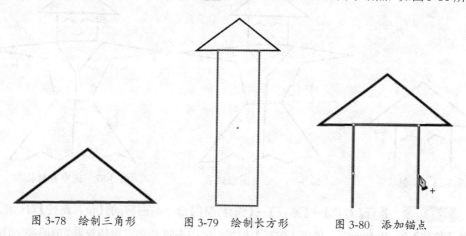

图 3-78　绘制三角形　　　图 3-79　绘制长方形　　　图 3-80　添加锚点

步骤 02　使用【直接选择工具】分别选中添加的锚点并向外侧拖动，如图 3-81 所示。继续添加并拖动锚点，如图 3-82 所示。

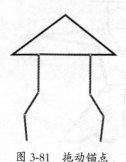

图 3-81　拖动锚点

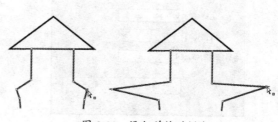

图 3-82　添加并拖动锚点

步骤03 继续在下方添加并拖动锚点，调整机器人形状，如图 3-83 所示。在下方直线上添加 6 个锚点，选中 1、3、5 位置的锚点，向上方拖动，效果如图 3-84 所示。

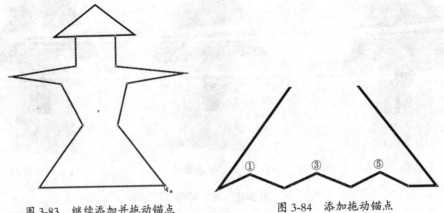

图 3-83 继续添加并拖动锚点　　　　图 3-84 添加拖动锚点

步骤04 使用【铅笔工具】绘制眼睛，如图 3-85 所示。继续绘制嘴巴、领结和腰带，效果如图 3-86 所示。使用【直接选择工具】选中身材轮廓，如图 3-87 所示。

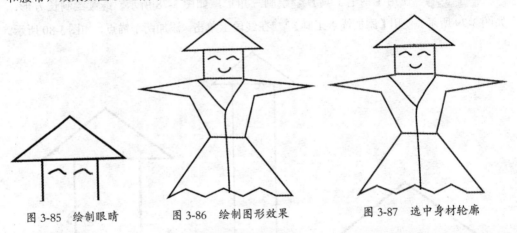

图 3-85 绘制眼睛　　　　图 3-86 绘制图形效果　　　　图 3-87 选中身材轮廓

步骤05 执行【对象】→【路径】→【偏移路径】命令，在打开的【位移路径】对话框中，设置【位移】为"0.5mm"，单击【确定】按钮，如图 3-88 所示。偏移效果如图 3-89 所示。

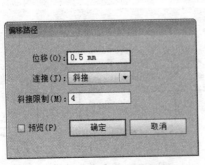

图 3-88 【偏移路径】对话框

图 3-89 偏移效果

步骤06　选择帖子图形，如图3-90所示。执行【对象】→【路径】→【简化】命令，弹出【简化】对话框，在【曲线精度】文本框中，设置【曲线精度】为"50%"，单击【确定】按钮，如图3-91所示。简化路径效果如图3-92所示。

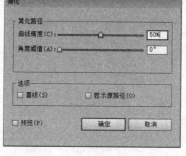

图3-90　选择图形　　　　图3-91　【简化】对话框　　　　图3-92　简化路径效果

描摹图稿

使用实时描摹功能，可以将照片、扫描图像或其他位图转换为可编辑的矢量图形，具体操作方法如下。

执行【窗口】→【图像描摹】命令，打开【描摹选项】对话框，从【预设】下拉列表框中选择一种预设选项，并设置其他自定义选项，单击【描摹】按钮即可，如图3-93所示。

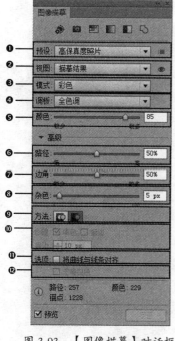

图3-93　【图像描摹】对话框

❶ 预设	设置描摹预设，包括"默认""简单描摹""6色"和"16色"等
❷ 视图	如果想要查看轮廓或源图像，可在下拉列表框中选择相应选项
❸ 模式／阈值	设置描摹结果的颜色模式
❹ 调板	设置从原始图像生成彩色或灰度描摹的调板
❺ 颜色	设置在颜色描摹结果中使用的颜色数
❻ 路径	控制描摹形状和原始像素形状间的差异
❼ 边角	设置侧重角点，该值越大，角点越多
❽ 杂色	设置描摹时忽略的区域，该值越大，杂色越少
❾ 方法	设置一种描摹方法。单击邻接按钮，可创建木刻路径；单击重叠按钮，可创建堆积路径
❿ 填色／描边	选中【填色】复选框，可以描摹结果中创建填色区域；选中【描边】复选框，可在描摹结果中创建描边路径
⓫ 将曲线与线条对齐	设置略弯曲的曲线是否被替换为直线
⓬ 忽略白色	设置白色填充区域是否被替换为无填充

3.4.1 【视图】效果

在【图像描摹】对话框的【视图】下拉列表框中，可以选择视图模式，常见【视图】效果如图3-94所示。

（a）【描摹结果】　　　　（b）【描摹结果】（带轮廓）　　　（c）【轮廓】模式

图 3-94　常见【视图】效果

3.4.2 【预设】效果

除了选择【视图】模式外，用户还可以在【描摹选项】对话框中设置其他选项来控制效果。例如，在【模式】下拉列表框中进行选择，可以生成彩色、灰度及黑白图形效果等；在【预设】下拉列表框中有多种描摹预设设置，如图3-95所示。

（a）高保真度照片　　　　　（b）3色　　　　　　　（c）6色

（d）16色　　　　　　　　（e）灰阶　　　　　　　（f）黑白徽标

图 3-95　【预设】效果

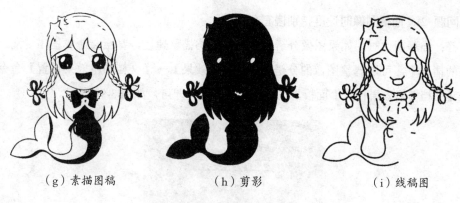

（g）素描图稿　　　　　（h）剪影　　　　　（i）线稿图

图 3-95　【预设】效果（续）

> **温馨提示**
>
> 　　置入位图后，除了可以在【描摹选项】对话框中设置参数来描摹位图外，还可以单击属性栏中的【实时描摹】按钮来描摹位图。

3.4.3　将描摹对象转换为矢量图形

　　描摹位图后，执行【对象】→【图像描摹】→【扩展】命令，可以将其转换为路径。如果要在描摹的同时转换为路径，可以执行【对象】→【图像描摹】→【建立并扩展】命令。

3.4.4　释放描摹对象

　　描摹位图后，如果想恢复置入的原始图像，可以选择描摹对象，执行【对象】→【图像描摹】→【释放】命令。

📣 课堂问答

　　通过本章的讲解，大家对 Illustrator CS6 绘图工具有了一定的了解，下面列出一些常见的问题供大家学习参考。

　　问题①：如何复制锚点？

　　答：使用【直接选择工具】选中锚点后，如图 3-96 所示。按住【Alt】键拖动鼠标，如图 3-97 所示。释放鼠标后，即可复制锚点，如图 3-98 所示。

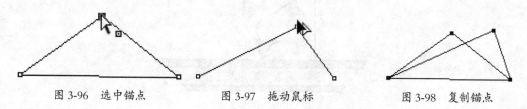

图 3-96　选中锚点　　　　　图 3-97　拖动鼠标　　　　　图 3-98　复制锚点

问题②：描摹图像时速度特别慢怎么办？

答：描摹图像时，如果图像分辨率太高会影响描摹速度，甚至会造成程序混乱，在这样的情况下，可以调整图像的分辨率。执行【效果】→【文档栅格效果设置】命令，打开【文档栅格效果设置】面板，在面板中进行设置即可，如图 3-99 所示。

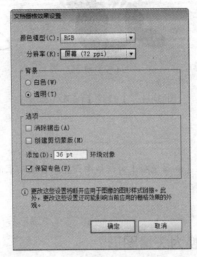

图 3-99　【文档栅格效果设置】面板

问题③：绘制图形时，锚点越多效果越好吗？

答：绘制图形时，锚点越多，图形越精细。但是，锚点过多会影响操作速度，使图形变得繁杂，不利于后期处理。

上机实战——绘制跳跃的海豚

为了让大家巩固本章知识点，下面讲解一个技能综合案例，使大家对本章的知识有更深入的了解。

效果展示

图 3-100　效果展示

海豚是一种非常可爱的海洋动物，下面介绍如何在 Illustrator CS6 中绘制跳跃的海豚。

本例首先绘制海豚并填充颜色，然后绘制船的轮廓和红旗，最后为船身添加蓝色条纹，完成制作。

制作步骤

步骤 01　新建空白文档，使用【钢笔工具】 绘制海豚轮廓，如图 3-101 所示。在工具箱中，单击【填色】按钮，如图 3-102 所示。在【拾色器】对话框中，设置颜色为蓝色 "#41B4DB"，如图 3-103 所示。

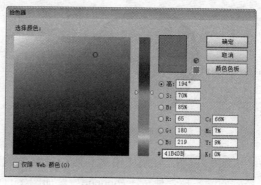

图 3-101　绘制图形　　图 3-102　单击【填色】按钮　　　图 3-103　【拾色器】对话框

步骤 02　通过前面的操作，为图形填充蓝色，如图 3-104 所示。在选项栏中，设置【描边】为 "2pt"，如图 3-105 所示。

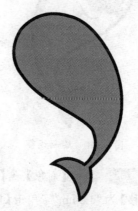

图 3-104　填充蓝色　　　　　　　　　　　图 3-105　设置描边

步骤 03　使用【钢笔工具】 绘制肚白轮廓，填充白色 "#FEFEFE"，如图 3-106 所示。继续使用【钢笔工具】 绘制肚白阴影，填充浅蓝色 "#F7F7F7"，如图 3-107 所示。

图 3-106　绘制肚白轮廓　　　　　　　　　图 3-107　绘制肚白阴影

步骤 04　　使用【钢笔工具】绘制嘴部阴影，填充黑色"#000000"，如图 3-108 所示。继续使用【钢笔工具】绘制嘴部，填充红色"#E50011"，如图 3-109 所示。

图 3-108　绘制嘴部阴影　　　　　　　　　图 3-109　绘制嘴部

步骤 05　　使用【铅笔工具】绘制线条，如图 3-110 所示。使用【钢笔工具】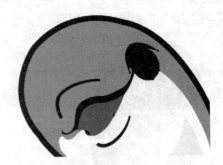绘制眼睛，填充黑色"#000000"，如图 3-111 所示。

图 3-110　绘制线条　　　　　　　　　　　图 3-111　绘制眼睛

步骤 06　　执行【对象】→【路径】→【偏移路径】命令，打开【偏移路径】对话框，设置【位移】为"1.5mm"，单击【确定】按钮，如图 3-112 所示。得到偏移图形，如图 3-113 所示。

步骤 07　　选择中间的图形，填充白色"#FEFEFE"，如图 3-114 所示。使用【铅笔工具】绘制翅，如图 3-115 所示。

偏移路径

位移(O): 1.5 mm
连接(J): 斜接
斜接限制(M): 4

□ 预览(P)   确定   取消

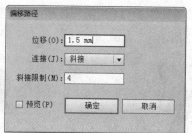

图 3-112 【偏移路径】对话框

图 3-113 得到偏移图形

图 3-114 填充图形

图 3-115 绘制翅

步骤 08 选中两侧的翅图形,填充蓝色"#41B4DB",效果如图 3-116 所示。使用【直接选择工具】选中右侧的翅图形,如图 3-117 所示。使用【平滑工具】在图形上拖动平滑图形,如图 3-118 所示。

图 3-116 单击右侧锚点

图 3-117 选中图形

图 3-118 平滑图形

步骤 09 使用【直接选择工具】选中左侧的翅图形,如图 3-119 所示。使用【平滑工具】在图形上拖动以平滑图形,如图 3-120 所示。

图 3-119 选中图形

图 3-120 平滑图形

步骤 10　平滑图形效果如图 3-121 所示。使用【钢笔工具】✒绘制船身，填充黄色 "#FFF000"，如图 3-122 所示。

图 3-121　平滑图形效果

图 3-122　绘制船身

步骤 11　使用【钢笔工具】✒绘制旗杆，如图 3-123 所示。使用【钢笔工具】✒绘制旗帜，如图 3-124 所示。

图 3-123　绘制旗杆

图 3-124　绘制旗帜

步骤 12　使用【锚点工具】卜在右侧锚点上拖动，更改角点为平滑点，如图 3-125 所示。使用【锚点工具】卜拖动左下锚点，更改角点为平滑点，如图 3-126 所示。使用【锚点工具】卜拖动左上锚点，更改角点为平滑点，如图 3-127 所示。

图 3-125　转换右侧锚点　　　图 3-126　转换左下锚点　　　图 3-127　转换左上锚点

步骤 13　为旗帜填充红色 "#E6211C"，如图 3-128 所示。使用【钢笔工具】✒绘制水滴，填充蓝色 "#9ED8F6"，如图 3-129 所示。

步骤 14　使用【钢笔工具】✒绘制蓝条，如图 3-130 所示。使用【直接选择工具】▷选中锚点，调整蓝条形状，如图 3-131 所示。

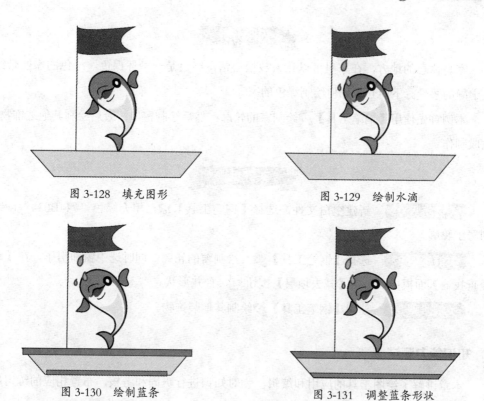

图 3-128　填充图形　　　　　　　　图 3-129　绘制水滴

图 3-130　绘制蓝条　　　　　　　　图 3-131　调整蓝条形状

同步训练——绘制绿色的家

为了增强大家的动手能力，下面安排一个同步训练案例，让大家达到举一反三、触类旁通的学习效果。

图解流程

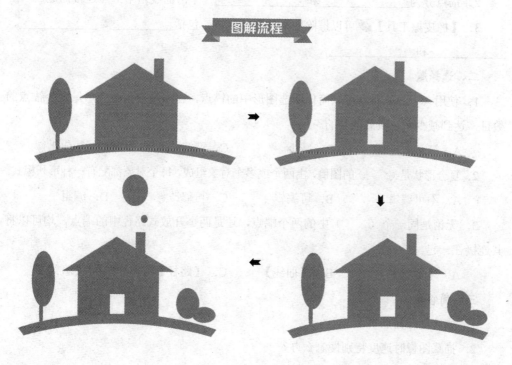

■ 思路分析 ■

家是休息的地方，在家里可以让人放松心情，绿色是一种环保色，绿色的家能带给人宁静的感受。下面介绍如何绘制绿色的家。

本例首先使用【钢笔工具】 绘制家的轮廓；然后绘制窗口；最后绘制其他装饰物，完成制作。

■ 关键步骤 ■

关键步骤 01 新建空白文件，选择【钢笔工具】 ，填充绿色"#44B034"，绘制房子轮廓。

关键步骤 02 选择【钢笔工具】 ，绘制窗的轮廓。同时选中窗和房子，在【路径查找器】面板中，单击【减去顶层】按钮 ，合并形状。

关键步骤 03 使用【钢笔工具】 绘制其他装饰物。

🌿 知识能力测试

本章讲解了绘图工具的应用和编辑，为对知识进行巩固和考核，布置相应的练习题（答案见网盘）。

一、填空题

1. 擦除工具包括＿＿＿＿＿＿＿＿和＿＿＿＿＿＿＿＿，它们的使用方法相似，都是通过在路径上反复拖动来调整路径的形状。

2. 锚点分为＿＿＿＿＿＿＿＿和＿＿＿＿＿＿＿＿，平滑曲线由平滑点连接而成。

3. 【橡皮擦工具】 可以擦除图稿的任何区域，包括＿＿＿＿＿＿＿、＿＿＿＿＿＿＿、＿＿＿＿＿＿＿和＿＿＿＿＿＿＿。

二、选择题

1. 使用（　　）命令可以简化所选图形中的锚点，在路径造型时应尽量减少锚点的数目，达到减少系统负载的目的。

    A．简　　　　　　　B．减少　　　　　　C．精简　　　　　　D．复杂化

2. 复合形状是（　　）的图稿，由两个或多个对象组成，每个对象都配有一种形状模式。

    A．不可编辑　　　　B．可编辑　　　　　C．可修改　　　　　D．编组

3. 无论是同一个（　　）中的两个端点，还是两个开放式路径中的端点，均可以将其连接在一起。

    A．【形状】　　　　B．【曲线】　　　　C．【路径】　　　　D．【直线】

三、简答题

1. 如何复制锚点？

2. 描摹图像时速度特别慢怎么办？

CS6
ILLUSTRATOR

第4章
绘制几何图形

本章导读

几何图形是由点、线、面组合而成的。任何复杂的几何图形，都可以分解为点、线、面。

本章将详细介绍如何使用图形工具绘制基本几何图形，如直线、曲线、螺旋线、矩形网格、矩形、椭圆、圆角矩形、多边形、星形及光晕的绘制。

学习目标

- 熟练掌握线条绘图工具的使用方法
- 熟练掌握基本绘图工具的使用方法

4.1 线条绘图工具的使用

线条分为直线段、弧线段及由线条组合的各种图形，用户可以根据要求选择不同的线条工具，进行各种线条的绘制。

4.1.1 直线段工具

【直线段工具】 ＼可以绘制各种方向的直线。选择该工具后，将鼠标指针移动到线段的起始位置，单击并拖曳鼠标至线段终止位置即可。

如果要创建固定长度和角度的直线，可在面板中单击，打开【直线段工具选项】对话框，如图 4-1 所示。绘制的线段如图 4-2 所示。

图 4-1 【直线段工具选项】对话框

图 4-2 绘制的线段

4.1.2 弧形工具

【弧形工具】 ⌒可以绘制弧线。选择该工具后，将鼠标指针移动到弧线起始位置，单击并拖曳鼠标至弧线结束位置即可。

如果要创建更为精确的弧线，可在画板中单击，打开【弧线段工具选项】对话框，如图 4-3 所示。不同参数的弧线绘制效果如图 4-4 所示。

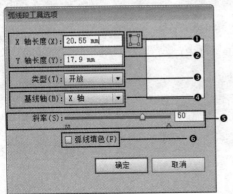

图 4-3 【弧线段工具选项】对话框

❶ 参考点定位器	设置绘制弧线时的参考点
❷ X 轴长度 /Y 轴长度	设置弧线的长度和高度
❸ 类型	选择"开放"，创建开放式弧线；选择"闭合"，创建闭合式弧线
❹ 基线轴	选择"X 轴"，可沿水平方向绘制；选择"Y 轴"，可沿垂直方向绘制
❺ 斜率	设置弧线的倾斜方向
❻ 弧线填色	用当前填充颜色为弧线闭合的区域填色

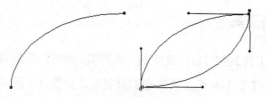

图 4-4　弧线绘制效果

技 能 拓 展

拖动【弧线工具】绘制弧线时，按住【X】键，可以切换弧线的凹凸方向；按【C】键，可以在开放式和闭合式图形之间切换；按方向键可以调整弧线的斜率。

4.1.3　螺旋线工具

【螺旋线工具】可以绘制螺旋线。选择该工具后，单击并拖曳鼠标即可。

如果要创建更为精确的螺旋线，可在画板中单击，打开【螺旋线】对话框，如图 4-5 所示。不同参数的螺旋线绘制效果如图 4-6 所示。

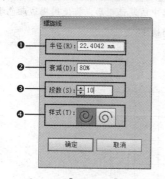

图 4-5　【螺旋线】对话框

❶ 半径	设置从中心到螺旋线最外侧点的距离
❷ 衰减	设置螺旋线每一圈相对于上一圈减少的量。该值越小，螺旋的间距越小
❸ 段数	设置螺旋线路径段的数量
❹ 样式	设置螺旋线的方向

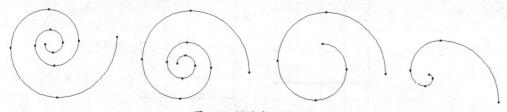

图 4-6　螺旋线绘制效果

技 能 拓 展

拖动【螺旋线工具】绘制螺旋线时，按住鼠标可以旋转螺旋线；按【R】键，可以调整螺旋线的方向；按【Ctrl】键可调整螺旋线的紧密程度；按【↑】键可增加螺旋，按【↓】键可减少螺旋。

4.1.4 矩形网格工具

拖动【矩形网格工具】▦可以快速绘制矩形网格，如果要绘制精确网格，选择该工具，在面板中单击，打开【矩形网格工具选项】对话框，如图 4-7 所示。不同参数的矩形网格工具绘制效果如图 4-8 所示。

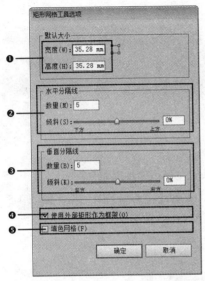

❶ 宽度 / 高度	设置矩形网格的宽度和高度
❷ 水平分隔线	在【数量】文本框中输入在网格上下之间出现的水平分隔中的数目；【倾斜】用来设置水平分隔向上方或下方的偏移量
❸ 垂直分隔线	在【数量】文本框中输入在网格左右之间出现的垂直分隔中的数目；【倾斜】用来设置垂直分隔向左或右的偏移量
❹ 使用外部矩形作为框架	选中该复选框后，将以单独的矩形对象替换顶、底、左侧和右侧线段
❺ 填色网格	选中该复选框后，将使用描边颜色填充网格线

图 4-7 【矩形网格工具】对话框

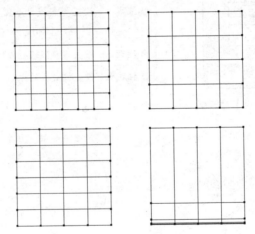

图 4-8 矩形网格工具绘制效果

4.1.5 极坐标网格工具

拖动【极坐标网格工具】⊕可以快速绘制极坐标，如果要绘制精确极坐标，选择该工具，在面板中单击，打开【极坐标网格工具选项】对话框，如图 4-9 所示。不同参数的极坐标网格工具绘制效果如图 4-10 所示。

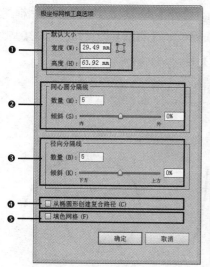

❶ 宽度／高度	设置极坐标网格的宽度和高度
❷ 同心圆分隔线	在【数量】文本框中输入在网格中出现的同心圆分隔线的数目；在【倾斜】文本框中输入向内或向外偏移的数值
❸ 径向分隔线	在【数量】文本框中输入在网格圆心和圆周之间出现的径向分隔线的数目；在【倾斜】文本框中输入向内或向外偏移的数值
❹ 从椭圆形创建复合路径	根据椭圆形建立复合路径，可以将同心圆转换为单独复合路径，且每隔一个圆就填色一次
❺ 填色网格	选中该复选框后，将使用当前描边颜色填充网格

图 4-9 【极坐标网格工具选项】对话框

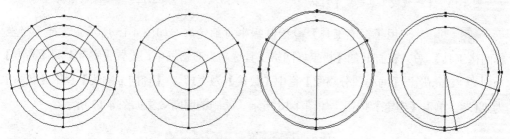

图 4-10 极坐标网格工具绘制效果

课堂范例——绘制滑板蜗牛

步骤 01 按【Ctrl+N】组合键，新建一个空白文档。选择【螺旋线工具】 ，在面板中单击，打开【螺旋线】对话框，设置【半径】为"11.0328mm"、【衰减】为"80%"、【段数】为"7"，单击【确定】按钮，如图 4-11 所示。

步骤 02 通过前面的操作创建螺旋图形，如图 4-12 所示。

图 4-11 【螺旋线】对话框

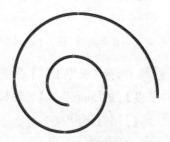

图 4-12 创建螺旋图形

步骤 03　　选择【弧形工具】 ，在面板中单击，打开【弧线段工具选项】对话框，设置【X轴长度】为"10mm"、【Y轴长度】为"20mm"、【类型】为"开放"、【基线轴】为"Y轴"、【斜率】为"50"，单击【确定】按钮，如图4-13所示。

步骤 04　　在面板中拖动鼠标绘制弧形图形，如图4-14所示。

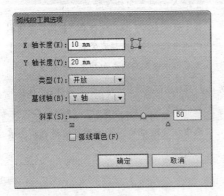

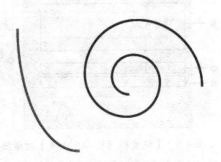

图4-13　【弧线段工具选项】对话框　　　　图4-14　绘制弧形图形

步骤 05　　使用【钢笔工具】 绘制蜗牛背部轮廓，如图4-15所示。选择【极坐标网格工具】 ，在打开的【极坐标网格工具选项】对话框中，设置【宽度】和【高度】分别为"2mm"、【同心圆分隔线】栏中【数量】为"1"、【径向分隔线】栏中【数量】为"1"，单击【确定】按钮，如图4-16所示。绘制的眼睛效果如图4-17所示。

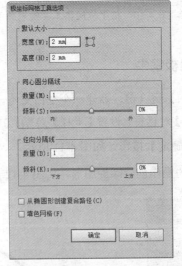

图4-15　绘制蜗牛背部轮廓　图4-16　【极坐标网格工具选项】对话框　图4-17　绘制的眼睛效果

步骤 06　　选择【弧形工具】 ，在面板中单击，打开【弧线段工具选项】对话框，设置【X轴长度】为"5mm"、【Y轴长度】为"5mm"、【类型】为"开放"、【基线轴】为"X轴"、【斜率】为"60"，单击【确定】按钮，如图4-18所示。在面板中拖动鼠标绘制触角弧形，如图4-19所示。继续绘制触角弧形，触角弧形效果如图4-20所示。

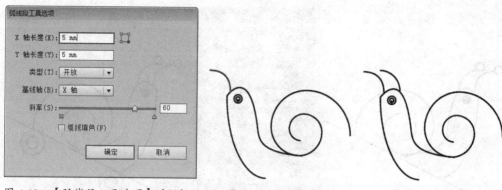

图4-18 【弧线段工具选项】对话框　　图4-19 绘制触角弧形　　图4-20 触角弧形效果

步骤 07　选择【极坐标网格工具】🔘，在【极坐标网格工具选项】对话框中，设置【宽度】和【高度】均为"2mm"、【同心圆分隔线】栏中【数量】为"0"、【径向分隔线】栏中【数量】为"0"，单击【确定】按钮，如图4-21所示。绘制触角点效果如图4-22所示。继续绘制触角点效果如图4-23所示。

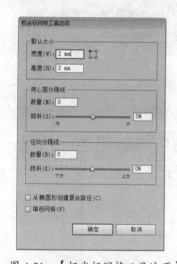

图4-21 【极坐标网格工具选项】　　图4-22 绘制触角点效果　　图4-23 继续绘制触角点效果
　　　　 对话框

步骤 08　选择【直线段工具】＼，拖动鼠标绘制直线，如图4-24所示。

步骤 09　选择【极坐标网格工具】🔘，在【极坐标网格工具选项】对话框中，设置【宽度】和【高度】均为"6mm"、【同心圆分隔线】栏中【数量】为"1"、【径向分隔线】栏中【数量】为"0"，单击【确定】按钮，如图4-25所示。绘制滑轮效果如图4-26所示。

温馨提示
　　在绘制滑轮蜗牛的过程中，图形的宽度和高度不是固定的，只要图形与图形之间的比例正确即可，因为矢量图形可以随意拉大和缩小。

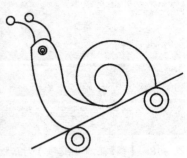

图 4-24　绘制直线　　　　图 4-25　【极坐标网格　　　　图 4-26　绘制滑轮效果
　　　　　　　　　　　　工具选项】对话框

 基本绘图工具的使用
4.2

> 矩形、椭圆等都是几何图形中最基本的图形，绘制这些图形最快的方式是在工具箱中选择相应的绘图工具，在画板中拖动鼠标，即可完成图形绘制。

4.2.1　【矩形工具】的使用

　　【矩形工具】■可以绘制长方形和正方形。如果要绘制更为精确的长方形或正方形，可在面板中单击，打开【矩形】对话框，如图 4-27 所示。矩形绘制效果如图 4-28 所示。

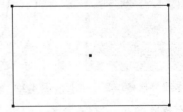

图 4-27　【矩形】对话框　　　　　　　图 4-28　矩形绘制效果

4.2.2　【圆角矩形工具】的使用

　　【圆角矩形工具】■可以绘制圆角矩形。如果要绘制更为精确的圆角矩形，可在面板中单击，打开【圆角矩形】对话框，如图 4-29 所示。圆角矩形工具绘制效果如图 4-30 所示。

> **温馨提示**
> 　　在绘制圆角矩形的过程中，按【↑】键或【↓】键，可增加或减小圆角矩形的圆角半径；按【→】键，可以以半圆形的圆角度绘制圆角矩形；按【←】键可绘制正方形；按住【～】键可以绘制多个圆角矩形。

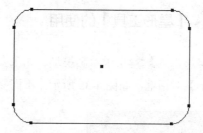

图 4-29　【圆角矩形】对话框　　　　图 4-30　圆角矩形工具绘制的效果

4.2.3　【椭圆工具】的使用

【椭圆工具】█可以绘制椭圆或正圆形。如果要绘制更为精确的椭圆或圆形，可在面板中单击，打开【椭圆】对话框，如图 4-31 所示。椭圆工具绘制效果如图 4-32 所示。

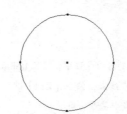

图 4-31　【椭圆】对话框　　　　图 4-32　椭圆工具绘制效果

4.2.4　【多边形工具】的使用

【多边形工具】█用于绘制多边形。如果要绘制更为精确的多边形，可在面板中单击，打开【多边形】对话框，如图 4-33 所示。多边形工具绘制效果如图 4-34 所示。

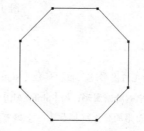

图 4-33　【多边形】对话框　　　　图 4-34　多边形工具绘制效果

温馨
提示

在绘制多边形的过程中，按【↑】键或【↓】键，可增加或减少多边形的边数；拖动鼠标可以旋转多边形；按住【Shift】键可以锁定旋转角度。

4.2.5 【星形工具】的使用

【星形工具】☆用于绘制星形。如果要绘制更为精确的星形，可在面板中单击，打开【星形】对话框，如图 4-35 所示。不同参数的星形工具绘制效果如图 4-36 所示。

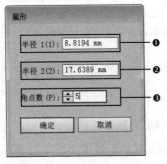

❶ 半径1	设置从星形中心到星形最内点的距离
❷ 半径2	设置从星形中心到星形最外点的距离
❸ 角点数	设置星形具有的点数

图 4-35　【星形】对话框

温馨提示
　　在绘制星形的过程中，按住【Shift】键可以把星形摆正；按住【Alt】键可以使每个角两侧的"肩线"在一条直线上；按住【Ctrl】键可以修改星形内部或外部的半径值；按【↑】键或【↓】键，可以增加或减少星形的角数。

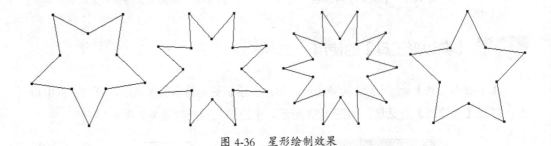

图 4-36　星形绘制效果

温馨提示
　　在绘制几何图形过程中，按住【Shift】键可以绘制规矩形，如正方形、圆形；按【Alt】键可以单击点为中心绘制图形；按【Shift+Alt】组合键可以以单击点为中心绘制正圆、正方形；按【Space】键可以移动图形的位置；按住【~】键可以绘制多个图形；按住【Alt+~】组合键可以绘制多个以单击点为中心并向两端延伸的图形。

4.2.6 【光晕工具】的使用

【光晕工具】◎用于绘制光晕。选择该工具后，如果要绘制更为精确的光晕，可在面板中单击，打开【光晕工具选项】对话框，如图 4-37 所示。光晕效果如图 4-38 所示。

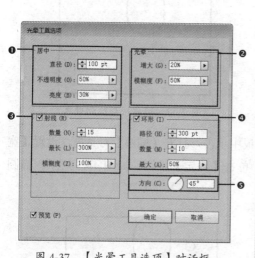

图 4-37 【光晕工具选项】对话框

❶ 居中	【直径】用来设置光晕中心光环的大小；【不透明度】用来设置光晕中心光环的不透明程度；【亮度】用来设置光晕中心光环的明亮程度
❷ 光晕	【增大】用来设置光晕的大小；【模糊度】用来设置光晕的羽化柔和程度
❸ 射线	选中该复选框，可以设置光环周围的光线。【数量】用来设置射线的数目；【最长】用来设置射线的最长值；【模糊度】用来设置射线的羽化柔和程度
❹ 环形	【路径】设置尾部光环的偏移数值；【数量】设置光圈的数量；【最大】用来设置光圈的最大值
❺ 方向	设置光圈的方向

图 4-38 光晕效果

📖 课堂范例——绘制大象

步骤 01 选择【矩形工具】 ▭，在面板中单击，打开【矩形】对话框，设置【宽度】为"163mm"、【高度】为"112mm"，单击【确定】按钮，如图 4-39 所示。在面板中单击绘制矩形，矩形绘制效果如图 4-40 所示。

图 4-39 【矩形】对话框

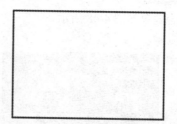

图 4-40 矩形绘制效果

步骤 02 选择【圆角矩形工具】 ▭，在面板中单击，打开【圆角矩形】对话框，设置【宽度】为"40mm"、【高度】为"50mm"、【圆角半径】为"20mm"，单击【确定】按钮，如图 4-41 所示。圆角矩形绘制效果如图 4-42 所示。

图 4-41 【圆角矩形】对话框

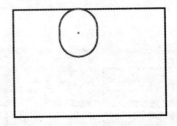

图 4-42 圆角矩形绘制效果

步骤 03 选择【椭圆工具】 ，在面板中单击，打开【椭圆】对话框，设置【宽度】为"9.5mm"、【高度】为"9.5mm"，单击【确定】按钮，如图 4-43 所示。椭圆绘制效果如图 4-44 所示。

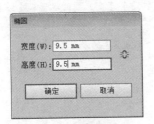

图 4-43 【椭圆】对话框

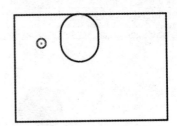

图 4-44 椭圆绘制效果

步骤 04 拖动【矩形工具】 绘制两个矩形，如图 4-45 所示。同时选中 3 个矩形，如图 4-46 所示。

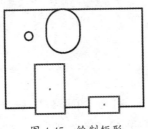

图 4-45 绘制矩形

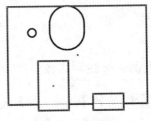

图 4-46 选中 3 个矩形

步骤 05 在【路径查找器】面板中，单击【减去顶层】按钮 ，如图 4-47 所示。图形组合效果如图 4-48 所示。

图 4-47 【路径查找器】面板

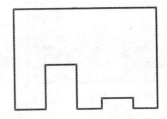

图 4-48 图形组合效果

步骤 06 选择【多边形工具】 ，在面板中单击，在弹出的【多边形】对话框中，设置【半径】为"10mm"、【边数】为"3"，单击【确定】按钮，如图 4-49 所示。通过前面的操作绘制三角形对象，如图 4-50 所示。复制三角形图形，如图 4-51 所示。

图 4-49 【多边形】对话框

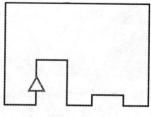

图 4-50 绘制三角形

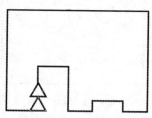

图 4-51 复制三角形

步骤 07 同时选中三角形和轮廓图形，如图 4-52 所示。在【路径查找器】面板中，单击【减去顶层】按钮，如图 4-53 所示。图形组合效果如图 4-54 所示。

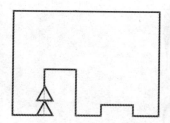

图 4-52 选中三角形和轮廓图形

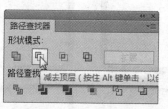

图 4-53 【路径查找器】面板

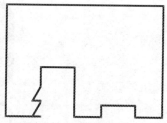

图 4-54 图形组合效果

步骤 08 选中外侧轮廓图形，按【Shift+Ctrl+[】组合键，将图形置于底层，如图 4-55 所示。使用【直线段工具】绘制尾巴，如图 4-56 所示。使用【椭圆工具】绘制尾巴上的尾毛，如图 4-57 所示。

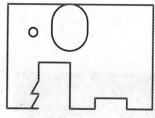

图 4-55 图形置于底层

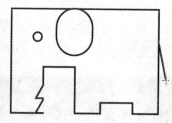

图 4-56 绘制尾巴

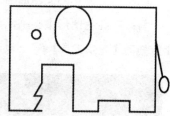

图 4-57 绘制尾毛

课堂问答

通过本章的讲解，大家对 Illustrator CS6 几何图形绘制有了一定的了解，下面列出一些常见的问题供大家学习参考。

问题①：如何在图形内部绘画？

答：绘制图形时，新图形默认放在原图形的上方，如图 4-58 所示。单击工具箱底部的【内部绘图】按钮，如图 4-59 所示。绘制的新图形会位于选中图形内部，如图 4-60所示。

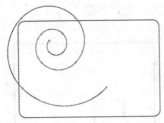  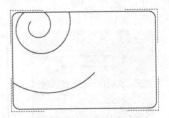

图 4-58　默认效果　　　图 4-59　单击【内部绘图】按钮　　图 4-60　内部绘图效果

问题②：如何绘制个性线条图形？

答：在 Illustrator CS6 中绘制图形时，可以在选项栏中，设置【描边宽度】和【变量宽度配置文件】等参数，个性线条效果如图 4-61 所示。

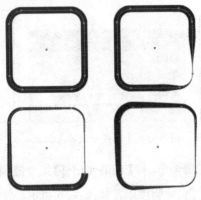

图 4-61　个性线条效果

问题③：光晕的使用范围？

答：在纯色图形中，拖动【光晕工具】■即可创建光晕，如图 4-62 所示。在图像上方拖动【光晕工具】■，也可以创建光晕，如图 4-63 所示。

图 4-62　在图形中创建光晕　　　　图 4-63　在图像中创建光晕

🖼 **上机实战——绘制双鱼宝宝**

为了让大家巩固本章知识点，下面讲解一个技能综合案例，使大家对本章的知识有更深入的了解。

图 4-64 效果展示

思路分析

双鱼宝宝非常可爱,使用线条和几何图形可以绘制双鱼宝宝,具体操作方法如下。

本例首先使用【矩形工具】 绘制浅色背景,使用【椭圆工具】 绘制头部和身体,并填充颜色;然后使用【螺旋线工具】 绘制耳朵,使用【弧形工具】 绘制额头位置的刘海;最后使用【星形工具】 绘制星星,制作完成。

制作步骤

步骤 01 新建空白文档,选择【矩形工具】 ,在面板上拖动鼠标绘制矩形,如图 4-65 所示。在工具箱中,单击【填色】图标,如图 4-66 所示。在打开的【拾色器】对话框中,设置填色为浅红色"#FFFDEF",单击【确定】按钮,如图 4-67 所示。

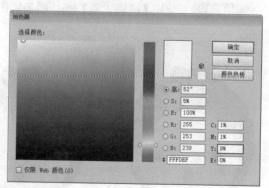

图 4-65 绘制矩形　图 4-66 单击【填色】　　图 4-67 【拾色器】对话框
　　　　　　　　　　　图标

步骤 02 通过前面的操作,为图形填充浅红色,如图 4-68 所示。使用【椭圆工具】

绘制圆形，如图 4-69 所示。使用相同的方法填充红色"#E50012"，如图 4-70 所示。

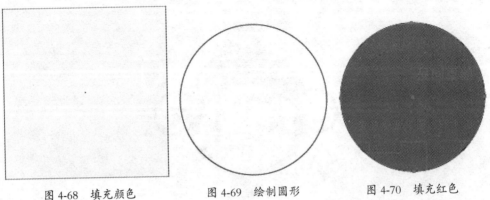

图 4-68　填充颜色　　　　　图 4-69　绘制圆形　　　　　图 4-70　填充红色

步骤 03　适当调整路径形状，如图 4-71 所示。使用【椭圆工具】◯绘制图形，填充浅黄色"#F8F7CA"，如图 4-72 所示。使用【椭圆工具】◯绘制眼睛、嘴巴和腮红，分别填充深棕色"#610F13"、红色"#E8546B"和浅粉色"#F7C7C8"，如图 4-73 所示。

图 4-71　调整路径形状　　　　图 4-72　绘制图形并填色　　　　图 4-73　绘制图形并填色

步骤 04　选择【矩形工具】▢，在面板上拖动鼠标绘制图形，填充红色"#E50012"，如图 4-74 所示。适当调整路径形状，如图 4-75 所示。

步骤 05　使用【椭圆工具】◯绘制手脚图形，填充浅黄色"#F8F7CA"，如图 4-76 所示。

图 4-74　绘制图形并填色　　　　图 4-75　调整路径形状　　　　图 4-76　绘制手脚图形并填色

步骤 06　使用【螺旋线工具】 绘制耳朵，如图 4-77 所示。在选项栏中，设置描边宽度和样式，如图 4-78 所示。

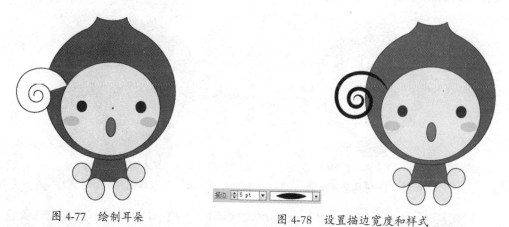

图 4-77　绘制耳朵

图 4-78　设置描边宽度和样式

步骤 07　在工具箱中，单击【描边】图标，如图 4-79 所示。在打开的【拾色器】对话框中，设置填充色为红色"#E50012"，单击【确定】按钮，如图 4-80 所示。填充效果如图 4-81 所示。

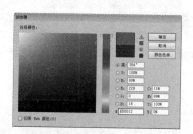

图 4-79　单击【描边】图标　　图 4-80　【拾色器】对话框　　图 4-81　填充效果

步骤 08　使用相似的方法绘制另一侧耳朵，如图 4-82 所示。使用【弧形工具】 绘制额头位置的刘海，如图 4-83 所示。继续绘制刘海，刘海效果如图 4-84 所示。

图 4-82　绘制耳朵　　　　　图 4-83　绘制刘海　　　　　图 4-84　刘海效果

步骤 09　使用【星形工具】☆绘制星星，设置填充色为浅粉色"#F7C7C8"，如图4-85
所示。继续绘制星星，分别填充黄色"#FFF000"和青色"#5DC1CF"，如图4-86所示。

图4-85　绘制星星并填色

图4-86　继续绘制星星并填色

步骤 10　使用【椭圆工具】⬭绘制帽球图形，如图4-87所示。然后填充黄色
"#FFF000"，如图4-88所示。

图4-87　绘制帽球图形

图4-88　填充帽球图形

🌐 同步训练——绘制小狗图标

为了增强大家的动手能力，下面安排一个同步训练案例，让大家达到举一反三、触
类旁通的学习效果。

图解流程

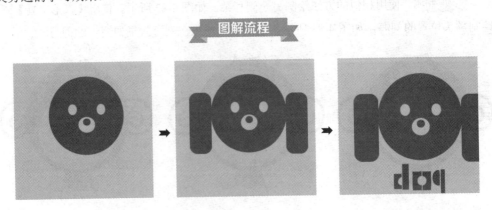

思路分析

图标代表了一个符号，具有特殊的代表意义，下面介绍如何绘制小狗图标。

本例首先绘制小狗头部轮廓，眼、嘴和鼻部图形；然后绘制小狗的耳朵；最后制作 dog 字母图形，完成制作。

关键步骤

关键步骤 01 新建空白文档，选择【矩形工具】■，在面板上拖动鼠标绘制图形，填充暗红色"#DEC1A1"。

关键步骤 02 使用【椭圆工具】●绘制头、眼睛和嘴及鼻部图形，分别填充深灰色"#221E1F"和暗红色"#DEC1A1"。

关键步骤 03 使用【圆角矩形工具】■绘制耳朵，填充深灰色"#221E1F"。

关键步骤 04 结合【椭圆工具】●和【矩形工具】■创建 dog 字母图形。

知识能力测试

本章讲解了几何图形的绘制方法，为对知识进行巩固和考核，布置相应的练习题（答案见网盘）。

一、填空题

1．【矩形工具】■可以绘制_____和_____。

2．拖动【弧线工具】绘制弧线时，按住【X】键，可以切换弧线的凹凸方向；按【C】键，可以在_____和____图形之间切换；按方向键可以调整弧线的斜率。

二、选择题

1．在绘制圆角矩形的过程中，按【↑】键或【↓】键，可增加或减小圆角矩形的（   ）。

    A．圆角半径   B．周长   C．半径   D．体积

2．在绘制矩形的过程中，按（   ）可以移动图形的位置。

    A．【Ctrl】键   B．【Shift】键   C．【Space】键   D．【Esc】键

3．拖动【极坐标网格工具】●可以快速绘制（   ）。

    A．转动效果   B．水平坐标   C．垂直坐标   D．极坐标

三、简答题

1．如何使用【弧形工具】◢?

2．请描述【圆角矩形工具】■的绘制技巧。

CS6
ILLUSTRATOR

第5章
文字功能应用

本章导读

学会绘制线条和几何图形后，下一步需要学习文字效果应用的基本方法。

本章将详细介绍文字工具的应用、文本的置入和编辑、字符格式的设置和对文本进行一些特殊的编辑操作。

学习目标

- 熟练掌握文字对象的创建方法
- 熟练掌握字符格式的设置方法
- 熟练掌握文本的其他操作方法

5.1 文字对象的创建

在 Illustrator CS6 中，一共有 6 种输入文本的工具，包括文字工具、区域文字工具、路径文字工具、直排文字工具、直排区域文字工具、直排路径文字工具，并且可以将外部文档置入 Illustrator CS6 中进行编辑。

5.1.1 使用文字工具输入文字

输入文字常用的基本工具包括【文字工具】 T 和【直排文字工具】 ↓T，可以在绘制区域中创建点文本和块文本。

1．点文本的创建

点文本是指从单击位置开始，随着字符输入而扩展的横排或直排文本。创建的每行文本都是独立的，对其进行编辑时，该行将扩展或缩短，但不会换行。

2．块文本的创建

对于整段文字，创建块文本比点文本更有效，块文本有文本框的限制，能够简单地通过改变文本框的宽度来改变行宽，创建块文本的具体操作步骤如下。

步骤 01 　单击工具箱中的【文字工具】 T 或【直排文字工具】 ↓T，在绘制区域中拖动鼠标创建一个文本框，如图 5-1 所示。

步骤 02 　在文本框中输入文字，如图 5-2 所示。

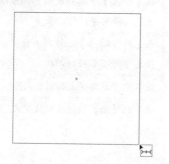

图 5-1　创建文本框

图 5-2　输入文字

5.1.2 使用区域文本工具输入文字

区域文本工具包括【区域文字工具】 T 和【直排区域文字工具】 ↓T，使用这两种工具可以将文字放入特定的区域内，形成多种多样的文字排列效果。下面以【直排区域文字工具】 T 为例进行讲解，具体操作步骤如下。

步骤 01 　使用选择工具选择作为文本区域的路径对象，如图 5-3 所示。

步骤02　单击工具箱中的【区域文字工具】[T]，在路径上单击，如图 5-4 所示。

步骤03　当出现插入点时输入文字，如果文本超过了该区域所能容纳的量，将在该区域底部附近出现一个带加号的小方框，如图 5-5 所示。拖动文本框的控制点，放大文本框后，即可显示隐藏的文字，如图 5-6 所示。

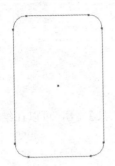 

| 图 5-3　选择路径对象 | 图 5-4　单击鼠标 | 图 5-5　输入文字 | 图 5-6　显示隐藏的文字 |

5.1.3　使用路径文本工具输入文字

路径文本工具包括【路径文字工具】和【直排路径文字工具】。选择工具后，在路径上单击，出现文字输入点后，输入文本，文字将沿着路径的形状进行排列。

执行【文字】→【路径文字】→【路径文字选项】命令，弹出【路径文字选项】对话框。在对话框中，可以设置路径文字的参数，如图 5-7 所示。路径文字效果如图 5-8 所示。

❶ 效果	在【效果】下拉列表框中，可以选择系统预设的文字排列效果	
❷ 对齐路径	在【对齐路径】下拉列表框中，可以选择文字对齐路径的方式	
❸ 间距	设置文字在路径上排列的间距	
❹ 翻转	选中此复选框后，可以改变文字方向	

图 5-7　【路径文字选项】对话框

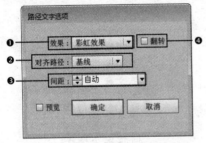 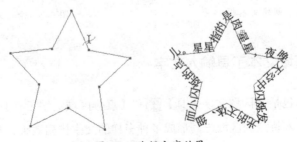

图 5-8　路径文字效果

5.1.4　路径置入

Illustrator CS6 允许用户将其他应用程序创建的文本文件导入图稿中，置入命令可以置入 Microsoft Word、RTF 文件和纯文字文件。

执行【文件】→【置入】命令，弹出【置入】对话框，选中需要置入的文本对象，单击【确定】按钮，如图 5-9 所示。

弹出【文本导入选项】对话框，根据实际需要设置参数后，单击【确定】按钮，如图 5-10 所示。通过前面的操作即可置入文本，效果如图 5-11 所示。

图 5-9　【置入】对话框　　　图 5-10　【文本导入选项】对话框　　图 5-11　置入文本效果

📖 课堂范例——创建特殊文字效果

步骤 01　打开"网盘 \ 素材文件 \ 第 5 章 \ 朋友 .ai"，如图 5-12 所示。

步骤 02　选择工具箱中的【文字工具】T，在图形内部单击，出现文字输入点后，输入文本，如图 5-13 所示。

图 5-12　打开素材　　　　　　　　　图 5-13　输入文本

步骤 03　拖动鼠标选中所有文字，如图 5-14 所示。在选项栏中，设置【字体大小】为 "50pt"，如图 5-15 所示。

图 5-14　选中文字

图 5-15　设置文字大小

> **步骤 04**　向左侧拖动，调整文字的位置，如图 5-16 所示。

> **步骤 05**　单击工具箱中的【路径文字工具】 ，在路径上单击，定义文字输入点。

出现文字输入点后，输入文本，文字将沿着路径的形状进行排列，如图 5-17 所示。

图 5-16　调整文字位置

图 5-17　创建路径文字

> **步骤 06**　复制粘贴多个文字，文字会沿路径形状进行排列，如图 5-18 所示。适当

调整图形的位置，如图 5-19 所示。

图 5-18　复制粘贴文字

图 5-19　调整图形位置

5.2 字符格式的设置

字符格式的设置可以在【字符】面板中进行，包括字体、字体大小、水平缩放、字符间距等。

5.2.1 选择文本

选择文本包括选择字符、选择文字对象及选择路径对象。选中文字后，即可在【字符】面板中对该文本进行编辑。下面介绍选择文本的几种方法。

（1）选择字符：选择相应的文本工具，拖动一个或多个字符将其选中；或者选择一个或多个字符，如图 5-20 所示。

图 5-20　选择字符

技能拓展

使用文字工具在文字内部单击，执行【选择】→【全部】命令，可以将文字对象中的所有字符选中。

（2）选择文字对象：使用【选择工具】或者【直接选择工具】单击文字，即可选中文字。选择文字对象后，将在该对象的周围显示一个边框，如图 5-21 所示。

（3）选择路径对象：使用文字工具在路径对象上拖动，即可选中路径中的文字对象，如图 5-22 所示。双击可以选中路径上的所有文字对象。

图 5-21　选择文字对象

图 5-22　选择路径对象

5.2.2 设置字符属性

在【字符】面板中，可以改变文档中的单个字符设置，执行【窗口】→【文字】→【字符】命令，打开【字符】面板。在默认情况下，【字符】面板中只显示最常用的选项，如图 5-23 所示。单击面板右上角的 ▾≡ 按钮，打开面板快捷菜单，如图 5-24 所示。选择【显示选项】命令，可以显示更多的设置选项，如图 5-25 所示。

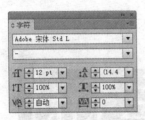  

图 5-23　常用【字符】面板　　图 5-24　【字符】面板快捷菜单　　图 5-25　完整【字符】面板

1．设置字体

首先要选中输入的文字，在【字符】面板中，设置字体属性，如设置为黑体，如图 5-26 所示。

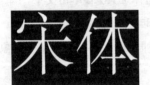  

图 5-26　在【字符】面板中设置字体属性

2．设置字体大小

在默认情况下，输入的文字大小为"12pt"，要想改变文字大小，首先要选中输入的文字，然后在面板中相应位置进行更改。

3．字距调整

字距调整可以收紧或放松文字间距，该值为正值时，字距变大；该值为负值时，字距变小。如图 5-27 所示。

图 5-27 在【字符】面板中设置字距

4. 字距微调

字距微调是增加或减少指定字符间距，使用文字工具在需要调整的字符间单击，进入文本输入状态后，即可在【字符】面板中进行调整，字距微调效果如图 5-28 所示。

图 5-28 字距微调效果

5. 设置水平和垂直缩放

水平和垂直缩放可以更改文字的宽度和高度比例，未缩放字体的值为 100%。选择文字后，在【字符】面板中进行设置，水平和垂直缩放效果如图 5-29 所示。

图 5-29 水平和垂直缩放效果

6. 使用空格

空格是字符前后的空白间隔。在【字符】面板中，可以修改特殊字符的前后留白程度。选择要调整的字符，在【字符】面板中进行设置即可，使用空格效果如图 5-30 所示。

图 5-30 使用空格效果

7. 设置基线偏移

【基线偏移】命令可以相对于周围文本的基线上下移动所选字符，以手动方式设置分数值或调整图片与文字之间的位置时，基线偏移尤其有效。

选择要更改的字符或文字对象，在【字符】面板中，设置【基线偏移】选项，输入正值会将字符的基线移到文字行基线的上方；输入负值则会将字符基线移到文字行基线的下方。基线偏移效果如图 5-31 所示。

图 5-31　基线偏移效果

8. 设置字符旋转

通过调整【字符旋转】选项栏的数值可以改变文字的方向。如果要将文字对象中的字符旋转特定的角度，可以选择要更改的字符或文字对象，在【字符】面板的【字符旋转】选项栏中设置数值。字符旋转效果如图 5-32 所示。

图 5-32　字符旋转效果

9. 设置特殊样式

在【字符】面板，单击倒数一排的"T"状按钮可以为字符添加特殊效果，包括下画线和删除线等，如图 5-33 所示。

图 5-33　设置特殊样式

10．特殊字符的输入

字体中包括许多特殊字符，根据字体的不同，这些字符包括连字、分数字、花饰字、装饰字、上标字符和下标字符等，插入特殊字符的具体操作步骤如下。

在绘图区域中定位文字插入点，执行【窗口】→【文字】→【字形】命令，在【字形】面板中选择需要的字符，双击所选字符即可，如图 5-34 所示。

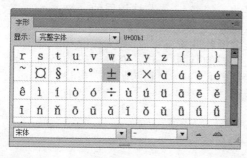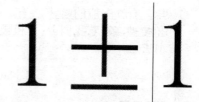

图 5-34　输入特殊字符

5.2.3　设置段落格式

设置段落格式将影响整个文本的段落，而不是一次只针对一个字母或一个字。

执行【窗口】→【文字】→【段落】命令，打开【段落】面板，在面板中可以更改行和段落的格式，如图 5-35 所示。

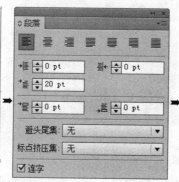

图 5-35　使用【段落】面板设置段落格式

> **温馨提示**
>
> 要对单独一个段落使用设定段落格式选项，使用文字工具在相应段落中定位即可进行格式设置；如果要对整个文本进行段落格式设置，则需要使用选择工具选中块文本，在【段落】面板中进行设置。

1．段落对齐方式

区域文字和路径文字可以与文字路径的一个或两个边缘对齐，通过调整段落的对齐方式使段落更加美观整齐，【段落】面板中提供了 7 种选项。

选中段落文本后，在【段落】面板中单击相应的对齐按钮即可，常用段落对齐方式如图 5-36 所示。

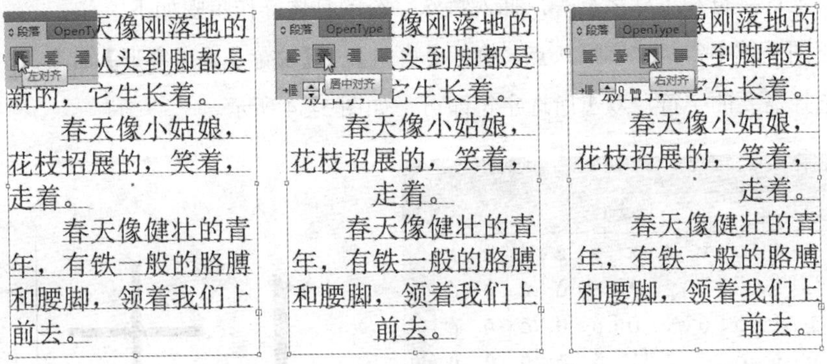

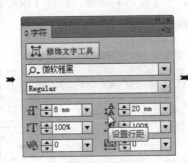

图 5-36　常用段落对齐方式

2．设置行距

在【段落】面板中，可以调整段落的行距。行距是一种字符属性，可以在同一段落中应用多种行距，一行文字中的最大行距将决定该行的行距。

选中要设置段间距的段落，在【字符】面板中，设置行间距即可，如图 5-37 所示。

图 5-37　设置行距

3．设置段前和段后间距

段前间距设置可以在段落前面增加额外间距，段后间距设置可以在段落后面增加额外间距。选择段落，在【段落】面板中设置【段前间距】或【段后间距】即可，如设置段前间距，如图 5-38 所示。

4．设置首行缩进

在【段落】面板中，可以通过调整首行缩进来编辑段落，使段落更加符合传统标准，如图 5-39 所示。

5．设置缩进和悬挂标点

在【段落】面板中，通过调整段落缩进的数值和使用悬挂缩进来编辑段落，使段落边缘更加对称。

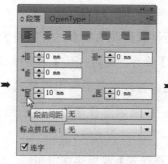

图 5-38 设置段前间距

图 5-39 设置首行缩进

缩进是指段落或单个文字对象与边界的间距量增大。段落缩进分为左缩进和右缩进两种。缩进只影响选中的段落，因此很容易为多个段落设置不同的缩进，如右缩进，如图 5-40 所示。

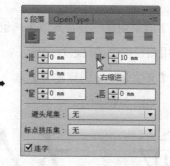

图 5-40 设置右缩进

5.3 文本的其他操作

除了编辑文本外，还可以对文本进行一些其他操作，如字符和段落样式应用、转换文本为路径等。

5.3.1 字符和段落样式

使用样式面板，可以创建、编辑字符所要应用的字符样式，使用该面板可以节省时间并确保样式一致。

　　【字符样式】是许多字符格式属性的集合，可应用于所选的文本范围。执行【窗口】→【文字】→【字符样式】命令，即可打开【字符样式】面板，如图 5-41 所示。

　　在面板中可以创建、应用和管理字符要应用的样式，只需选择文本并在其中的一个面板中单击样式名称即可。如果未选择任何文本，则会将样式应用于所创建的新文本。

　　【段落样式】面板与【字符样式】面板的作用相同，均是为了保存与重复应用文字的样式，这样在工作中可以节省时间并确保格式一致。段落样式包括段落格式属性，可应用于所选段落，也可应用于段落范围。

　　执行【窗口】→【文字】→【段落样式】命令，即可打开【段落样式】面板，如图 5-42 所示，可以在【段落样式】面板中创建、应用和管理段落样式。

图 5-41　【字符样式】面板

图 5-42　【段落样式】面板

5.3.2　将文本转换为轮廓路径

　　文本可以通过应用路径文字效果创建一些特殊效果；也可以通过将文本转换为轮廓从而创建文字轮廓路径，并使用路径编辑工具进行编辑。

　　选中目标文本对象，执行【文字】→【创建轮廓】命令，或者按【Ctrl+Shift+O】组合键，将文本转换为轮廓路径，如图 5-43 所示。

图 5-43　将文本转换为路径

5.3.3　文字串接与绕排

　　每个区域文字都包括输入连接点和输出连接点，由此可链接到其他对象并创建文字对象的链接副本，用户可以根据页面整体需要，串联和中断串接及进行文本绕排。

1．串接文字

若要在对象间串接文本，必须先将文本对象链接在一起。链接的文字对象可以是任何形状，但其文本必须为区域文本或路径文本，而不能为点文本，具体操作步骤如下。

步骤 01 使用【选择工具】选中需要设置的串接的文本框，每个文本框都包括一个入口和一个出口，在出口图标中出现一个红色加号符号，表示对象包括隐藏文字，在红色加号符号处单击，如图 5-44 所示。

步骤 02 在需要创建串接文字的位置单击并拖曳鼠标，创建文本框，释放鼠标后，隐藏的文字流动到新创建的文本框中，如图 5-45 所示。

图 5-44 单击鼠标

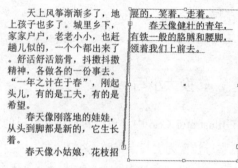

图 5-45 创建串接文本框

2．文本绕排

在 Illustrator CS6 中，用户可以将文字沿着任何对象排布，需要文字绕着它的这个对象必须放在文字对象的上层，设置文字绕排的具体操作步骤如下。

步骤 01 选中需要设置绕排的文字和对象，如图 5-46 所示，执行【对象】→【文本绕排】→【建立】命令。

步骤 02 弹出【Adobe Illustrator】提示对话框，单击【确定】按钮，如图 5-47 所示。文本绕排效果如图 5-48 所示。

  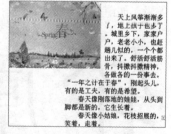

图 5-46 选中文字和对象　图 5-47 【Adebe Illustrator】提示对话框　图 5-48 文本绕排效果

用户可以在绕排文本之前或之后设置绕排选项。执行【对象】→【文本绕排】→【文本绕排选项】命令，将弹出【文本绕排选项】对话框，如图 5-49 所示。

❶ 位移	指定文本和绕排对象间距的大小
❷ 反向绕排	选中该复选框可以反向设置绕排文本

图 5-49　【文本绕排选项】对话框

技能拓展

选择需要取消文字绕排的对象，执行【对象】→【文本绕排】→【释放】命令，即可取消文字对象的绕排效果。

5.3.4　转换大小写

在 Illustrator CS6 中，可以转换英文字母的大小写，如将大写字母转换为小写字母，将词首字母转换为大写字母等。

选中需要转换的英文字母，执行【文字】→【更改大小写】命令，在弹出的子菜单中选择相应的命令进行大小写变换。

课堂问答

通过本章的讲解，大家对文字效果的应用有了一定的了解，下面列出一些常见的问题供大家学习参考。

问题①：文字可以像路径一样编辑吗？

答：在 Illustrator CS6 中，文字虽然显示为矢量图像，但不能像路径一样进行编辑、选择，如图 5-50 所示。执行【文字】→【创建轮廓】命令，可以将文字转换为路径进行编辑，如图 5-51 所示。

图 5-50　不能像路径一样编辑、选择的文字

图 5-51　创建轮廓后的文字

问题②：如何查找文档中的字体？

答：选择文本框，如图 5-52 所示，执行【文字】→【查找文字】命令，可以打开【查找字体】对话框。在对话框中可以选择文档中的字体，如 "Adobe 宋体 Std L"，单击【确定】按钮，如图 5-53 所示。通过前面的操作选中 "Adobe 宋体 Std L" 字体，如图 5-54 所示。

图 5-52　选择文本框

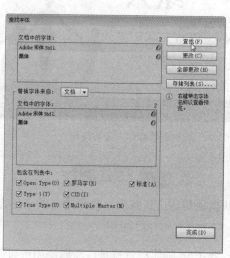

图 5-53　【查找字体】对话框

图 5-54　查找字体效果

问题③：可以显示文本中的格式符号吗？

答：选择文本框，如图 5-55 所示，执行【文字】→【显示和隐藏字符】命令，即可显示文本中的格式符号，如图 5-56 所示。

图 5-55　选择文本框

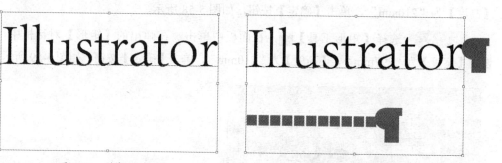

图 5-56　显示格式符号

上机实战——制作活动海报

为了让大家巩固本章知识点，下面讲解一个技能综合案例，使大家对本章的知识有更深入的了解。

图 5-57　效果展示

思路分析

宣传单可以方便、快捷地传达广告意图，是最常见的宣传方式。下面介绍如何制作游园活动宣传单。

本例首先使用 Illustrator CS6 制作广告背景；然后添加素材图形；最后添加并制作文字效果，完成整体制作。

制作步骤

步骤 01　按【Ctrl+N】组合键，执行【新建文档】命令，设置【宽度】为"297mm"、【高度】为"210mm"，单击【确定】按钮，如图 5-58 所示。

步骤 02　选择【矩形工具】 ，在面板中单击，在弹出的【矩形】对话框中，设置【宽度】为"297mm"、【高度】为"210mm"，单击【确定】按钮，如图 5-59 所示。

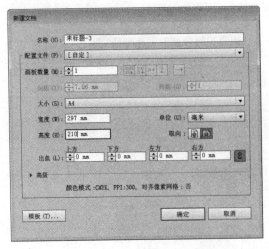

图 5-58　【新建文档】对话框

图 5-59　【矩形】对话框

步骤 03 打开"网盘\素材文件\第 5 章\背景 .ai",将其复制粘贴到当前文件中，移动到适当位置，如图 5-60 所示。打开"网盘\素材文件\第 5 章\蝴蝶 .ai"，将其复制粘贴到当前文件中，移动到适当位置，如图 5-61 所示。

图 5-60 添加背景

图 5-61 添加蝴蝶

步骤 04 打开"网盘\素材文件\第 5 章\人物剪影 .ai"，将其复制粘贴到当前文件中，移动到适当位置，如图 5-62 所示。拖动【光晕工具】添加光晕，如图 5-63 所示。

图 5-62 添加人物剪影

图 5-63 添加光晕

步骤 05 使用【文字工具】输入文字，如图 5-64 所示。在【字符】面板中，设置【字体】为"创艺简老宋"、【字体大小】为"32pt"、【字距】为"140"，如图 5-65 所示。文字设置效果如图 5-66 所示。

图 5-64 输入文字

图 5-65 【字符】面板

图 5-66 文字设置效果

步骤 06 使用【文字工具】输入文字。在【字符】面板中，设置【字体】为"锐字逼格青春粗黑体简"、【字体大小】为"50pt",如图 5-67 所示。

步骤 07　使用【文字工具】T输入字母。在【字符】面板中,设置【字体】为"锐字逼格青春粗黑体简"、【字体大小】为"60pt",如图 5-68 所示。

图 5-67　添加文字

图 5-68　添加字母

步骤 08　使用【文字工具】T输入文字。在【字符】面板中,设置【字体】为"锐字逼格青春粗黑体简"、【字体大小】为"100pt",如图 5-69 所示。

步骤 09　拖动【文字工具】T创建段落文本框,如图 5-70 所示。

图 5-69　添加文字

图 5-70　创建段落文本框

步骤 10　使用【文字工具】T输入文字,如图 5-71 所示。在【字符】面板中,设置【字体大小】为"11pt",如图 5-72 所示。

图 5-71　输入段落文字

图 5-72　设置段落属性

步骤 11　在【字符】面板中,设置【行距】为"18pt"、【字距】为"140",如图 5-73 所示。段落格式设置效果如图 5-74 所示。

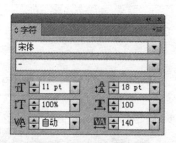

图 5-73 设置段落格式

图 5-74 段落格式设置效果

步骤 12 选中段落文字，在【段落】面板中设置【首行左缩进】为 "20pt"，如图 5-75 所示。首行左缩进效果如图 5-76 所示。

图 5-75 【段落】面板

图 5-76 首行左缩进效果

步骤 13 在 "主办方" 段落前增加空白段落，如图 5-77 所示。使用【距形工具】▣ 绘制矩形，填充红色 "#E21A14"，如图 5-78 所示。

图 5-77 增加空白段落

图 5-78 绘制矩形并填色

🌐 同步训练——制作幼儿园交流卡片

为了增强大家的动手能力，下面安排一个同步训练案例，让大家达到举一反三、触类旁通的学习效果。

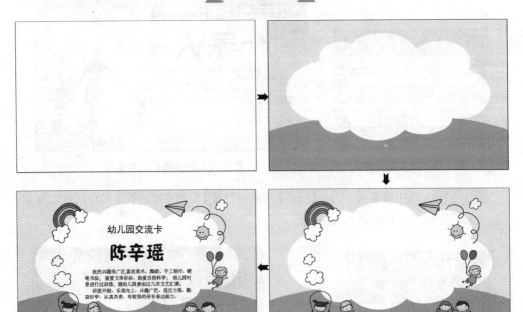

思路分析

卡片是宣传、交流信息的载体，可以让收到卡片的人快速了解基本信息，制作幼儿园交流卡片的具体操作步骤如下。

本例首先使用【矩形工具】■绘制图形；然后通过【晶格化工具】✂制作背景；最后添加文字和素材，完成制作。

关键步骤

关键步骤 01   按【Ctrl+N】组合键，执行【新建文档】命令，在【新建文档】对话框中，设置【宽度】为"90mm"、【高度】为"55mm"，单击【确定】按钮。

关键步骤 02   使用【钢笔工具】✐绘制背景和云朵路径，分别填充浅绿色"#E2F1E7"、绿色"#93B53A"和白色"#FEFEFE"。

关键步骤 03   打开"网盘 \ 素材文件 \ 第 5 章 \ 卡通儿童 .ai"，将其复制粘贴到当前文件中，移动到适当位置。

关键步骤 04   使用【文字工具】T输入文字"幼儿园交流卡"，在【字符】面板中，设置【字体】为"黑体"、【字体大小】为"10pt"。

关键步骤 05   使用【文字工具】T输入文字"陈辛瑶"，在【字符】面板中，设置【字体】为"方正少儿简体"、【字体大小】为"20pt"。

关键步骤 06   使用【文字工具】T输入段落文字，在【字符】面板中，设置【字体】为"宋体"、【字体大小】为"5pt"，在【段落】面板中设置【行距】为"10pt"。

知识能力测试

本章讲解了文字效果应用的基本方法，为对知识进行巩固和考核，布置相应的练习题（答案见网盘）。

一、填空题

1. 点文本是指从单击位置开始，并随着字符输入而扩展的_____或_____文本，创建的每行文本都是独立的，对其进行编辑时，该行将扩展或缩短，但不会换行。

2. 在【字符】面板中，单击倒数一排的"T"状按钮可以为字符添加特殊效果，包括_____和_____等。

3. 缩进是指段落或单个文字对象与边界的间距量增大。段落缩进分为_____和_____两种，缩进只影响选中的段落，因此可以很容易地为多个段落设置不同的缩进。

二、选择题

1. 对于整段文字，创建块文本比点文本更有效，块文本有（   ）的限制，能够简单地通过改变文本框的宽度来改变行宽。

   A．字符框　　　　B．变换框　　　　C．调整框　　　　D．文本框

2. 区域文字和路径文字可以与文字路径的一个或两个边缘对齐，通过调整段落的对齐方式使段落更加美观整齐，【段落】面板中提供了（   ）种选项。

   A．3　　　　　　B．7　　　　　　C．10　　　　　　D．6

3. （   ）命令可以在相对于周围文本的基线上下移动所选字符，以手动方式设置分数字或调整图片与文字之间的位置时，基线偏移尤其有效。

   A．【基线偏移】　　　　　　　B．【基线位移】

   C．【线形偏移】　　　　　　　D．【基线微】

三、简答题

1. 为什么路径中不能显示所有文字？
2. 字距微调和字距距离有什么区别？

CS6
ILLUSTRATOR

第6章
填充功能应用

本章导读

绘制图形后，需要对图形进行上色，Illustrator CS6 为用户提供了很多填色工具和命令。本章将详细介绍图形填充和描边及实时上色的方法与和技巧，通过对这些工具和命令的应用，用户可以快速绘制出色彩鲜艳的图形。

学习目标

- 熟练掌握图形的填充和描边方法
- 熟练掌握实时上色的方法
- 熟练掌握渐变色及网格的应用
- 熟练掌握图案填充和描边的应用

图形的填充和描边

绘制图形时，除了需要完整的图形轮廓，还要有丰富的色彩才能构成完整的作品，本节将详细介绍如何进行图形的填充和描边。

6.1.1　使用工具箱中的【填色】和【描边】按钮填充颜色

双击工具箱中的【填色】和【描边】按钮，打开【拾色器】对话框，在对话框中，用户可以通过选择色谱、定义颜色值等方式快速选择对象的填色或描边颜色。

1. 工具箱中的颜色控制按钮

在工具箱下方能够看到颜色控制按钮，如图 6-1 所示。

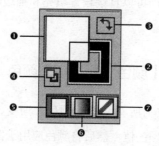

图 6-1　颜色控制按钮

❶ 填色	快速设置图形中的填充颜色
❷ 描边	快速设置对象的轮廓颜色
❸ 互换填色和描边	可以在填色和描边之间切换颜色
❹ 默认填色和描边	切换至默认设置
❺ 颜色	将上次选中的纯色应用于具有渐变色、没有描边或填充色的对象
❻ 渐变	将当前选中的填色改为上次应用的渐变颜色值
❼ 无	删除对象的填色和描边

2. 【拾色器】对话框

使用【拾色器】对话框填充颜色的具体操作步骤如下。

步骤 01　选择需要填充的图形对象，双击工具箱中的【填色】按钮，如图 6-2 所示。

步骤 02　弹出【拾色器】对话框，设置颜色值"#E73419"，完成设置后，单击【确定】按钮，如图 6-3 所示。填色效果如图 6-4 所示。

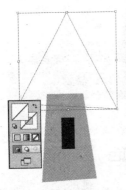

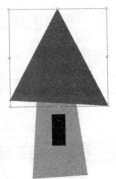

图 6-2　选择图形　　　　　　　图 6-3　【拾色器】对话框　　　　　　图 6-4　填色效果

6.1.2　通过选项栏填充颜色和描边

选择图形后，在选项栏中，可以直接设置填充和描边颜色，还可以设置描边粗细、描边装饰等属性。

6.1.3　使用【色板】和【颜色】面板填充颜色

通过【色板】面板可以控制所有文档的颜色、渐变、图案和色调；而【颜色】面板可以使用不同颜色模式显示颜色值，然后将颜色应用于图形的填充和描边。

1.【色板】面板

选择需要填充的图形后，单击【色板】面板中需要的色块，即可为图形填充颜色。执行【窗口】→【色板】命令，即可打开【色板】面板，如图 6-5 所示。

2.【颜色】面板

选择需要填充的图形后，单击【颜色】面板中需要的颜色，即可为图形填充颜色。执行【窗口】→【颜色】命令，弹出【颜色】面板，如图 6-6 所示。

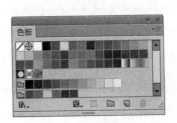

图 6-5　【色板】面板　　　　　　　　　　图 6-6　【颜色】面板

📖 **课堂范例——为小猫衣服上色**

步骤 01　打开"网盘\素材文件\第 6 章\小猫线稿 .ai"，选中小猫轮廓线条，如

图6-7所示。在【工具箱】中单击【描边】图标,如图6-8所示。通过前面的操作得到描边效果,如图6-9所示。

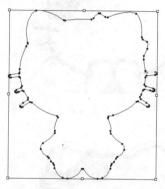

图6-7　选中小猫轮廓纸条　图6-8　单击【描边】图标　　图6-9　描边效果

步骤02　选中小猫内侧轮廓,如图6-10所示。在【工具箱】中,单击【互换填色和描边】图标↰,如图6-11所示。通过前面的操作得到黑色填充效果,如图6-12所示。

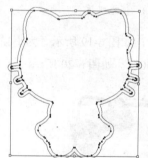

图6-10　选中小猫内侧轮廓　图6-11　单击【互换填色和描边】图标　图6-12　黑色填充效果

步骤03　选中小猫头花图形,如图6-13所示。在【工具箱】中双击【填色】图标,如图6-14所示。

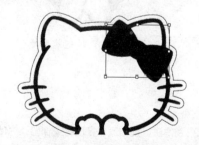

图6-13　选中头花图形　　　　图6-14　双击【填色】图标

步骤04　在弹出的【拾色器】对话框中,设置颜色值为红色"#ED1C24",单击【确定】按钮,如图6-15所示。填充效果如图6-16所示。

步骤05　使用相同的方法为眼睛填充黑色"#020000",如图6-17所示。为嘴唇填充黄色"# FFCB04",如图6-18所示。

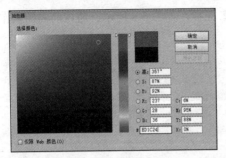

图 6-15　【拾色器】对话框　　　　　图 6-16　填充效果

图 6-17　填充眼睛　　　　　　　图 6-18　填充嘴唇

步骤 06　使用相同的方法为衣服填充红色"#ED1C24"，如图 6-19 所示。为小猫衣服上的苹果图形添加描边，并将苹果叶填充为绿色"#00A650"，如图 6-20 所示。

图 6-19　填充衣服　　　　　　　图 6-20　填充苹果叶

6.2　创建实时上色

实时上色是一种创建彩色图画的直观方法，犹如画家在画布上作画，先使用铅笔等绘制工具绘制一些图形轮廓，然后在这些描边之间的区域进行颜色填充。

6.2.1　实时上色组

实时上色是通过路径将图形划分为多个上色区域，每一个区域都可以单独上色或描边，进行实时上色操作之前，需要创建实时上色组，具体操作步骤如下。

步骤 01　打开"网盘＼素材文件＼第6章＼笑脸符号 .ai"，执行【对象】→【实时上色】→【建立】命令，或者按【Ctrl+Alt+X】组合键，将对象创建为实时上色组，如图 6-21 所示。

步骤 02　单击【实时上色工具】或按【K】键，设置工具箱中的【填色】为黄色"#FFB000"，移动鼠标指针到图 6-22 所示的位置并单击，即可为选中的区域填充颜色，如图 6-23 所示。

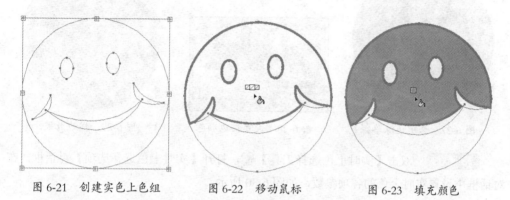

图 6-21　创建实色上色组　　　　图 6-22　移动鼠标　　　　图 6-23　填充颜色

步骤 03　移动鼠标指针到笑脸符号下方并单击，即可填充颜色，如图 6-24 所示。

步骤 04　设置【填充】颜色为深黄色"#824400"，移动鼠标指针到眼睛位置并单击，即可填充颜色，如图 6-25 所示。移动鼠标指针到嘴巴位置并单击，即可填充颜色，如图 6-26 所示。

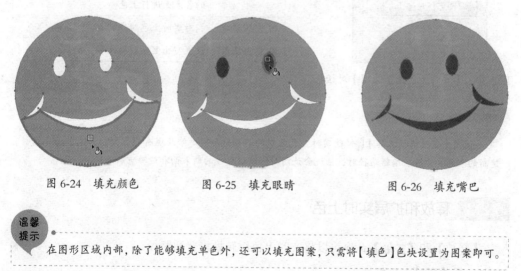

图 6-24　填充颜色　　　　　图 6-25　填充眼睛　　　　　图 6-26　填充嘴巴

温馨提示

在图形区域内部，除了能够填充单色外，还可以填充图案，只需将【填色】色块设置为图案即可。

6.2.2　为边缘上色

当图形对象转换为实时上色组后，使用【实时上色工具】可以为图形对象的边缘设置描边颜色，为边缘实时上色的具体操作步骤如下。

步骤 01　　单击工具箱中的【实时上色选择工具】，单击实时上色组中边缘路径将其选中，如图 6-27 所示。

步骤 02　　选中路径后，即可在选项栏中设置描边颜色，如图 6-28 所示。描边效果如图 6-29 所示。

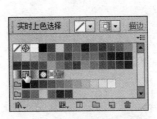

图 6-27　选中边缘路径　　　　图 6-28　设置描边颜色　　　　图 6-29　描边效果

步骤 03　　双击【实时上色选择工具】，打开【实时上色选择选项】对话框，在对话框中设置实时上色的各项参数，如图 6-30 所示。

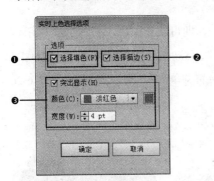

❶ 选择填色	选中此复选框后，则对实时上色组中的各表面进行上色
❷ 选择描边	指对实时上色组中的各边缘上色
❸ 突出显示	设置突出显示的颜色和宽度

图 6-30　【实时上色选择选项】对话框

温馨提示

使用【直接选择工具】修改实时上色组中的路径，会同时修改现有的表面和边缘，还可能创建新的表面和边缘。编辑路径时，系统会试图对修改过路径的新表面和边缘重新着色。

6.2.3　释放和扩展实时上色

【释放】和【扩展】命令可以将实时上色组转换为普通路径。

1. 释放实时上色组

选择实时上色组，如图 6-31 所示。执行【对象】→【实时上色】→【释放】命令，可以将实时上色组转换为原始形状，所有内部填充被取消，只保留黑色描边。释放效果如图 6-32 所示。

图 6-31 选择实时上色组

图 6-32 释放效果

2. 扩展实时上色组

选择实时上色组后，如图 6-33 所示。执行【对象】→【实时上色】→【扩展】命令，可以将每个实时上色组的表面和轮廓转换为独立的图形，并将图形划分为两个编组对象，所有表面为一个编组，所有轮廓为另一个编组。

在对象上右击，在弹出的快捷菜单中选择【取消编组】命令，如图 6-34 所示。通过前面的操作即可解散编组，解散编组后可查看各个单独的对象，如图 6-35 所示。

图 6-33 选择实时上色组

图 6-34 解散编组

图 6-35 查看单独对象

课堂范例——填充黑白图标

步骤 01 打开"网盘\素材文件\第 6 章\黑白图标 .ai"，如图 6-36 所示。选中所有图形，执行【对象】→【实时上色】→【建立】命令，将对象创建为实时上色组，如图 6-37 所示。

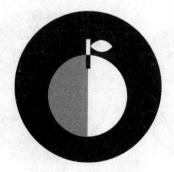

图 6-36 打开黑白图标

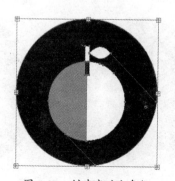

图 6-37 创建实时上色组

步骤 02　设置填色为浅红色"#DA5043"，单击【实时上色工具】，移动鼠标指针到目标位置，如图 6-38 所示。单击即可为选中的区域填充颜色，如图 6-39 所示。

步骤 03　设置填色为略深的红色"#CA463F"，使用相同的方法填充右下区域，如图 6-40 所示。

图 6-38　移动鼠标指针　　　　图 6-39　填充颜色　　　　图 6-40　填充略深的红色

步骤 04　选择【实时上色选择工具】，单击选中左侧图形区域，如图 6-41 所示。按住【Shift】键单击加选图形区域，如图 6-42 所示。设置填色为黄色"#E0A513"，如图 6-43 所示。

图 6-41　选中图形区域　　　　图 6-42　加选图形区域　　　　图 6-43　设置填充颜色

步骤 05　选择【实时上色选择工具】，单击选中右侧图形区域，如图 6-44 所示。按住【Shift】键单击加选图形区域，如图 6-45 所示。设置填色为略深的黄色"#DC8910"，如图 6-46 所示。

图 6-44　选中图形区域　　　　图 6-45　加选图形区域　　　　图 6-46　设置填充颜色

步骤 06 设置填充色为绿色"#46984B",使用【实时上色工具】填充叶片,如图 6-47 所示。使用【实时上色工具】填充叶茎,如图 6-48 所示。

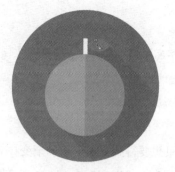

图 6-47 填充叶片

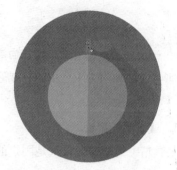

图 6-48 填充叶茎

6.3 渐变色及网格的应用

创建渐变色可以在对象内或对象间填充平滑过渡色。而网格对象是一种多色对象,其填充的颜色可以沿不同方向顺畅分布,且从一点平滑过渡到另一点。

6.3.1 渐变色的创建与编辑

在 Illustrator CS6 中,创建渐变填充的方法很多,较为常用的是线性渐变和径向渐变。

1. 创建线性渐变

线性渐变是指两种或两种以上的颜色在同一条直线上的逐渐过渡。该颜色效果与单色填充相同,均是在工具箱底部显示默认渐变色块,单击工具箱底部的【渐变】图标,即可将单色填充转换为黑白线性渐变,如图 6-49 所示。

图 6-49 将单色填充转换为黑白线性渐变

2. 创建径向渐变

径向渐变从起始颜色以类似于圆的形式向外辐射,逐渐过渡到终止颜色,而不受角度的约束。用户可以改变径向渐变的起始颜色和终止颜色，以及渐变填充中心点的位置，从而生成不同的渐变填充效果。

技 能 拓 展

如果是从单色填充创建径向渐变，那么选中单色图形对象后，在【色板】面板中单击【径向渐变】色块，即可得到径向渐变填充效果。

3.【渐变】面板

工具箱中的渐变效果只是固定的渐变效果，如果想要得到更加丰富的渐变样式，可以双击工具箱中的【渐变】图标 ，或者执行【窗口】→【渐变】命令，打开【渐变】面板，如图 6-50 所示。

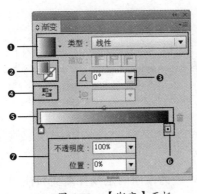

① 类型	包括线性渐变和径向渐变两种类型
② 填色描边	和工具箱中的【填色】【描边】图标相同
③ 角度	设置渐变填充的角度
④ 反向渐变	调整渐变色的方向，使之反转
⑤ 渐变区	用于设置渐变色之间的过渡位置
⑥ 渐变滑块	在渐变色条下方单击即可增加渐变色标
⑦ 色标选项	设置选中的渐变色标（色标下部为黑色的为选中色标，色标下部为白色的为未选中色标）的不透明度和位置

图 6-50　【渐变】面板

4. 改变渐变颜色

默认情况下创建的渐变均为黑白渐变，而渐变颜色的设置主要是通过【渐变】面板和【颜色】面板结合完成的，以线性渐变为例，改变渐变颜色的具体操作步骤如下。

步骤 01　打开"网盘\素材文件\第 6 章\蝴蝶 .ai"，选择需要改变渐变颜色的对象，如图 6-51 所示。在【渐变】面板中，设置【类型】为"线性"，单击右侧的渐变色标，如图 6-52 所示。

图 6-51　选择对象

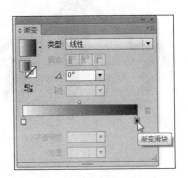

图 6-52　【渐变】面板

步骤 02　打开设置颜色对话框，在对话框中，单击右上角的 ▾≡ 按钮，选择"CMYK（C）"，如图 6-53 所示。载入 CMYK 颜色模式后，单击选择蓝色，如图 6-54 所示。

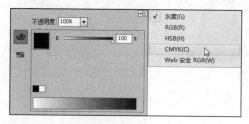

图 6-53　选择颜色模式

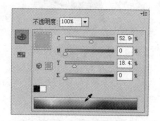

图 6-54　选择颜色

步骤 03　在【渐变】面板中，更改右侧色标为蓝色，如图 6-55 所示。通过前面的操作改变渐变颜色效果，如图 6-56 所示。

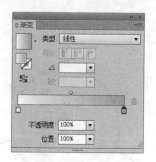

图 6-55　【渐变】面板

图 6-56　改变渐变色效果

5. 调整渐变效果

除了使用【渐变】面板对渐变颜色进行编辑外，还可以通过其他方法更改或调整图形对象的渐变属性。使用渐变工具调整渐变效果的具体操作步骤如下。

步骤 01　选中需要调整的对象，单击【渐变工具】 ▨，在渐变对象内任意位置单击或拖动渐变色条即可改变线性渐变的范围，如图 6-57 所示。

图 6-57　调整线性渐变范围

步骤 02 单击并拖曳径向渐变色条上的控制点，可以改变渐变色的方向、位置，并直观地调整渐变效果，如图 6-58 所示。

图 6-58 调整渐变效果

6．将渐变扩展为图形

选择渐变对象，如图 6-59 所示。执行【对象】→【扩展】命令，打开【扩展】对话框，选中【填充】复选框，在【指定】文本框中输入数值，单击【确定】按钮，如图 6-60 所示。通过前面的操作可将渐变扩展为指定数量的图形，如图 6-61 所示。

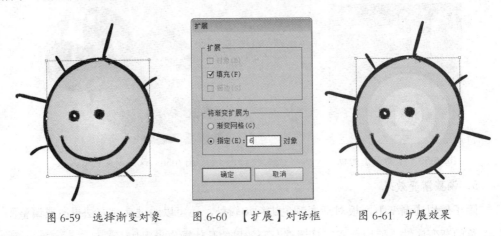

图 6-59 选择渐变对象　　图 6-60 【扩展】对话框　　图 6-61 扩展效果

6.3.2 网格渐变的创建与编辑

网格渐变填充能从一种颜色平滑过渡到另一种颜色，使对象产生多种颜色混合的效果，用户可以基于矢量对象创建网格对象。

1．创建渐变网格

网格由网格点、网格线和网格面片 3 个部分构成，在进行网格渐变填充前，必须先创建网格。具体操作步骤如下。

步骤 01 打开"网盘\素材文件\第 6 章\太阳 .ai"，选中对象，执行【对象】→【创建渐变网格】命令，弹出【创建渐变网格】对话框，在对话框中，设置网格的行数、列数及外观，完成设置后，单击【确定】按钮，如图 6-62 所示。网格效果如图 6-63 所示。

步骤 02　单击【网格工具】，在网格点上单击选中网格，拖动控制点可以改变网格线的形状，如图 6-64 所示。

图 6-62　【创建渐变网格】对话框　　图 6-63　网格效果　　图 6-64　改变网格线的形状

温馨提示

　　在【创建渐变网格】对话框的【外观】下拉列表框中，可以选择高光的方向，若选择"平淡色"选项，则会将对象的原色均匀地覆盖在对象表面，不产生高光；若选择"至中心"选项，则会在对象的中心处创建高光；若选择"至边缘"选项，则会在对象的边缘处创建高光。

步骤 03　在【色板】面板中单击目标颜色，如图 6-65 所示。通过前面的操作可以改变网格点的颜色，如图 6-66 所示。

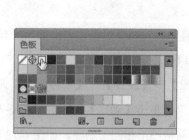

图 6-65　单击目标颜色　　　　　图 6-66　改变网格点的颜色

技能拓展

　　使用【网格工具】在图形上单击可以创建一个具有最低网格线数的网格对象。

2. 将渐变图形转换为渐变网格

使用渐变填充的图形可以转换为渐变网格对象。选择渐变对象，执行【对象】→【扩展】命令，打开【扩展】对话框，选择【填充】和【渐变风格】选项即可。

3. 增加网格线

【网格工具】可以在网格渐变对象上增加网格线，增加网格线的具体操作方法如下。

单击【网格工具】 ，在网格面片的空白处单击，如图 6-67 所示。可增加纵向和横向两条网格线，如图 6-68 所示。在网格线上单击，可增加一条平行的网格线，如图 6-69 所示。

图 6-67　单击空白区域　图 6-68　增加纵向和横向两条网格线 图 6-69　增加一条平行的网格线

4．删除网格线

使用【网格工具】 在网格点或网格线上单击，同时按住【Alt】键，可以删除相应的网格线。

5．调整网格线

使用【网格工具】 或【直接选择工具】 单击并拖动网格面片，可移动其位置；使用【直接选择工具】 拖动网格单元，可调整区域位置；使用【直接选择工具】 选中网格点后，可拖动四周的调节点，调整控制线的形状，以影响渐变填充颜色。

6．从网格对象中提取路径

将图形转换为渐变网格后，将不具有路径的属性。如果想保留图形的路径属性，可以从网格中提取对象原始路径。具体操作方法如下。

选择网格对象，如图 6-70 所示，执行【对象】→【路径】→【偏移路径】命令，打开【偏移路径】对话框，设置【位移】为"0 px"，单击【确定】按钮，如图 6-71 所示。使用【选择工具】 移动网格对象，即可看到与网格图形相同的路径，如图 6-72 所示。

图 6-70　选择网格对象　　图 6-71　【偏移路径】对话框　　图 6-72　移动网格对象

课堂范例——绘制科技按钮

步骤 01　使用【矩形工具】 绘制图形，如图 6-73 所示。

步骤 02 在【渐变】对话框中,设置【类型】为"径向",填充为浅红"#FC3D00"、红"#DC0000"、深红"#B30000",如图 6-74 所示。填充效果如图 6-75 所示。

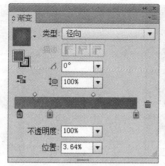

图 6-73　绘制矩形　　　　　图 6-74　【渐变】对话框　　　　图 6-75　填充效果

步骤 03 执行【对象】→【扩展】命令,在【扩展】对话框中设置【指定】为"10",单击【确定】按钮,如图 6-76 所示。扩展渐变效果如图 6-77 所示。

图 6-76　【扩展】对话框　　　　　　图 6-77　扩展渐变效果

步骤 04 按【Shift+Ctrl+G】组合键取消编组,使用【网格工具】在小圆内部单击,创建网格线,如图 6-78 所示。

步骤 05 单击工具箱中的【默认填色和描边】按钮,为节点填充白色,如图 6-79 所示。填充白色效果如图 6-80 所示。

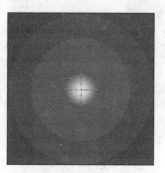

图 6-78　创建网格线　　　　图 6-79　填充颜色　　　　图 6-80　填充白色效果

步骤 06　使用【网格工具】图单击外侧圆网格点，如图 6-81 所示。设置颜色为白色，填充效果如图 6-82 所示。

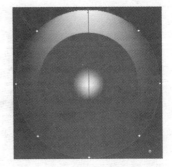

图 6-81　单击网格点　　　　　　　　　　　图 6-82　填充效果

步骤 07　使用【网格工具】图单击内侧圆网格点，如图 6-83 所示。单击工具箱中的【填色】图标，如图 6-84 所示。在【拾色器】对话框中，设置填充色为浅黄色"#FFF598"，单击【确定】按钮，如图 6-85 所示。

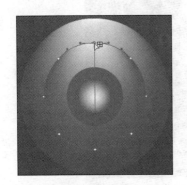

图 6-83　单击网格点　图 6-84　单击【填色】图标　　图 6-85　【拾色器】对话框

步骤 08　通过前面的操作为网格点填充浅黄色，填充效果如图 6-86 所示。使用【网格工具】图单击深红矩形创建网格点，如图 6-87 所示。设置填充色为浅黄色"#FFF598"，如图 6-88 所示。

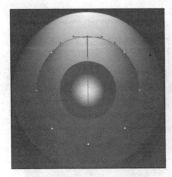
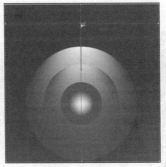

图 6-86　填充效果　　　　　图 6-87　创建网格点　　　　　图 6-88　填充浅黄色

6.4　图案填充和描边应用

Illustrator CS6 内置大量的预设图案填充效果，不仅方便图案的填充，也方便图案的保存。在【描边】面板中，可以设置轮廓效果。

6.4.1　填充预设图案

图案填充的方式和单色填充相同，具体操作步骤如下。

步骤 01　执行【窗口】→【色板】命令，打开【色板】面板，单击【色板】底部的【"色板库"菜单】按钮 ，如图 6-89 所示。在弹出的菜单【图案】选项中，包括【基本图形】【自然】和【装饰】子菜单，选择【装饰】下的【装饰旧版】选项，如图 6-90 所示。【装饰旧版】面板如图 6-91 所示。

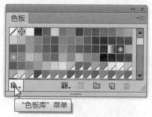
图 6-89　【色板】面板

图 6-90　【"色板库"菜单】

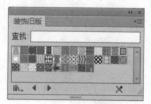
图 6-91　【装饰旧版】面板

步骤 02　打开"网盘\素材文件\第 6 章\鲸鱼 .ai"，选中需要填充的对象，如图 6-92 所示。单击【装饰旧版】面板中的"光滑波形颜色"图案，如图 6-93 所示。图案填充效果如图 6-94 所示。

图 6-92　选中对象

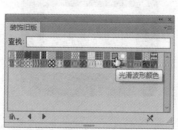
图 6-93　单击目标图案

图 6-94　图案填充效果

6.4.2　使用【描边】面板

使用【描边】面板可以控制线段的粗细、虚实、斜接限制和线段的端点样式等参数。

执行【窗口】→【描边】命令，可以打开【描边】面板，如图 6-95 所示，在该对话框中可以设置对象边线的各种参数。

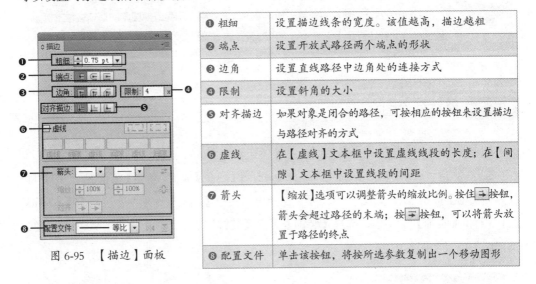

❶ 粗细	设置描边线条的宽度。该值越高，描边越粗
❷ 端点	设置开放式路径两个端点的形状
❸ 边角	设置直线路径中边角处的连接方式
❹ 限制	设置斜角的大小
❺ 对齐描边	如果对象是闭合的路径，可按相应的按钮来设置描边与路径对齐的方式
❻ 虚线	在【虚线】文本框中设置虚线线段的长度；在【间隙】文本框中设置线段的间距
❼ 箭头	【缩放】选项可以调整箭头的缩放比例。按住 → 按钮，箭头会超过路径的末端；按 → 按钮，可以将箭头放置于路径的终点
❽ 配置文件	单击该按钮，将按所选参数复制出一个移动图形

图 6-95 【描边】面板

常见的描边效果如图 6-96 所示。

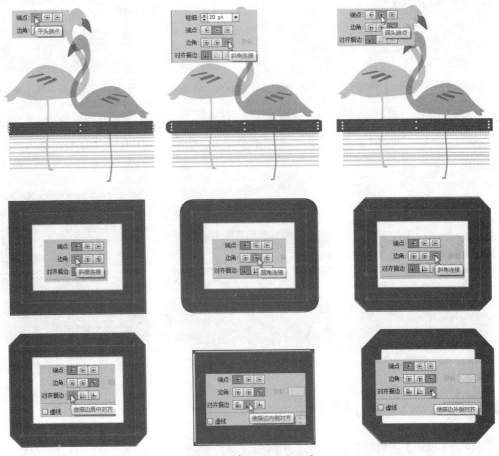

图 6-96 常见的描边效果

课堂范例——为篮子填充图案

步骤 01　打开"网盘 \ 素材文件 \ 第 6 章 \ 篮子 .ai"，使用【选择工具】选中篮子下部图形，如图 6-97 所示。执行【对象】→【变换】→【移动】命令，在【移动】对话框中，设置参数后，单击【复制】按钮，如图 6-98 所示。

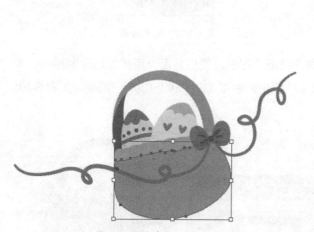

图 6-97　选中图形

图 6-98　【移动】对话框

步骤 02　在【色板】面板中，单击【"色板库"菜单】按钮，如图 6-99 所示。在打开的下拉菜单中，选择【基本图形 _ 线条】选项，如图 6-100 所示。打开【基本图形 _ 线条】面板，如图 6-101 所示。

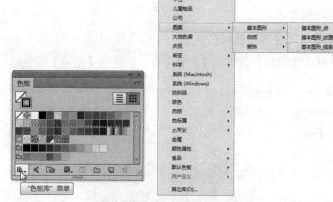

图 6-99　【色板】面板　　　　图 6-100　【"色板库"菜单】

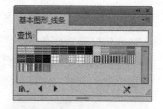

图 6-101　【基本图形 _ 线条】
面板

步骤 03　单击工具箱中的【填色】图标，在【基本图形 _ 线条】面板中，单击"格线标尺"图案，如图 6-102 所示。填充效果如图 6-103 所示。

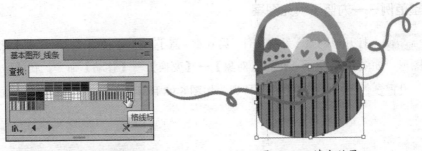

图 6-102　选择图案　　　　　　　　图 6-103　填充效果

步骤 04　使用【选择工具】选择提手图形，使用前面介绍的方法复制提手，如图 6-104 所示。在【基本图形＿线条】面板中，单击选择"10 lpi 20%"图案，如图 6-105 所示。填充效果如图 6-106 所示。

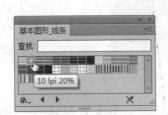

图 6-104　复制提手　　　　图 6-105　选择图案　　　　图 6-106　填充效果

课堂问答

通过本章的讲解，大家对 Illustrator CS6 填充颜色和图案的方法有了一定的了解，下面列出一些常见的问题供大家学习参考。

问题①：如何在【色板】面板中保存指定的颜色？

答：为了方便使用，用户可以将常用颜色保存到【色板】中，如选择【描边】颜色，如图 6-107 所示。在【色板】面板中，单击【新建色板】按钮，如图 6-108 所示。弹出【新建色板】面板，设置色板名称，单击【确定】按钮，如图 6-109 所示。在【色板】面板中，可以看到保存的颜色，如图 6-110 所示。

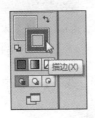
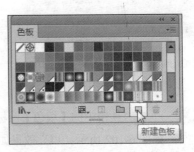

图 6-107　选择【描边】颜色　　　　图 6-108　【色板】面板

图 6-109　【新建色板】面板

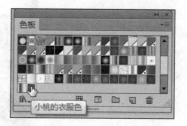

图 6-110　保存的颜色

问题 ②：【渐变工具】 和【渐变】面板各有什么优势？

答：使用【渐变工具】 为图形填充渐变色时，可以直接观察渐变效果，优势在于直观鲜明，调整方便；缺点在于功能不全面，如不能设置渐变不透明度。而在【渐变】面板中，虽然不像【渐变工具】 那么方便，但可以进行更加丰富的渐变设置。

问题 ③：调整网格的其他方法还有哪些？

答：除了配合【Shift】键选中多个网格点以调整颜色外，用户还可以使用【直接选择工具】 单击选中一个或多个网格面片，如图 6-111 所示。然后通过颜色工具调整颜色，如图 6-112 所示。

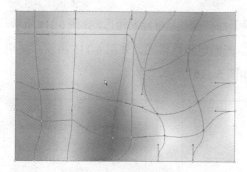

图 6-111　选中网格面片

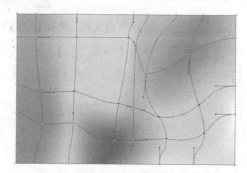

图 6-112　调整颜色

温馨提示

　　创建网格对象时，过于细密的网格会降低工作效率，所以，最好创建多个简单的网格对象，不要创建一个过于复杂的网格对象。

上机实战——绘制爱的花朵海报

为了让大家巩固本章知识点，下面讲解一个技能综合案例，使大家对本章的知识有更深入的了解。

图 6-113　效果展示

思路分析

　　爱是人类最美丽的语言。人们之间有了爱，会盛开美丽的花朵，制作爱的花朵海报的具体操作方法如下。

　　本例首先使用网格功能制作背景；然后使用实时上色功能制作文字效果；最后组合调整版面，完成制作。

制作步骤

步骤 01　新建空白文档，选择【矩形工具】，拖动鼠标绘制矩形，如图 6-114 所示。

步骤 02　使用【网格工具】在左侧单击创建竖网格线，如图 6-115 所示。使用【网格工具】在右侧单击创建竖网格线，如图 6-116 所示。

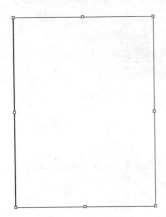
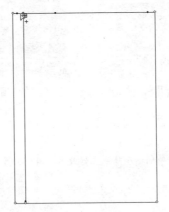
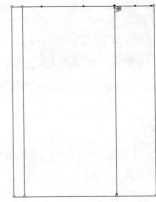

图 6-114　绘制矩形　　　　图 6-115　创建左侧竖网格线　　　图 6-116　创建右侧竖网格线

步骤 03　使用【网格工具】在上方单击创建横网格线，如图 6-117 所示。使用【网格工具】在下方单击创建横网格线，如图 6-118 所示。使用【直接选择工具】拖动网格点，如图 6-119 所示。

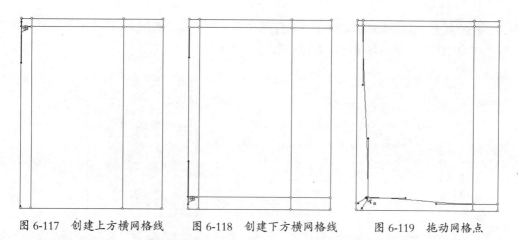

图 6-117　创建上方横网格线　　图 6-118　创建下方横网格线　　图 6-119　拖动网格点

步骤 04　　使用【直接选择工具】选中左上网格点，如图 6-120 所示。单击工具箱中的【填色】图标，如图 6-121 所示。在弹出的【拾色器】对话框中，设置填充为浅紫色"#F8DDEA"，填充效果如图 6-122 所示。

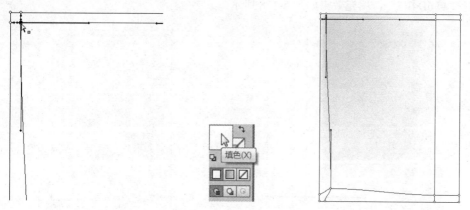

图 6-120　选中左上网格点　　图 6-121　单击【填色】图标　　图 6-122　填充效果

步骤 05　　使用【直接选择工具】选中右上网格点，如图 6-123 所示。填充为浅黄色"#FCFAD6"，填充效果如图 6-124 所示。

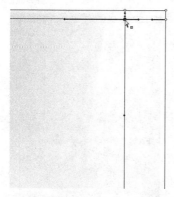

图 6-123　选中右上网格点

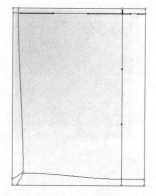

图 6-124　填充效果

步骤 06　使用【直接选择工具】 选中左下网格点，如图 6-125 所示。填充为紫色"#EAB2D0"，填充效果如图 6-126 所示。

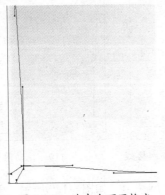

图 6-125　选中左下网格点

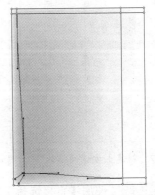

图 6-126　填充效果

步骤 07　使用【直接选择工具】 选中右下网格点，如图 6-127 所示。填充为浅紫色"#F6D4E5"，填充效果如图 6-128 所示。

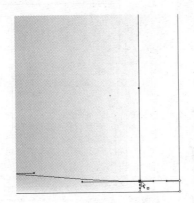

图 6-127　选中右下网格点

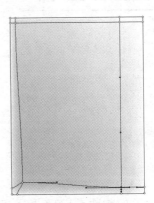

图 6-128　填充效果

步骤 08　使用【直接选择工具】 拖动选中左侧网格点，如图 6-129 所示。填充为紫色"#D31576"，填充效果如图 6-130 所示。

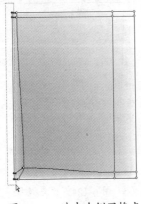

图 6-129　选中左侧网格点

图 6-130　填充效果

步骤 09　使用相同的方法选中四周网格点并填充紫色，填充效果如图 6-131 所示。打开"网盘\素材文件\第 6 章\白手 .ai"，将其复制粘贴到当前文件中，调整大小和位置，如图 6-132 所示。

图 6-131　填充效果

图 6-132　添加白手素材

步骤 10　在【色板】面板中，单击紫色块，如图 6-133 所示。为白手图形填充紫色，填充效果如图 6-134 所示。

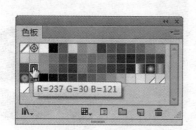

图 6-133　【色板】面板

图 6-134　填充效果

步骤 11　使用【文字工具】T 输入字母"love"，如图 6-135 所示。在【字符】面板中，设置【字体】为"汉仪超粗圆简"、【字体大小】为"300pt"、【字距】为"-300"，如图 6-136 所示。

图 6-135　输入字母

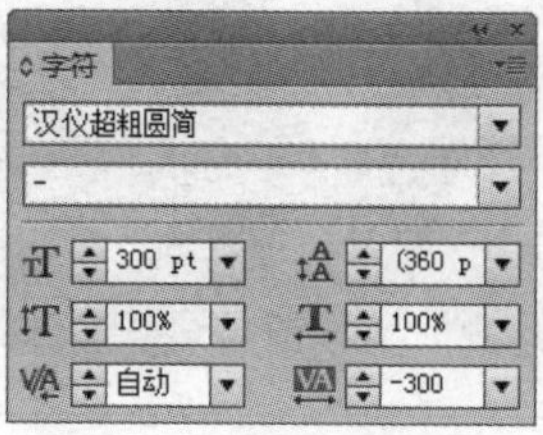

图 6-136　设置文字属性

步骤12 通过前面的操作得到文字效果如图6-137所示。执行【文字】→【创建轮廓】命令，按【Shift+Ctrl+G】组合键取消编组。执行【对象】→【实时上色】→【建立】命令，创建实时上色组，如图6-138所示。

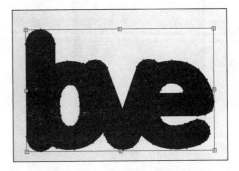

图 6-137　文字效果　　　　　　　　图 6-138　创建实时上色组

步骤13 设置填充为紫色"#DB2872"，使用【实时上色工具】填充"1"字母，如图6-139所示。继续使用【实时上色工具】填充"o"字母，如图6-140所示。

图 6-139　填充"l"字母　　　　　　　图 6-140　填充"o"字母

步骤14 设置填充为紫色"#DB2872"，使用【实时上色工具】填充"ve"字母，如图6-141所示。设置填充为深紫色"#A01B54"，使用【实时上色工具】填充字母重叠区域，填充效果如图6-142所示。

图 6-141　填充"ve"字母　　　　　　图 6-142　填充效果

步骤 15 拖动右上角的角点调整图形大小，如图 6-143 所示。执行【对象】→【实时上色】→【扩展】命令，按【Shift+Ctrl+G】组合键取消编组，调整字母之间的距离，如图 6-144 所示。打开"网盘\素材文件\第 6 章\边框 .ai"，将其复制粘贴到当前文件中，调整大小和位置，如图 6-145 所示。

图 6-143 调整图形大小　　　　图 6-144 调整字母间的距离　　　　图 6-145 添加边框素材

步骤 16 打开"网盘\素材文件\第 6 章\白心 .ai"，将其复制粘贴到当前文件中，调整大小和位置，如图 6-146 所示。为心形填充紫色"#E31F73"，如图 6-147 所示。打开"网盘\素材文件\第 6 章\花朵 .ai"，将其复制粘贴到当前文件中，调整大小和位置，如图 6-148 所示。

图 6-146 添加白心素材　　　　图 6-147 填充紫色　　　　图 6-148 添加花朵素材

🌐 同步训练——为线稿着色

为了增强大家的动手能力，下面安排一个同步训练案例，让大家达到举一反三、触类旁通的学习效果。

图解流程

思路分析

线稿只是线条图像。为线稿着色后会赋予它生命，让它看起来栩栩如生，下面介绍如何为线稿着色。

本例首先为背景填充渐变色；然后调整背景渐变色；最后为白猫填充颜色，完成制作。

关键步骤

关键步骤 01 　打开"网盘\素材文件\第6章\黑猫线稿.ai"，如图6-149所示。

关键步骤 02 　拖动【矩形工具】▭，创建矩形选区。在【渐变】面板中，设置【类型】为径向，设置渐变色为黄色"#FBE910"、深黄色"#DDDB00"、绿色"# 94C01F"，如图6-150所示。

关键步骤 03 　拖动【渐变工具】▣调整渐变效果，如图6-151所示。按【Shift+Ctrl+[】组合键，将矩形置于最底层，如图6-152所示。

关键步骤 04 　选择整体图形，单击工具箱的【互换填色和描边】按钮，将白猫填充为黑猫。将猫的胡须和猫爪填充为白色，得到最终效果。

图 6-149 打开素材文件

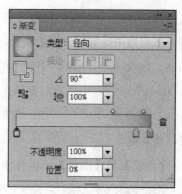

图 6-150 【渐变】面板

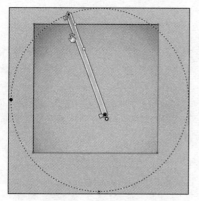

图 6-151 调整渐变效果

图 6-152 调整顺序

📝 知识能力测试

本章讲解了填充颜色和图案，为对本章知识进行巩固和考核，布置相应的练习题（答案见网盘）。

一、填空题

1．单击【网格工具】 ，在网格面片的空白处单击，可增加____和____两条网格线。

2．单击并拖曳径向渐变色条上的控制点，可以改变渐变色的____、____，并直观地调整渐变效果。

3．双击工具箱中的_____和_____按钮，可以打开【拾色器】对话框，在对话框中，用户可以通过选择色谱、定义颜色值等方式快速选择对象的填色或描边颜色。

二、选择题

1．（   ）能够从一种颜色平滑过渡到另一种颜色，使对象产生多种颜色混合的效果，用户可以基于矢量对象创建网格对象。

A．网格渐变填充   B．网格渐变

C．渐变填充   D．填充

2．将图形转换为渐变网格后，将不具有（　　）的属性。如果想保留图形的路径属性，可以从网格中提取对象原始路径。

    A．线段　　　　　　　B．路径　　　　　C．空白　　　　　　　D．轮廓

3．Illustrator CS6 中创建渐变填充的方法很多，较为常用的是线性和（　　）渐变。

    A．椭圆　　　　　　　B．菱角　　　　　C．对称　　　　　　　D．径向

三、简答题

1．【色板】和【颜色】面板有什么区别？

2．简述径向渐变。

CS6
ILLUSTRATOR

第7章
管理图形对象

本章导读

填充图形对象后，下一步需要调整单个或多个图形对象，使之变换到合适的大小和位置，符合页面的整体需要。本章将详细介绍管理图形对象的基本方法，包括图形的对齐和分布，群组和锁定，图形的变换等。

学习目标

- 熟练掌握图形的排列和分布方法
- 熟练掌握图形的编组方法
- 熟练掌握图形的显示和隐藏方法
- 熟练掌握图形的变换方法

7.1 排列对象

当创建多个对象并要求对象排列精度较高时，使用拖动鼠标的方式很难精确对齐，执行 Illustrator CS6 所提供的对齐和分布功能，会使整个绘制工作变得更加轻松。

7.1.1 图形的对齐和分布

执行【窗口】→【对齐】命令，或者按【Shift+F7】组合键，打开【对齐】面板，在【对齐】面板中集合了对齐和分布命令相关按钮，选择需要对齐或分布的对象，单击【对齐】面板中的相应按钮即可，如图 7-1 所示。

单击【对齐】面板右上角的扩展 按钮，在弹出的快捷菜单中，选择【显示 / 隐藏】选项，即可显示或隐藏面板中的【分布间距】栏，如图 7-2 所示。

图 7-1 【对齐】面板

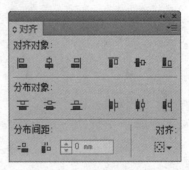

图 7-2 显示【分布间距】栏

在【分布间距】栏中，包括【垂直间距分布】按钮 和【水平间距分布】按钮 ，通过这两个按钮可以依据选定的分布方式改变对象之间的分布距离。在设置对象间距时，可在文本框中输入合适的参数值。在【对齐】下拉列表框中，包括【对齐所选对象】【对齐关键对象】【对齐面板】3 个选项，用户可以根据需要，选择对齐的参照物。

1．图形的对齐

"对齐"操作可使选定的对象沿指定的方向轴对齐。沿着垂直方向轴，可使选定对象的最右边、中间和最左边的定位点与其他选定的对象对齐；而沿着水平方向轴，可使选定对象的最上边、中间和最下边的定位点与其他选定的对象对齐，在【对齐对象】栏中，共有 6 种不同的对齐命令按钮。对齐效果如图 7-3 所示。

2．图形的分布

图形的分布是自动沿水平或垂直轴均匀地排列对象，或者使对象之间的距离相等，可以精确地设置对象之间的距离，从而使对象的排列更为有序。

在一定条件下，它将起到与对齐功能相似的作用，在【分布对象】栏中，有 6 种分布方式，常用的水平和垂直居中分布效果如图 7-4 所示。

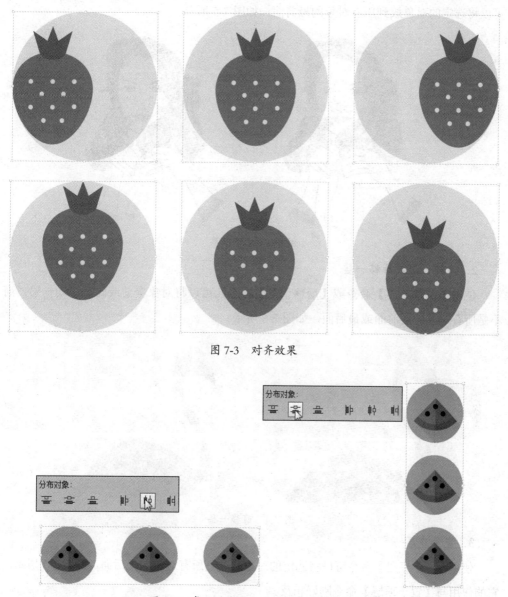

图 7-3 对齐效果

图 7-4 常用的水平和垂直居中分布效果

7.1.2 对象的排列方式

在绘制对象时，默认以绘制的先后顺序进行排列；在编辑对象时，会根据各种需要调整对象的先后顺序，使用排列功能可以改变对象的排列顺序。执行【对象】→【排列】命令下子菜单中的命令即可。

1. 置于顶层

【置于顶层】命令可以将选定的对象移动到所有对象的最前面，具体操作方法如下。

选择对象后，执行【对象】→【排列】→【置于顶层】命令，按【Ctrl+Shift+]】组合键，可以将选定的对象放到所有对象的最前面，如图7-5所示。

图 7-5 置于顶层

2．前移一层或后移一层

使用【前移一层】命令或【后移一层】命令，可以将对象向前或向后移动一层，而不是所有对象的最前面或最后面，如图7-6所示。

图 7-6 前移一层

3．置于底层

使用【置于底层】命令可以将选定的对象移动到所有对象的最后面，如图7-7所示。它的作用与【置于顶层】命令刚好相反。

图 7-7 置于底层

温馨
提示

选定对象后右击，在弹出的快捷菜单中，选择【排列】子菜单中的子命令也可调整对象的排列
方式。

课堂范例——对齐积木图形

步骤01 打开"网盘\素材文件\第7章\积木.ai"，使用【选择工具】，拖动
选中所有左侧积木，如图7-8所示。在【对齐】面板中，单击【水平右对齐】按钮，
如图7-9所示。对齐效果如图7-10所示。

图7-8 选中所有左侧积木   图7-9 【对齐】面板   图7-10 对齐效果

步骤02 复制对象移动到面板左上角，如图7-11所示。单击【对齐】面板右下角
的【对齐所选对象】按钮，在下拉面板中选择【对齐画板】选项，如图7-12所示。

图7-11 复制对象   图7-12 对齐画板

步骤03 在【对齐】面板中，单击【水平左对齐】按钮，如图7-13所示。单击【垂
直顶对齐】按钮，如图7-14所示。通过前面的操作自动对齐面板，对齐效果如图7-15所示。

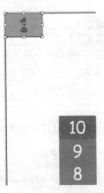

图 7-13　水平左对齐　　　　　图 7-14　垂直顶对齐　　　　　图 7-15　对齐效果

步骤 04　复制多个图形并分散排列，如图 7-16 所示。在【对齐】面板中，单击【垂直顶对齐】按钮，如图 7-17 所示。通过前面的操作垂直顶对齐对象，对齐效果如图 7-18 所示。

图 7-16　复制图形　　　　　　图 7-17　垂直顶对齐　　　　　图 7-18　对齐效果

步骤 05　在【对齐】面板中，单击【水平居中分布】按钮，如图 7-19 所示。水平居中分布效果如图 7-20 所示。

图 7-19　水平居中分布　　　　　　　　图 7-20　水平居中分布效果

步骤 06　同时选中右侧积木和动物图形，如图 7-21 所示。单击【对齐】面板右下角的【对齐所选对象】按钮，在下拉面板中选择【对齐关键对象】选项，如图 7-22 所示。

图 7-21　选中图形

图 7-22　对齐关键对象

步骤 07　单击选择最上方的积木作为关键对象，使之呈高亮显示，如图 7-23 所示。在【对齐】面板中，单击【水平右对齐】按钮，如图 7-24 所示。对齐效果如图 7-25 所示。

图 7-23　选择关键对象

图 7-24　水平右对齐

图 7-25　对齐效果

步骤 08　将选中图形移动到中间位置，效果如图 7-26 所示。复制上方积木，并移动到下方，效果如图 7-27 所示。

图 7-26　调整位置

图 7-27　复制并移动积木效果

7.2 编组、锁定和隐藏/显示对象

在 Illustrator CS6 中，可以将多个图形对象进行编组，或者对图形对象进行锁定、显示或隐藏操作。

7.2.1 对象编组

将对象编组后，图形对象将像单一对象一样，可以任由用户移动、复制或进行其他操作。使用【选择工具】▶同时选中需要编组的图形对象，执行【对象】→【编组】命令，或者按【Ctrl+G】组合键，即可快速对选中的对象进行编组，如图 7-28 所示。

（a）选择单一图形　　　　　（b）选择单一图形　　　　　（c）群组图形

图 7-28　单一和群组图形

7.2.2 对象的隐藏和显示

使用【隐藏】命令可以隐藏对象，防止误操作，隐藏对象的具体操作步骤如下。

步骤 01　使用【选择工具】▶选择需要隐藏的图形对象，如图 7-29 所示。

步骤 02　执行【对象】→【隐藏】→【所选对象】命令，或者按【Ctrl+3】组合键，即可隐藏所选对象，如图 7-30 所示。

图 7-29　选择图形对象　　　　　　　图 7-30　隐藏所选对象

执行【对象】→【隐藏】命令，可以展开子菜单，在子菜单中，选择相应命令，可以隐藏指定对象。执行【对象】→【显示全部】命令，可以显示所有隐藏对象。

7.2.3 锁定与解锁对象

如果想让一个特定的图形对象保持位置、外形不变，防止对象被错误地编辑，可以将对象进行锁定，锁定与解锁对象的具体操作步骤如下。

步骤 01 选择需要锁定的图形对象，如图 7-31 所示。

步骤 02 执行【对象】→【锁定】→【所选对象】命令，或者按【Ctrl+2】组合键，将图形对象锁定，使用【选择工具】▶框选所有对象，如图 7-32 所示。锁定的图形将不能进行选择或编辑，如图 7-33 所示。

图 7-31 选择图形对象

图 7-32 框选所有对象

图 7-33 锁定的图形无法
选择或编辑

执行【对象】→【锁定】命令，可以展开子菜单，在子菜单中选择相应命令，可以锁定指定对象。

7.3 变换对象

在 Illustrator CS6 中，可以对图形进行缩放、旋转、镜像、倾斜等变换操作，变换是图形对象常用的一种编辑方式。

7.3.1 缩放对象

在选择图形对象后，用户可以根据页面整体效果和需要，缩放图形对象。下面介绍几种常用的操作方法。

1. 使用【选择工具】缩放对象

使用【选择工具】选中需要调整的图形对象，图像外框会出现 8 个控制点，将鼠标指针移动到需要调整的控制点上。单击并拖曳鼠标，即可进行图形的缩放，释放鼠标后，即可完成放大或者缩小对象，如图 7-34 所示。

图 7-34　放大对象

2. 使用【比例缩放工具】缩放对象

使用【选择工具】选中需要调整的图形对象，单击【比例缩放工具】按钮，在画板中单击，确定变换中心点位置。此时鼠标指针变为▶形状，拖动鼠标进行缩放操作，释放鼠标后，即可完成放大或者缩小对象，如图 7-35 所示。

图 7-35　按比例放大图形

双击【比例缩放工具】按钮，或者按住【Alt】键，在面板中单击，弹出【比例缩放】对话框，对话框各选项的含义如图 7-36 所示。

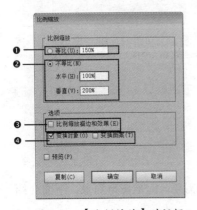

图 7-36　【比例缩放】对话框

❶ 等比	设置等比缩放数值
❷ 不等比	选中该单选按钮后，可以输入【水平】和【垂直】缩放值
❸ 比例缩放描边和效果	选中该复选框后，可以将图形的描边粗细和效果一起缩放
❹ 变换对象 / 变换图案	选择【变换对象】时，仅缩放图形；选择【变换图案】时，仅缩放图形填充图案。两项同时选择时，对象和图案会同时缩放，但描边和效果比例不会改变

7.3.2 旋转对象

旋转是指对象绕着一个固定点进行转动。可以使用【选择工具】 和【旋转工具】
进行对象旋转。

1. 使用【选择工具】旋转对象

使用【选择工具】 选中需要调整的图形对象。移动鼠标指针到控制点上，当鼠标指针变为 形状时，拖曳鼠标到适当位置，释放鼠标后，即可完成选中对象的旋转操作，如图 7-37 所示。

图 7-37　旋转图形

2. 使用【旋转工具】旋转对象

选中需要旋转的对象后，单击【旋转工具】 ，在画板中单击能够重新设置旋转的轴心位置，鼠标指针变为 形状，这时单击并拖动鼠标对图形进行旋转，如图 7-38 所示。

图 7-38　旋转图形

双击【旋转工具】按钮 ，弹出【旋转】对话框，对话框各选项的含义如图 7-39 所示。

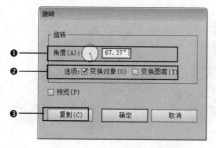

❶ 角度	指定图形对象的旋转角度
❷ 选项	设置旋转的目标对象，选中【变换对象】复选项，表示旋转图形对象；选中【变换图案】复选项，表示旋转图形中的图案填充
❸ 复制	单击该按钮，将按所选参数复制出一个旋转对象

图 7-39　【旋转】对话框

7.3.3 镜像对象

使用【镜像工具】可以准确地实现对象的翻转效果，它使选定的对象以一条不可见轴线为参照进行翻转。具体操作步骤如下。

步骤 01 选中对象后，单击工具箱中的【镜像工具】，在面板中单击轴中心位置，接着在画板中拖动即可镜像对象，如图 7-40 所示。

图 7-40 镜像对象

步骤 02 双击【镜像工具】，弹出【镜像】对话框，对话框各选项的含义如图 7-41 所示。

❶ 水平	选中【水平】单选按钮，表示图形以水平轴线为基础进行镜像，即图形进行上下镜像
❷ 垂直	选中【垂直】单选按钮，表示图形以垂直轴线为基础进行镜像，即图形进行左右镜像
❸ 角度	选中【角度】单选按钮，在右侧的文本框中输入数值，指定镜像参考值与水平线的夹角，以参考轴为基础进行镜像

图 7-41 【镜像】对话框

7.3.4 倾斜对象

倾斜能使图形对象产生倾斜变换，常用于制作立体效果图，选中对象后，单击【倾斜工具】，在面板中单击定义倾斜中心点，接着在画板中拖动即可倾斜对象，如图 7-42 所示。

图 7-42 倾斜对象

双击【倾斜工具】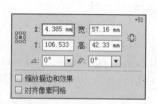，可以打开【倾斜】对话框，在对话框中，可以设置角度、倾斜中心轴及倾斜对象等选项。

7.3.5 【变换】面板

旋转、缩放、倾斜等操作，都可以通过【变换】面板讲行操作。使用【选择工具】选中对象后，执行【窗口】→【变换】命令或者单击选项栏中的 变换 按钮，打开【变换】面板，如图 7-43 所示。单击右上角的 按钮，打开面板菜单，如图 7-44 所示。

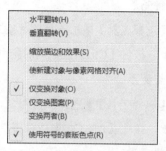

图 7-43 【变换】面板   图 7-44 【变换】面板菜单

7.3.6 【分别变换】面板

【分别变换】面板集中了缩放、移动、旋转和镜像等多个变换操作，可以同时应用这些变换。

选择对象，如图 7-45 所示。执行【对象】→【变换】→【分别变换】命令，弹出【分别变换】面板，如图 7-46 所示。使用【分别变换】命令，对多个对象同时应用变换操作，实现多个对象以各自为中心，进行缩放、移动、旋转等操作，还可以为多个对象设置随机缩放或旋转效果，如图 7-47 所示。

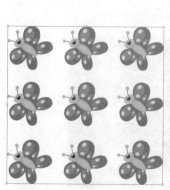

图 7-45 选择对象   图 7-46 【分别变换】面板   图 7-47 分别变换效果

技能拓展

按【Alt+Shift+Ctrl+D】组合键，可以快速打开【分别变换】面板。

7.3.7 自由变换

【自由变换工具】是一个综合变换工具，可以对图形进行移动、旋转、缩放、扭曲和透视变形。

1. 倾斜变形

使用【选择工具】选择图形对象，选择【自由变换工具】，移动鼠标指针到边角控制点上，按住【Ctrl】键的同时拖动鼠标可以倾斜变换对象。

2. 斜切变形

使用【选择工具】选择图形对象，选择【自由变换工具】，移动鼠标指针到边角控制点上，按住【Alt+Ctrl】组合键的同时拖动鼠标可以斜切变换对象。

3. 透视变形

使用【选择工具】选择图形对象，选择【自由变换工具】，移动鼠标指针到边角控制点上，按住【Alt+Shift+Ctrl】组合键的同时拖动鼠标可以透视变换对象。

7.3.8 再次变换

应用变换操作后，执行【对象】→【变换】→【再次变换】命令，可以再次重复变换操作。按【Ctrl+D】组合键，也可以重复变换操作。

课堂范例——制作飘雪背景

步骤 01 新建空白文档，使用【矩形选框工具】创建选区并填充蓝色"#055392"，如图 7-48 所示。使用【网格工具】在矩形中间位置单击创建网格，填充浅蓝色"#248ECE"，如图 7-49 所示。

图 7-48 创建选区

图 7-49 创建网格

步骤 02 使用【椭圆工具】◎绘制圆形，如图7-50所示。在【渐变】面板中，设置【类型】为"径向"、【渐变色标】为白色"#FFFFFF"和蓝色"#33A1D2"，如图7-51所示。通过前面的操作，得到渐变填充效果如图7-52所示。

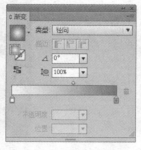
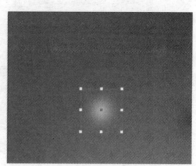

图 7-50 绘制圆形　　　　图 7-51 【渐变】面板　　　　图 7-52 渐变填充效果

步骤 03 复制多个圆形并调整位置，如图7-53所示。在【图层】面板中，单击网格前方的切换锁定位置锁定网格，如图7-54所示。使用【选择工具】▶框选所有圆形，如图7-55所示。

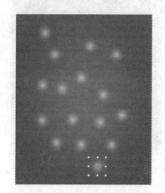

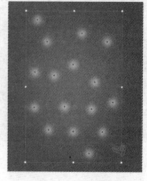

图 7-53 复制圆形　　　　图 7-54 【图层】面板　　　　图 7-55 框选所有圆形

步骤 04 执行【对象】→【变换】→【分别变换】命令，打开【分别变换】对话框，设置【缩放】栏中的【水平】和【垂直】分别为"200%"，选中【随机】复选项，单击【确定】按钮，如图7-56所示。分别变换效果如图7-57所示。

步骤 05 复制圆形如图7-58所示。再次执行【对象】→【变换】→【分别变换】命令，打开【分别变换】对话框设置【缩放】栏中的【水平】和【垂直】均为"50%"，选中【随机】复选项，单击【确定】按钮，如图7-59所示。分别变换效果如图7-60所示。

技 能 拓 展

按住【Alt】键拖动图形，可以快速复制拖动的图形。

图 7-56 【分别变换】对话框

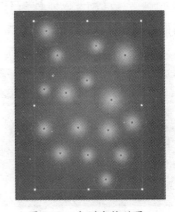

图 7-57 分别变换效果

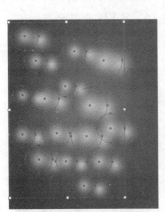

图 7-58 复制圆形

图 7-59 【分别变换】对话框

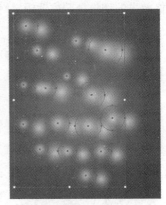

图 7-60 分别变换效果

步骤 06 分别调整圆形的位置，如图 7-61 所示。打开"网盘\素材文件\第 7 章\雪人 .ai"，将其复制粘贴到当前文件中并调整大小和位置，如图 7-62 所示。

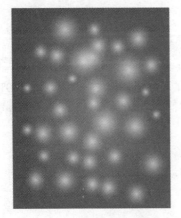

图 7-61 调整圆形位置

图 7-62 添加雪人素材

课堂问答

通过本章的讲解，大家对 Illustrator CS6 管理图形对象的基本方法有了一定的了解，下面列出一些常见的问题供大家学习参考。

问题①：不解散编组，可以选择编组中的图形吗？

答：在 Illustrator CS6 中，一共有 3 种选择工具，包括【选择工具】【直接选择工具】和【编组选择工具】。【选择工具】可以直接选择整体图形，如图 7-63 所示；【直接选择工具】可以选择图形中的锚点和线段，如图 7-64 所示；而【编组选择工具】可以选择图形中的一个编组，不需要解散编组，如图 7-65 所示。

　　图 7-63　选择整体图形　　　　　图 7-64　选择锚点和线段　　　　图 7-65　选择图形中的编组

问题②：如何在不旋转图形的情况下，旋转填充图案？

答：选择旋转图形，如图 7-66 所示。双击【旋转工具】按钮，打开【旋转】对话框，设置旋转角度，选中【变换图案】复选项，取消选中【变换对象】复选项，单击【确定】按钮，如图 7-67 所示。旋转图案效果如图 7-68 所示。

　　图 7-66　选择图形　　　　　　图 7-67　【旋转】对话框　　　　　图 7-68　旋转图案效果

问题③：如何快速调整开放图形？

答：使用【整形工具】可以快速调整开放图形，而不会出现锚点、方向线和方向点等元素。选择要调整的开放路径，如图 7-69 所示。使用【整形工具】并拖动鼠标，即可调整图形，如图 7-70 所示。在路径上单击，可以增加锚点，最终效果如图 7-71 所示。

图 7-69　选择路径　　　　图 7-70　调整图形　　　　图 7-71　最终效果

📷 **上机实战——绘制艺术壁画**

为了让大家巩固本章知识点，下面讲解一个技能综合案例，使大家对本章的知识有
更深入的了解。

效果展示

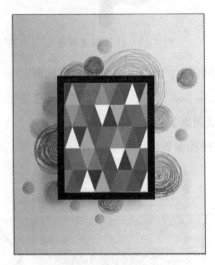

图 7-72　效果展示

思路分析

艺术壁画充满艺术气息，挂在家里不仅好看，还可以提高家居艺术氛围，下面介绍
如何绘制艺术壁画图形。

本例首先使用【多边形工具】◎绘制壁画图案；然后使用【矩形工具】■制作壁画
边框；最后添加装饰圆圈，完成制作。

制作步骤

步骤01　新建空白文档，选择【多边形工具】◎，在面板中单击，在弹出的【多
边形】面板中，设置【边数】为"3"，单击【确定】按钮，如图 7-73 所示。绘制的多

边形如图 7-74 所示。

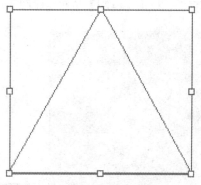

图 7-73 【多边形】面板 　　　　　图 7-74 绘制的多边形

步骤 02 为多边形填充灰色 "#717071"，如图 7-75 所示。拖动鼠标调整多边形的形状，调整效果如图 7-76 所示。单击选项栏的【变换】图标，在弹出的下拉面板中，设置【宽】为 "15mm"、【高】为 "21mm"，如图 7-77 所示。

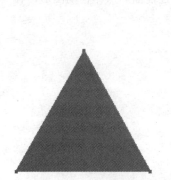

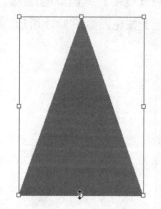

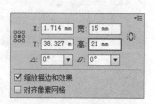

图 7-75 填充灰色 　　　　图 7-76 调整效果 　　　　图 7-77 调整大小

步骤 03 执行【对象】→【变换】→【移动】命令，在【移动】面板中，设置【水平】为 "15mm"，单击【复制】按钮，如图 7-78 所示。通过前面的操作得到复制图形，如图 7-79 所示。使用相同的方法复制多个图形，如图 7-80 所示。

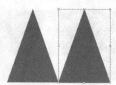

图 7-78 【移动】面板 　　图 7-79 复制图形 　　　图 7-80 复制多个图形

步骤 04 选择【镜像工具】📷，在面板中单击，在弹出的【镜像】面板中，设置【轴】为"垂直"，单击【复制】按钮，如图 7-81 所示。复制的多边形效果如图 7-82 所示。

图 7-81 【镜像】面板　　　　　　　　　图 7-82 复制的多边形效果

步骤 05 执行【对象】→【变换】→【移动】命令，在【移动】面板中，设置【水平】为"7.5mm"，单击【确定】按钮，如图 7-83 所示。通过前面的操作移动图形，移动图形效果如图 7-84 所示。

图 7-83 【移动】面板　　　　　　　　　图 7-84 移动图形效果

步骤 06 分别更改多边形的颜色为深灰色"#4E4544"、黄色"#F9BE00"、洋红色"#E4007E"、橙色"#EA5404"、青色"#009B76"、绿色"#8EC31E"、蓝色"#00A0E8"、深灰色"#4E4544"、紫色"#8D4998"、白色"#FEFEFE"，更改多边形颜色效果如图 7-85 所示。

图 7-85 更改多边形颜色效果

步骤 07 使用【选择工具】选中所有多边形，执行【对象】→【变换】→【移动】命令，在【移动】面板中，设置【垂直】为"21mm"，单击【复制】按钮，如图7-86所示。通过前面的操作移动图形，移动图形效果如图7-87所示。

图 7-86 【移动】面板

图 7-87 移动图形效果

步骤 08 选择【镜像工具】，在面板中单击，在弹出的【镜像】面板中，设置【轴】为"水平"，单击【确定】按钮，如图7-88所示。镜像效果如图7-89所示。

图 7-88 【镜像】面板

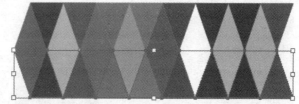

图 7-89 镜像效果

步骤 09 使用【选择工具】选中所有多边形，如图7-90所示。执行【对象】→【变换】→【移动】命令，在【移动】面板中，设置【垂直】为"42mm"，单击【复制】按钮，如图7-91所示。复制图形效果如图7-92所示。

步骤 10 使用【选择工具】选中最下方的多边形，如图7-93所示。执行【对象】→【变换】→【移动】命令，在【移动】面板中，设置【垂直】为"21mm"，单击【复制】按钮，如图7-94所示。复制图形效果如图7-95所示。

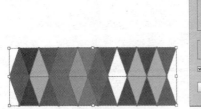

图 7-90　选中所有多边形

图 7-91　【移动】面板

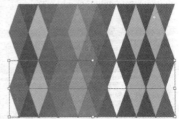

图 7-92　复制图形效果

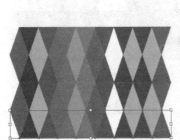

图 7-93　选中最下方的多边形

图 7-94　【移动】面板

图 7-95　复制图形效果

步骤 11　选择【镜像工具】，在面板中单击，在弹出的【镜像】面板中，设置【轴】为"水平"，单击【确定】按钮，如图 7-96 所示。镜像效果如图 7-97 所示。使用【吸管工具】调整多边形的颜色，如图 7-98 所示。

图 7-96　【镜像】面板

图 7-97　镜像效果

图 7-98　调整多边形的颜色

步骤 12　使用【矩形工具】绘制矩形，在选项栏中设置【描边】为"20pt"，如图 7-99 所示。执行【对象】→【路径】→【轮廓化描边】命令并右击，在弹出的快捷菜单中选择【取消编组】命令，如图 7-100 所示。

图 7-99　绘制矩形

图 7-100　取消编组

步骤 13　选中白色填充按【Delete】键删除，如图 7-101 所示。选中两侧多余的多边形按【Delete】键删除，如图 7-102 所示。

图 7-101　删除白色填充

图 7-102　删除多余多边形

步骤 14　选择所有图形，按【Ctrl+G】组合键群组图形，如图 7-103 所示。使用【矩形工具】■绘制矩形，如图 7-104 所示。

图 7-103　群组图形

图 7-104　绘制矩形

步骤 15　在色板库中，载入渐变下方的【石头和砖块】面板，单击【白石】图标，如图 7-105 所示。填充效果如图 7-106 所示。执行【对象】→【排列】→【置于底层】命令，将其移动到多边形下方，如图 7-107 所示。

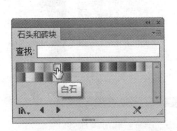

图 7-105 【石头和砖块】面板　　　图 7-106 填充效果　　　图 7-107 置于底层

步骤 16 选择多边形壁画，执行【效果】→【风格化】→【投影】命令，打开【投影】对话框，设置【不透明度】为"30%"、【X 位移】为"-15mm"、【Y 位移】为"4mm"，单击【确定】按钮，如图 7-108 所示。投影效果如图 7-109 所示。

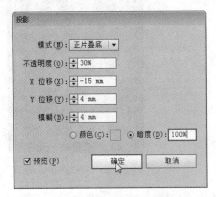

图 7-108 【投影】对话框　　　图 7-109 投影效果

步骤 17 打开"网盘\素材文件\第 7 章\圆圈 .ai"，将其复制粘贴到当前文件中并调整大小和位置，如图 7-110 所示。执行【对象】→【排列】→【后移一层】命令，将其移动到多边形下方，如图 7-111 所示。

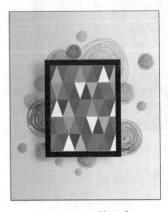

图 7-110 添加圆圈素材　　　图 7-111 调整顺序

同步训练——绘制装饰花朵

为了增强大家的动手能力，下面安排一个同步训练案例，让大家达到举一反三、触类旁通的学习效果。

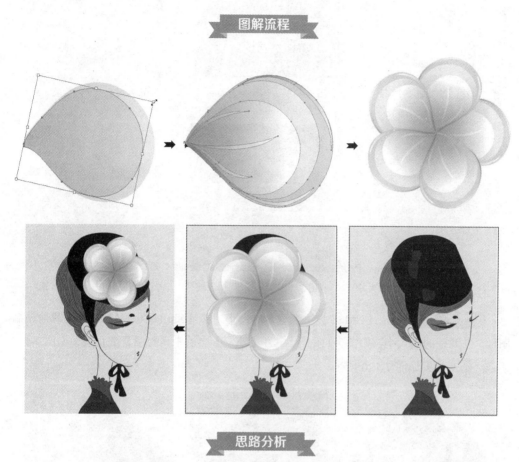

增加一两个花朵图形，可以使人物画更有韵味，绘制装饰花朵的具体操作步骤如下。

本例首先使用【钢笔工具】🖊绘制花瓣图形；然后使用【渐变】面板填充渐变色，并使用旋转等操作复制图案；最后添加素材人物完成制作。

关键步骤 01　新建空白文档，使用【钢笔工具】🖊绘制花瓣路径，如图 7-112 所示。在【渐变】面板中，设置【类型】为"径向"、【角度】为"102.2°"、【长宽比】为"100%"，设置渐变色为浅粉色"#F7E4E6"、略深粉色"#F2CDD3"、粉色"#E9B0B6"，如图 7-113 所示。渐变效果如图 7-114 所示。

关键步骤 02　按【Ctrl+C】组合键复制花瓣图形，按【Shift+Ctrl+V】组合键就地粘贴图形，并调整图形大小，如图 7-115 所示。在【渐变】面板中，调整渐变的角度，如图 7-116 所示。渐变效果如图 7-117 所示。

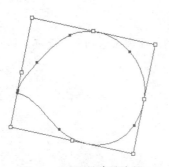

图 7-112　绘制花瓣路径

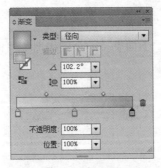

图 7-113　【渐变】面板

图 7-114　渐变效果

图 7-115　复制并调整图形大小

图 7-116　【渐变】面板

图 7-117　渐变效果

关键步骤 03　按【Ctrl+C】组合键复制图形，按【Shift+Ctrl+V】组合键就地粘贴图形，并调整图形大小，如图 7-118 所示。在【渐变】面板中调整渐变的角度，如图 7-119 所示。渐变效果如图 7-120 所示。

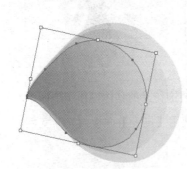

图 7-118　复制并调整图形大小

图 7-119　【渐变】面板

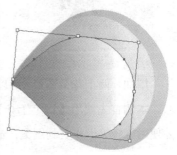

图 7-120　渐变效果

关键步骤 04　绘制高光线条，如图 7-121 所示。在【渐变】面板中调整渐变参数，如图 7-122 所示。使用相同的方法绘制下方的高光，绘制效果如图 7-123 所示。

关键步骤 05　使用【选择工具】框选所有图形，按【Ctrl+G】组合键群组图形，如图 7-124 所示。

关键步骤 06　选择【旋转工具】，按住【Alt】键，在花瓣左侧单击，定义旋转中心点，如图 7-125 所示。

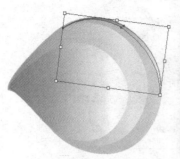

图 7-121　绘制高光线条

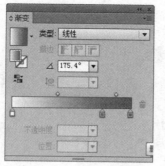

图 7-122　【渐变】面板

图 7-123　绘制效果

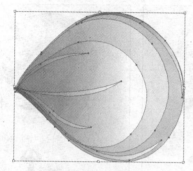

图 7-124　群组图形

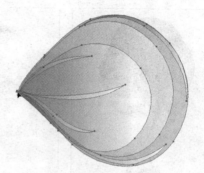

图 7-125　定义旋转中心点

关键步骤 07　在弹出的【旋转】对话框中，设置【角度】为 "72"，单击【复制】按钮，如图 7-126 所示。复制效果如图 7-127 所示。

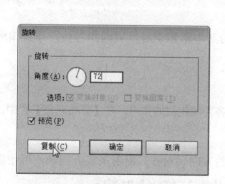

图 7-126　【旋转】对话框

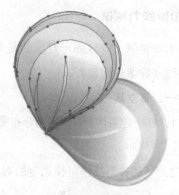

图 7-127　复制效果

关键步骤 08　按【Ctrl+D】组合键 3 次，多次复制图形，复制效果如图 7-128 所示。选中花朵，按【Ctrl+G】组合键群组图形，如图 7-129 所示。

关键步骤 09　打开 "网盘 \ 素材文件 \ 第 7 章 \ 淑女 .ai"，如图 7-130 所示。将装饰花朵复制粘贴到当前文件中，如图 7-131 所示。调整装饰花朵的大小和位置，最终效果如图 7-132 所示。

图 7-128 复制效果

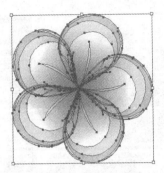

图 7-129 群组图形

图 7-130 打开淑女素材

图 7-131 添加装饰花朵

图 7-132 最终效果

知识能力测试

本章讲解了管理图形对象的基本方法，为对本章知识进行巩固和考核，布置相应的练习题（答案见网盘）。

一、填空题

1. 在一定条件下，图形的分布将起到与对齐功能相似的作用，在【分布对象】栏中，有_____种分布方式。

2. "对齐"操作可使选定的对象沿指定的方向轴对齐。沿着垂直方向轴，可使选定对象的_____、_____和_____的定位点与其他选定的对象对齐。

3. 如果想让一个特定的图形对象保持_____、_____不变，防止对象被错误地编辑，可以将对象进行群组。

二、选择题

1. 选中需要旋转的对象后，单击【旋转工具】 ，在画板中单击能够重新设置旋转的（　　）位置，此时鼠标指针变为 形状，这时单击并拖动鼠标进行旋转。

　　A. 轴心　　　　　　B. 旋转线　　　　　C. 角点　　　　　　D. 对齐点

2. 应用变换操作后，执行【对象】→【变换】→【再次变换】命令，可以重复变换操作。按（　　）组合键，也可以重复变换操作。

  A．【Ctrl+A】   B．【Ctrl+B】 C．【Ctrl+C】   D．【Ctrl+D】

  3．（　　）面板集中了缩放、移动、旋转和镜像等多个变换操作，可以同时应用这些变换。

  A．【分别变换】   B．【缩放变换】

  C．【同时变换】   D．【等比变换】

三、简答题

1．简述透明变换图形的操作方法。

2．Illustrator CS6 中有哪些选择工具，它们的区别是什么？

CS6
ILLUSTRATOR

第8章
特殊效果应用

本章导读

学会管理图形对象后，下一步需要学习进行图形混合和特殊编辑处理的基本方法。

本章将详细介绍图形特殊编辑的相关工具和命令，其中包括一些常用的即时变形等工具和混合的相关功能及具体应用方法。

学习目标

- 熟练掌握特殊编辑工具的应用
- 熟练掌握混合效果的应用
- 熟练掌握封套的创建与编辑
- 熟练掌握透视图的绘制方法

8.1 特殊编辑工具的应用

Illustrator CS6 为用户提供了一些特殊编辑工具，使用这类工具可以快速调整文字或图形的外形效果。

8.1.1 【宽度工具】的应用

使用【宽度工具】 可以增加路径的宽度。选中路径，如图 8-1 所示。使用【宽度工具】 在路径上按住鼠标向外拖动，如图 8-2 所示。达到满意的效果后释放鼠标，即可看到路径增宽后的效果，如图 8-3 所示。

图 8-1　选中路径

图 8-2　拖动加宽路径

图 8-3　路径增宽后的效果

8.1.2 【变形工具】的应用

使用【变形工具】 可以让对象按照鼠标拖动的方向产生自然的变形效果，具体操作步骤如下。

步骤 01　使用【选择工具】 选择需要变形的图形，如图 8-4 所示。在宽度工具组中选择【变形工具】 ，或者按【Shift+R】组合键，在对象上需要变形的位置单击并拖动鼠标，如图 8-5 所示。

步骤 02　在得到满意的图形效果后释放鼠标，变形效果如图 8-6 所示。

图 8-4　选择图形

图 8-5　拖动鼠标

图 8-6　变形效果

步骤 03　双击工具箱中的【变形工具】，打开【变形工具选项】对话框，对话框中的常用参数含义如图 8-7 所示。

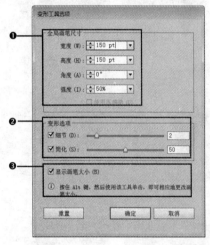

图 8-7　【变形工具选项】对话框

❶ 全局画笔尺寸	可以设置画笔的宽度、亮度、角度和强度等参数
❷ 变形选项	【细节】设置对象轮廓各点间距（值越高，间距越小）；【简化】可以减少多余锚点，但不会影响形状的整体外观
❸ 显示画笔大小	选中【显示画笔大小】复选框时，使用【变形工具】拖动图形进行变换时，可以直观地看到画笔预览效果。如果取消选中该复选框，画笔大小将不再显示，常用设置为选中【显示画笔大小】复选框

温馨提示

选择【变形工具】后，按住【Alt】键，在绘图区域拖动鼠标可以即时快速地更改画笔大小。

8.1.3　【旋转扭曲工具】的应用

使用【旋转扭曲工具】可以使图形产生旋涡的形状，在绘图区域中需要扭曲的对象上单击或拖曳鼠标，即可使图形产生旋涡效果。

双击【旋转扭曲工具】，打开【旋转扭曲工具选项】对话框，对话框中的常用参数如图 8-8 所示。旋转扭曲变形效果如图 8-9 所示。

图 8-8 【旋转扭曲工具选项】对话框　　　　图 8-9 旋转扭曲变形效果

温馨
提示

　　旋转扭曲速率：设置旋转扭曲的变形速度。数值越接近 −180° 或 180°，对象的扭转速度越快，
越接近 0，扭转的速度越平缓。负值以顺时针方向扭转图形；正值则以逆时针方向扭转图形。

8.1.4 【缩拢工具】的应用

　　使用【缩拢工具】 ![icon] 可以使图形产生收缩的形状变化，在绘图区域中需要膨胀的对
象上单击或拖曳鼠标，如图 8-10 所示。即可使图形产生收缩效果，如图 8-11 所示。

8.1.5 【膨胀工具】的应用

　　使用【膨胀工具】 ![icon] 可以使图形产生膨胀效果，在绘图区域中需要膨胀的对象上单
击或拖曳鼠标，即可使图形产生膨胀效果，如图 8-12 所示。

图 8-10 单击鼠标　　　　图 8-11 收缩效果　　　　图 8-12 膨胀效果

8.1.6 【扇贝工具】的应用

　　使用【扇贝工具】 ![icon] 可以使对象产生像贝壳外表一样波浪起伏的效果，首先选择对象，
如图 8-13 所示。使用【扇贝工具】 ![icon] 在需要变形的对象区域单击或拖曳鼠标，即可使
图形产生毛边效果，如图 8-14 所示。

图 8-13　选择对象

图 8-14　毛边效果

双击【扇贝工具】，打开【扇贝工具选项】对话框，对话框中的常用参数含义如图 8-15 所示。

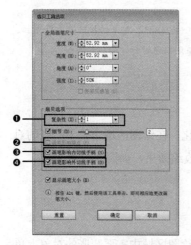
图 8-15　【扇贝工具选项】对话框

	名称	说明
❶	复杂性	设置对象变形的复杂程度，即产生三角扇贝形状的数量
❷	画笔影响锚点	选中该复选项，变形的对象每个转角位置都将产生相对应的锚点
❸	画笔影响内切线手柄	选中该复选项，变形的对象将沿三角形正切方向变形
❹	画笔影响外切线手柄	选中该复选项，变形的对象将沿反三角正切的方向变形

8.1.7　【晶格化工具】的应用

使用【晶格化工具】可以使对象表面产生尖锐外凸的效果。首先选择对象，如图 8-16 所示。在绘图区域中需要晶格化的对象区域单击或拖曳鼠标，即可使图形产生晶格化效果，如图 8-17 所示。

图 8-16　选择对象

图 8-17　晶格化效果

8.1.8 【皱褶工具】的应用

使用【皱褶工具】可以制作不规则的波浪，从而改变对象的形状。

双击【皱褶工具】图标，打开【皱褶工具选项】对话框，如图8-18所示。在绘图区域中需要皱褶的对象上单击或拖曳鼠标，即可使图形产生皱褶效果，如图8-19所示。

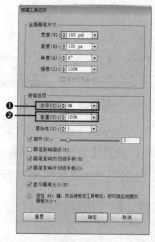

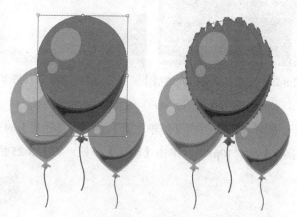

图8-18 【皱褶工具选项】对话框

图8-19 皱褶效果

❶ 水平	指定水平方向的皱褶数量
❷ 垂直	指定垂直方向的皱褶数量

课堂范例——绘制萌娃头部

步骤01 新建空白文档，使用【矩形工具】创建图形，填充浅蓝色"#A4E1D5"，如图8-20所示。使用【椭圆工具】绘制【宽度】为"250px"的图形，填充白色"#FFFFFF"，如图8-21所示。

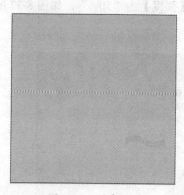

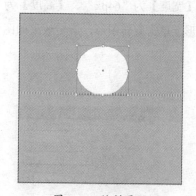

图8-20 创建图形

图8-21 绘制图形

步骤02 双击【旋转扭曲工具】，在弹出的【旋转扭曲工具选项】对话框中，设置【宽度】和【高度】均为"50px"、【强度】为"50%"，如图8-22所示。在左上方单击旋转图形，如图8-23所示。继续单击其他位置进行旋转，旋转效果如图8-24所示。

图 8-22 【旋转扭曲工具选项】　　图 8-23　单击旋转图形　　　图 8-24　旋转效果
　　　　　对话框

步骤 03　双击【矩形工具】▣，在【矩形】对话框中，设置【宽度】为"64px"、【高度】为"10px"，单击【确定】按钮，如图 8-25 所示。绘制矩形效果如图 8-26 所示。

图 8-25　【矩形】对话框　　　　　　　图 8-26　绘制矩形效果

步骤 04　双击【旋转扭曲工具】▣，在弹出的【旋转扭曲工具选项】对话框中，设置【宽度】为"64px"、【高度】为"50px"、【强度】为"50%"，如图 8-27 所示。在矩形上单击旋转图形，旋转效果如图 8-28 所示。

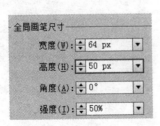

图 8-27　设置旋转扭曲参数　　　　　　图 8-28　旋转效果

步骤 05　双击【膨胀工具】▣，在弹出的【膨胀工具选项】对话框中，设置【宽度】为"50px"、【高度】为"50px"、【强度】为"50%"，如图 8-29 所示。在矩形上单击膨胀图形，膨胀效果如图 8-30 所示。

图 8-29 【膨胀工具选项】对话框

图 8-30 膨胀效果

步骤 06 选择【镜像工具】，按住【Alt】键在右侧单击定义镜像点，如图 8-31 所示。在弹出的【镜像】对话框中，设置【轴】为"垂直"，单击【复制】按钮，如图 8-32 所示。得到复制图形如图 8-33 所示。

图 8-31 定义镜像点

图 8-32 【镜像】对话框

图 8-33 复制图形

步骤 07 使用【钢笔工具】绘制嘴唇路径，填充浅粉色"#F3AFB3"，如图 8-34 所示。拖动【膨胀工具】得到小孩的耳朵，如图 8-35 所示。打开"网盘\素材文件\第 8 章\萌娃身体 .ai"，将其复制粘贴到当前文件中，调整大小和位置，如图 8-36 所示。

图 8-34 绘制嘴唇

图 8-35 绘制耳朵

图 8-36 添加萌娃身体素材

8.2 混合效果

混合对象是在两个对象之间平均分布形状或者颜色，从而形成新的对象。使用【混合工具】和【建立混合】命令可以在两个对象之间，也可以在多个对象之间创建混合效果。

8.2.1 【混合工具】的应用

使用【混合工具】 █ 创建混合效果的具体操作方法如下。

使用【混合工具】 █ 依次单击需要混合的对象。建立的混合对象除了形状发生过渡变化外，颜色也会产生自然的过渡效果，原图和混合效果如图 8-37 所示。

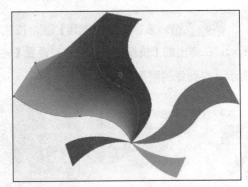

图 8-37　原图和混合效果

> **温馨提示**
>
> 如果图形对象的填充颜色相同，但一个无描边效果，另一个有描边效果，则创建的混合对象同样会显示描边颜色从有到无的过渡效果。

8.2.2 【混合】命令的应用

使用混合命令创建混合效果的具体操作步骤如下。

步骤 01　执行【对象】→【混合】→【混合选项】命令，弹出【混合选项】对话框，在对话框中设置"指定的步数"【间距】为"3"，完成设置后，单击【确定】按钮，如图 8-38 所示。

步骤 02　使用【选择工具】 █ 选中需要创建混合效果的图形对象，如图 8-39 所示。

步骤 03　执行【对象】→【混合】→【建立】命令，即可在对象之间创建混合，混合效果如图 8-40 所示。

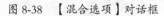

图 8-38 【混合选项】对话框

图 8-39 选中图形对象

图 8-40 混合效果

8.2.3 设置混合选项

无论是什么属性图形对象之间的混合效果，在默认情况下创建的混合对象，均是根据属性之间的差异来得到相应的混合效果的，而混合选项的设置能够得到具有某些相同元素的混合效果。

双击【混合工具】 或执行【对象】→【混合】→【混合选项】命令，弹出【混合选项】对话框，如图 8-41 所示。

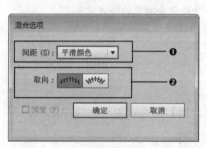

图 8-41 【混合选项】对话框

❶ 间距	选择"平滑颜色"选项，可自动生成合适的混合步数，创建平滑的颜色过渡效果；选择"指定的步数"选项，可以在右侧的文本框中设置混合步数；选择"指定的距离"选项，可以输入由混合生成的中间对象之间的距离
❷ 取向	在【取向】栏中，如果混合轴是弯曲的路径，单击【对齐页面】按钮 ，对象的垂直方向与页面保持一致；单击【对齐路径】 ，对象将垂直于路径

8.2.4 设置混合对象

无论是创建混合对象之前还是之后，都能够通过【混合选项】对话框中的选项进行设置。创建混合对象后，还可以在此基础上改变混合对象的显示效果，以及释放或者扩展混合对象。

1．更改混合对象的轴线

混合轴是混合对象中各步骤对齐的路径。默认情况下，混合轴会形成一条直线，要改变混合轴的形状，可以使用【直接选择工具】 单击并拖动路径端点来改变路径的长度与位置；或者使用转换锚点工具拖动节点改变路径的弧度，如图 8-42 所示。

2．替换混合轴

当绘图区域中存在另外一条路径时，可以将混合对象进行替换，替换混合轴的具体操作步骤如下。

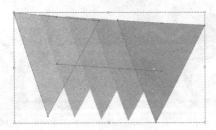

图 8-42　更改混合对象的轴线效果

步骤 01　选中路径和混合对象，如图 8-43 所示。

步骤 02　执行【对象】→【混合】→【替换混合轴】命令，即可将混合对象依附于另外一条路径上，如图 8-44 所示。

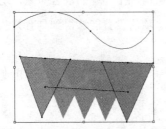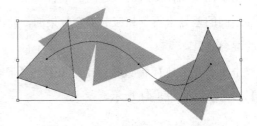

图 8-43　选中路径和混合对象　　　　图 8-44　更改混合对象的轴线效果

3．颠倒混合对象中的堆叠顺序

颠倒混合对象中的堆叠顺序的具体操作步骤如下。

步骤 01　选中混合对象，如图 8-45 所示。

步骤 02　执行【对象】→【混合】→【反向混合轴】命令，混合对象中的原始图形对象对调并且改变混合效果，如图 8-46 所示。

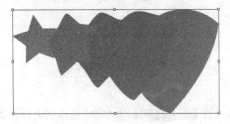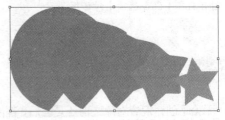

图 8-45　选中混合对象　　　　图 8-46　反向混合轴

技能拓展

当混合效果中的对象呈现堆叠效果时，执行【对象】→【混合】→【反向堆叠】命令，那么对象的堆叠效果就会呈相反方向。

8.2.5　释放与扩展混合对象

当创建混合对象后，就会将混合对象作为一个整体，而原始对象之间混合形成的新对象不会具有其自身的锚点。如果要对其进行编辑，则需要将它分割为不同的对象。

1. 释放对象

使用【释放】命令可以将混合对象还原为原始的图形对象，具体操作步骤如下。

步骤 01　选中需要释放的混合对象，如图 8-47 所示。

步骤 02　执行【对象】→【混合】→【释放】命令，或者按【Alt+Ctrl+Shift+B】组合键，可以将混合对象还原为原始的图形对象，如图 8-48 所示。

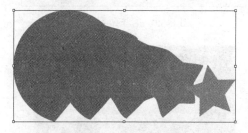

图 8-47　选中混合对象

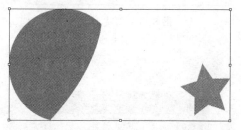

图 8-48　还原混合对象

2. 扩展对象

使用【扩展】命令可以将混合对象转换为群组对象，并且保持效果不变，具体操作方法如下。

选中需要释放的混合对象。执行【对象】→【混合】→【扩展】命令，可以将混合对象转换为群组对象，如图 8-49 所示。按【Shift+Ctrl+G】组合键取消群组对象，群组对象被拆分为单个对象，并能够进行图形编辑，如图 8-50 所示。

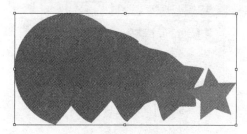

图 8-49　转换为群组对象

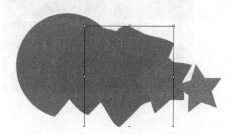

图 8-50　取消群组并编辑图形

课堂范例——绘制天使剪影

步骤 01　新建空白文档，使用【矩形工具】■创建图形，如图 8-51 所示。在【色板】面板中，选择【晕影】选项，如图 8-52 所示。

步骤 02　通过前面的操作选中【晕影】选项，单击选中"棕褐色调晕影"，如图 8-53 所示。填充效果如图 8-54 所示。

步骤 03　使用【钢笔工具】绘制两条路径，如图 8-55 所示。双击【混合工具】，在打开的【混合选项】对话框中，设置【间距】为"指定的步数"，数值设置为"10"，【取向】为"对齐路径"，如图 8-56 所示。

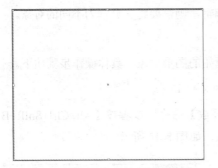
图 8-51 创建图形

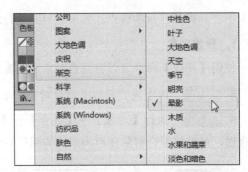
图 8-52 选择晕影

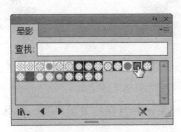
图 8-53 选中棕褐色调晕影

图 8-54 填充效果

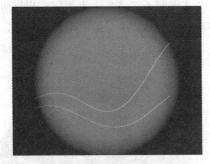
图 8-55 绘制路径

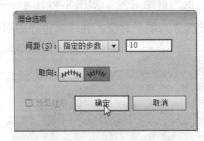
图 8-56 【混合选项】对话框

步骤04 使用【选择工具】选中图形，如图 8-57 所示。执行【对象】→【混合】→【建立】命令，混合效果如图 8-58 所示。

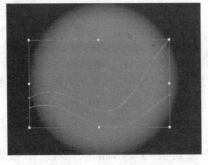
图 8-57 选中图形

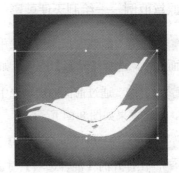
图 8-58 混合效果

步骤05　打开"网盘\素材文件\第8章\天使.ai"，将其复制粘贴到当前文件中，如图8-59所示。适当缩小并旋转翅膀，如图8-60所示。

图8-59　添加天使素材

图8-60　缩小并旋转翅膀

步骤06　更改翅膀颜色为黑色"#000000"，如图8-61所示。使用【钢笔工具】绘制两条路径，同时选中两条路径，如图8-62所示。

图8-61　更改翅膀颜色

图8-62　绘制并选中路径

步骤07　执行【对象】→【混合】→【建立】命令，混合效果如图8-63所示。更改混合图形颜色为黑色"#000000"，如图8-64所示。

图8-63　混合效果

图8-64　更改混合图形颜色

步骤08 使用【椭圆工具】⬭绘制两个圆圈，如图 8-65 所示。更改左侧圆圈颜色为黑色"#000000"，如图 8-66 所示。

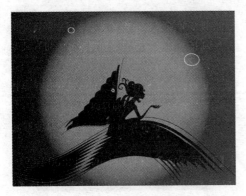

图 8-65　绘制两个圆圈

图 8-66　更改左侧圆圈颜色

步骤09 双击【混合工具】，在打开的【混合选项】对话框中，设置【间距】为"平滑颜色"、【取向】为"对齐路径"，如图 8-67 所示。执行【对象】→【混合】→【建立】命令，混合效果如图 8-68 所示。

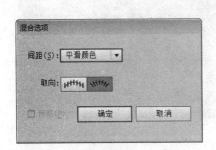

图 8-67　【混合选项】对话框

图 8-68　混合效果

步骤10 使用【椭圆工具】⬭绘制椭圆形，如图 8-69 所示。同时选中椭圆形和混合图形，如图 8-70 所示。

图 8-69　绘制椭圆形

图 8-70　选中图形

步骤 11　执行【对象】→【混合】→【替换混合轴】命令，替换混合轴效果如图 8-71 所示。使用【直接选择工具】选中右侧的圆圈，如图 8-72 所示。

图 8-71　替换混合轴效果

图 8-72　选中右侧圆圈

步骤 12　在【色板】面板中，单击填充"棕褐色"调晕影，如图 8-73 所示。填充效果如图 8-74 所示。

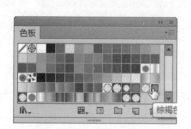

图 8-73　【色板】面板

图 8-74　填充效果

步骤 13　在人的手部位置拖动【光晕工具】创建光晕，如图 8-75 所示。光晕效果如图 8-76 所示。

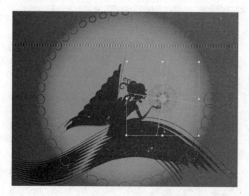

图 8-75　创建光晕

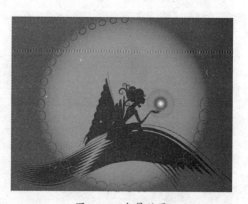

图 8-76　光晕效果

步骤 14　缩小下方的混合图形，旋转翅膀混合图形，如图 8-77 所示。复制多个光晕，并调整光晕大小和位置，光晕效果如图 8-78 所示。

图 8-77　调整图形　　　　　　　　　　　　图 8-78　光晕效果

8.3 封套的创建与编辑

使用封套可以创建变形网格，编辑封套后，图形对象将发生形状变形，本节将详细介绍封套的创建和编辑方法。

8.3.1　使用【用变形建立】命令创建封套

通过预设的变形选项，能够直接得到变形后的效果，【用变形建立】命令创建封套的具体操作步骤如下。

步骤 01　使用【选择工具】选中需要创建封套的对象，如图 8-79 所示。

步骤 02　执行【对象】→【封套扭曲】→【用变形建立】命令，或者按【Ctrl+Alt+Shift+W】组合键，弹出【变形选项】对话框，在【样式】下拉列表框中选择"拱形"选项，单击【确定】按钮，如图 8-80 所示。得到拱形变形效果，如图 8-81 所示。

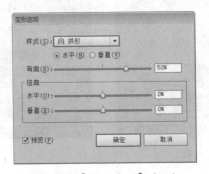

图 8-79　选中对象　　　　图 8-80　【变形选项】对话框　　　　图 8-81　拱形变形效果

步骤 03　在【变形选项】对话框的【样式】下拉列表框中，有多种预设变形效果，选择不同的样式选项可以创建不同的封套效果，如图 8-82 所示。还可以通过对话框下方的【弯曲】【水平】和【垂直】等选项重新设置变形参数，从而得到更加精确的变形效果。

图 8-82　其他预设封套变形效果

8.3.2　使用【用网格建立】命令创建封套

为图形对象变形除了采用预设变形方式外，还可以通过网格方式来完成。具体操作步骤如下。

步骤 01　选择需要创建封套的对象，如图 8-83 所示。

步骤 02　执行【对象】→【封套扭曲】→【用网格建立】命令，或者按【Ctrl+Alt+M】组合键，弹出【封套网格】对话框，在对话框中使用默认参数，单击【确定】按钮，如图 8-84 所示。

图 8-83　选择对象

图 8-84　【封套网格】对话框

步骤 03　Illustrator CS6 将创建指定行数和列数的封套网格，如图 8-85 所示。选择工具箱中的【网格工具】、【直接选择工具】或者路径类工具，拖动节点进行调整即可，调整方法与路径的调整方法相同，效果如图 8-86 所示。

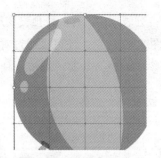

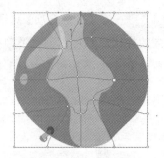

图 8-85　创建封套网格　　　　　　　　　　　图 8-86　调整节点效果

8.3.3　使用【用顶层对象建立】命令创建封套

对于一个由多个图形组成的对象，不仅可以使用【用变形建立】和【用网格建立】命令创建封套，还可以通过顶层图形创建封套，具体操作步骤如下。

步骤 01　选择多图形对象，如图 8-87 所示。

步骤 02　执行【对象】→【封套扭曲】→【用顶层对象建立】命令，或者按【Ctrl+Alt+C】组合键，即可按最上方图形的形状创建封套，如图 8-88 所示。

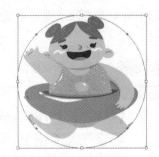

图 8-87　选择多图形对象　　　　　　　　图 8-88　以最上方图形的形状创建封套

> **温馨提示**
> 在使用【用顶层对象建立】命令创建封套时，创建后的封套尺寸和形状与顶层对象完全相同。

8.3.4　封套的编辑

创建封套后，虽然进行了简单的网格点编辑，但是对于封套本身或者封套内部的对象还可以进行更为复杂的编辑操作。

1. 编辑封套内部对象

选中含有封套的对象，执行【对象】→【封套扭曲】→【编辑内容】命令，或者按【Ctrl+Shift+P】组合键，视图内将显示对象原来的边界。显示出原来的路径后，就可以使用各种编辑工具对单一的对象或对封套中所有的对象进行编辑了。

2. 编辑封套外形

创建封套之后，不仅可以编辑封套内的对象，还可以更改封套类型或编辑封套的外部形状。具体操作方法如下。

选中使用自由封套创建的封套对象。执行【对象】→【封套扭曲】→【用变形建立】或执行【对象】→【封套扭曲】→【用网格建立】命令，可将其转换为预设图形封套或网格封套对象。

3. 编辑封套面片和节点

无论是通过变形还是网格得到封套，均能够编辑封套的面片和节点，从而改变对象的形状，具体操作方法如下。

使用【直接选择工具】直接拖动封套的面片，或者使用钢笔类工具修改节点，改变对象的形状，如图 8-89 所示。

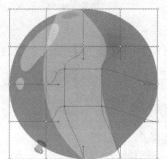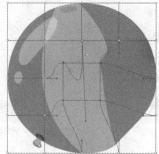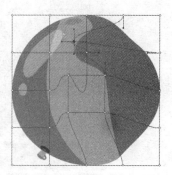

图 8-89　编辑封套的面片和节点

4. 编辑封套选项

通过【封套选项】对话框设置封套，可以使封套更加符合图形绘制的要求，执行【对象】→【封套扭曲】→【封套选项】命令，弹出【封套选项】对话框，如图 8-90 所示。

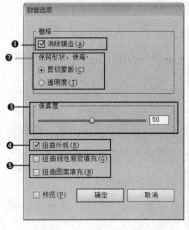

图 8-90　【封套选项】对话框

❶ 消除锯齿	可消除封套中被扭曲图形出现的混叠现象，从而保持图形的清晰
❷ 剪切蒙版和透明度	在编辑非直角封套时，用户可选择这两种方式保护图形
❸ 保真度	可设置对象适合封套的逼真度。用户可直接在其文本框中输入所需要的参数值或拖动下面的滑块进行调节
❹ 扭曲外观	选中该复选框后，另外的两个复选框将被激活。它可使对象具有外观属性，应用了特殊效果对象的效果也随之发生扭曲
❺ 扭曲线性渐变填充	选中这两个复选框，可以同时扭曲对象内部的直线渐变填充和图案填充

5．移除封套

移除封套有两种操作方法：一种方法是将封套和封套中的对象分开，恢复封套中对象的原来面貌；另一种方法是将封套的形状应用到封套中的对象上。

方法一：选中带有封套的对象，执行【对象】→【封套扭曲】→【释放】命令，得到封套图形和封套里面的对象两个图形，可以分别对单个图形进行编辑，如图 8-91 所示。

图 8-91　释放封套

方法二：选中封套对象后，执行【对象】→【封套扭曲】→【扩展】命令，这时封套消失，而内部图形则保留了原有封套的外形，如图 8-92 所示。

图 8-92　扩展封套

8.3.5 吸管工具

【吸管工具】🖊是进行图像绘制的常用辅助工具，下面将详细讲述它的具体使用方法和应用领域。

1．使用吸管工具复制外观属性

【吸管工具】🖊可以在对象间复制外观属性，其中包括文字对象的字符、段落、填色和描边属性。默认情况下，【吸管工具】🖊会复制所选对象的所有属性，具体操作步骤如下。

步骤 01　选择想要更改属性的文字对象或字符，如图 8-93 所示。

步骤 02　单击工具箱中的【吸管工具】🖊，将【吸管工具】🖊移至要进行属性取样的对象上并单击，即可复制其外观，如图 8-94 所示。

图 8-93　选择对象

图 8-94　复制外观

2. 使用吸管工具从桌面复制属性

从桌面复制属性的具体操作步骤如下。

步骤 01　选择要更改属性的对象，单击工具箱中的【吸管工具】，单击文档中的任意一点，如图 8-95 所示。

步骤 02　继续按住鼠标，将鼠标指针移向要复制其属性的桌面对象上。当鼠标指针移动到指定属性处松开鼠标即可，如图 8-96 所示。

图 8-95　选择对象并单击绘图区域

图 8-96　移动鼠标

步骤 03　双击工具箱中的【吸管工具】，打开【吸管选项】对话框，如图 8-97 所示。

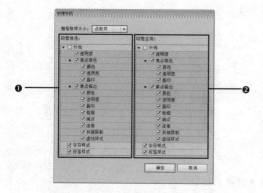
图 8-97　【吸管选项】对话框

❶【吸管挑选】栏	在【吸管挑选】栏中，用户可以选中或取消选中进行属性取样的复选框
❷【吸管应用】栏	在【吸管应用】栏中，用户可以选中或取消选中应用属性的复选框

8.3.6 度量工具

【度量工具】用于测量两点之间的距离并在【信息】面板中显示结果，使用【度量工具】测量距离的具体操作步骤如下。

步骤 01　单击工具箱的【吸管工具】组中的【度量工具】。

步骤 02　单击两点以度量它们之间的距离；或者单击第一点并拖移到第二点，如图 8-98 所示。

步骤 03　【信息】面板中将显示到 X 轴和 Y 轴的水平和垂直距离、绝对水平和垂直距离、总距离及测量的角度，如图 8-99 所示。

　　图 8-98　度量距离　　　　　　　图 8-99　【信息】面板

8.3.7 透视图

在 Illustrator CS6 中，用户可以在透视模式下绘制图形，执行【视图】→【透视网格】命令，在【透视网格】下拉列表中可以选择启用一种透视网格。Illustrator CS6 提供了预设的两点透视网格、一点透视网格、和三点透视网格，使用【透视选区工具】可以对图像进行透视变换，如图 8-100 所示。

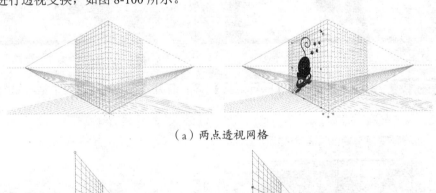

（a）两点透视网格

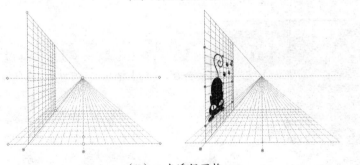

（b）一点透视网格

图 8-100　透视网格

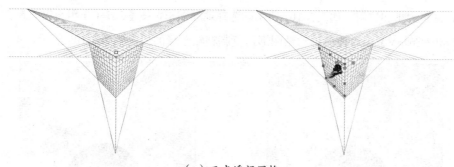

（c）三点透视网格

图 8-100　透视网格（续）

课堂范例——制作地球上的朋友

步骤 01　新建空白文档，使用【矩形工具】■创建图形，如图 8-101 所示。在【渐变】对话框中，设置【类型】为"径向"、渐变色为白色"#FFFFFF"到黄色"#FFD72D"，如图 8-102 所示。渐变填充效果如图 8-103 所示。

图 8-101　创建图形

图 8-102　【渐变】对话框

图 8-103　渐变填充效果

步骤 02　使用【椭圆工具】◉绘制圆形，设置【描边】宽度为"15"、描边颜色为白色"#FFFFFF"，如图 8-104 所示。在【渐变】对话框中，设置【类型】为"径向"、渐变色为浅蓝色"#C5EFE8"到深蓝色"#293447"，如图 8-105 所示。渐变填充效果如图 8-106 所示。

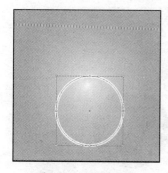

图 8-104　绘制圆形

图 8-105　【渐变】对话框

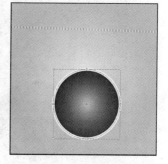

图 8-106　渐变填充效果

步骤 03　打开"网盘\素材文件\第 8 章\好朋友 .ai"，将其复制粘贴到当前文件中，调整大小和位置，如图 8-107 所示。选择地球图形，按【Ctrl+C】组合键复制图形，按【Shift+Ctrl+V】组合键就地粘贴图形，复制粘贴图形的效果如图 8-108 所示。

图 8-107　添加好朋友素材

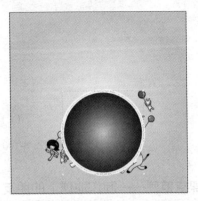
图 8-108　复制粘贴图形的效果

步骤 04　同时选中好朋友和复制的地球图形，如图 8-109 所示。执行【对象】→【封套扭曲】→【用顶层对象建立】命令，封套效果如图 8-110 所示。

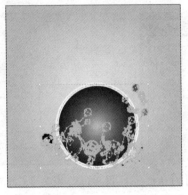
图 8-109　选中图形

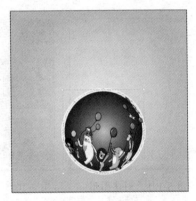
图 8-110　封套效果

步骤 05　复制地球图形，如图 8-111 所示。执行【对象】→【封套扭曲】→【释放】命令，释放封套效果如图 8-112 所示。

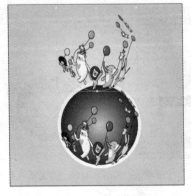
图 8-111　复制图形

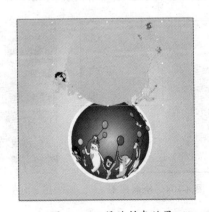
图 8-112　释放封套效果

步骤 06 删除上方的灰色图形，如图 8-113 所示。按【Shift+Ctrl+G】组合键取消编组图形，并分别调整图形的位置，如图 8-114 所示。

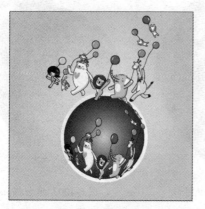

图 8-113 删除图形

图 8-114 调整图形位置

课堂问答

通过本章的讲解，大家对 Illustrator CS6 特殊编辑和混合效果有了一定的了解，下面列出一些常见的问题供大家学习参考。

问题 ①：使用【宽度工具】█增宽路径后，还可以恢复吗？

答：使用【宽度工具】█增宽路径后，在选项栏中，设置【描边】宽度为初始值，即可恢复路径原始宽度。例如，使用【宽度工具】█增宽路径，如图 8-115 所示。在选项栏中，设置【描边】为"1pt"，如图 8-116 所示。通过前面的操作恢复路径原始宽度，如图 8-117 所示。

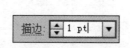

图 8-115 增宽路径　　　　图 8-116 设置描边　　　　图 8-117 恢复路径原始宽度

问题 ②：创建封套后，可以调整图形锚点吗？

答：创建封套，如图 8-118 所示。执行【对象】→【封套扭曲】→【编辑内容】命令，即可选中图形，如图 8-119 所示。使用【直接选择工具】▶调整锚点即可，如图 8-120

所示。

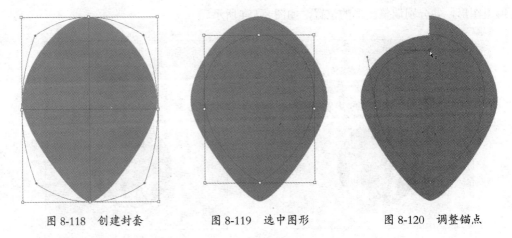

图 8-118 创建封套   图 8-119 选中图形   图 8-120 调整锚点

问题③：我创建了 4 个画板，可以将图形粘贴到所有画板上吗？

答：选中图形，按【Ctrl+C】组合键复制图形，如图 8-121 所示。执行【编辑】→【在所有画板上粘贴】命令，即可将图形粘贴到所有画板中，如图 8-122 所示。

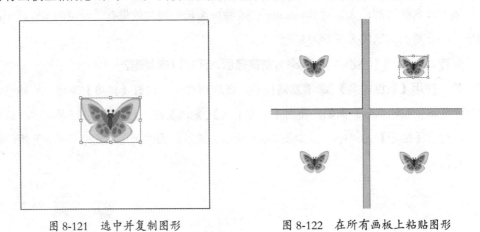

图 8-121 选中并复制图形   图 8-122 在所有画板上粘贴图形

📷 上机实战——制作花朵邮票

为了让大家巩固本章知识点，下面讲解一个技能综合案例，使大家对本章的知识有更深入的了解。

效果展示

图 8-123　效果展示

思路分析

邮票不仅用于收寄信件，在发行时象征特殊意义的邮票还具有收藏价值，下面介绍如何用图形制作邮票。

本例首先使用【矩形工具】■绘制邮票轮廓；然后使用【椭圆工具】◉绘制邮票边缘效果；最后创建封套和混合图形，得到仿真邮票效果，完成制作。

制作步骤

步骤01　新建空白文档，选择【矩形工具】■，在面板中单击，在弹出的【矩形】对话框中，设置【宽度】和【高度】均为"100mm"，单击【确定】按钮，如图 8-124 所示。通过前面的操作绘制矩形，如图 8-125 所示。

图 8-124　【矩形】对话框　　　　　　图 8-125　绘制矩形

步骤02　选择【椭圆工具】◉，在面板中单击，在弹出的【椭圆】对话框中，设置【宽度】和【高度】均为"5mm"，单击【确定】按钮，如图 8-126 所示。绘制圆形如图 8-127 所示。

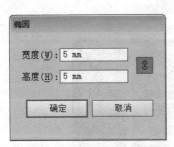

图 8-126　【椭圆】对话框

图 8-127　绘制圆形

步骤 03　复制圆形，移动到右侧适当位置，如图 8-128 所示。继续复制圆形，移动到下方适当位置，如图 8-129 所示。

图 8-128　复制圆形

图 8-129　继续复制圆形

步骤 04　选择所有圆形，双击【混合工具】，在弹出的【混合选项】对话框中，设置"指定的步数"为"10"，单击【确定】按钮，如图 8-130 所示。使用【混合工具】依次单击圆形，得到混合图形，如图 8-131 所示。

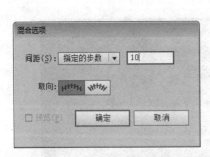

图 8-130　【混合选项】对话框

图 8-131　混合图形

步骤 05　继续单击右下角圆形，得到混合图形，如图 8-132 所示。使用【混合工具】依次单击右上角圆形，得到混合图形，如图 8-133 所示。

步骤 06　选择混合图形，执行【对象】→【混合】→【扩展】命令，如图 8-134 所示。在【路径查找器】对话框中，单击【减去顶层】按钮，如图 8-135 所示。减去顶层效果如图 8-136 所示。

图 8-132　混合右下角图形

图 8-133　混合右上角图形

图 8-134　扩展混合图形

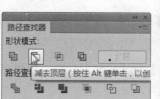

图 8-135　【路径查找器】对话框

图 8-136　减去顶层效果

步骤 07　使用【矩形工具】■绘制矩形，填充洋红色"#E4007F"并置于底层，如图 8-137 所示。更改邮票颜色为灰色"#A5A5A5"，如图 8-138 所示。

图 8-137　绘制填充底图

图 8-138　更改邮票颜色

步骤 08　复制邮票，更改为白色"#FFFFFF"，略错开一点位置，如图 8-139 所示。再次复制邮票，更改为粉色"#E06E6E"，缩小图形如图 8-140 所示。

步骤 09　使用【矩形工具】■绘制长条矩形，填充浅粉色"#ED7C7C"，如图 8-141 所示。双击【变形工具】▧，在【变形工具选项】对话框中，设置【宽度】和【高度】均为"20mm"，如图 8-142 所示。在长条矩形上拖动鼠标，变形效果如图 8-143 所示。

图 8-139　复制图形

图 8-140　复制缩小图形

图 8-141　绘制长条矩形　图 8-142　【变形工具选项】对话框　图 8-143　变形效果

步骤 10　复制图形并移动到下方，如图 8-144 所示。双击【混合工具】，在弹出的【混合选项】对话框中，设置"指定的步数"为"13"，单击【确定】按钮，如图 8-145 所示。执行【对象】→【混合】→【建立】命令，得到混合图形，如图 8-146 所示。

图 8-144　复制图形　　　图 8-145　【混合选项】对话框　　　图 8-146　混合图形

步骤 11　移动图形到适当位置，如图 8-147 所示。选中下方的粉红矩形，按【Ctrl+C】组合键复制图形，按【Shift+Ctrl+V】组合键就地粘贴图形，如图 8-148 所示。

图 8-147　移动图形

图 8-148　复制粘贴图形

步骤 12　同时选中矩形和混合图形，如图 8-149 所示。执行【对象】→【封套扭曲】→【用顶层对象建立】命令，创建封套效果如图 8-150 所示。

图 8-149 选择图形

图 8-150 创建封套效果

步骤13 使用【钢笔工具】 绘制白色 "#FFFFFF" 图形,如图 8-151 所示。使用【文字工具】 添加文字,设置【字体】为 "方正少儿简体"、字体【大小】为 "30pt",添加文字效果如图 8-152 所示。

图 8-151 绘制白色图形

图 8-152 添加文字效果

步骤14 使用【钢笔工具】 绘制图形,填充灰红色 "#BC7373",如图 8-153 所示。在【透明度】面板中,设置【混合模式】为 "正片叠底"、【不透明度】为 "76%",如图 8-154 所示。混合效果如图 8-155 所示。

图 8-153 绘制灰红色图形

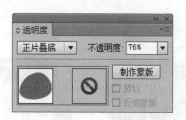

图 8-154 【透明度】面板

图 8-155 混合效果

步骤15 打开 "网盘\素材文件\第 8 章\花朵 .ai",将其复制粘贴到当前文件中,如图 8-156 所示。执行【效果】→【扭曲和变换】→【变换】命令,打开【变换效果】对话框,设置【水平】和【垂直】均为 "90%"、【旋转】栏中的【角度】为 "40°",单击【变换点】为 "左下方" ,【副本】为 "20",单击【确定】按钮,如图 8-157 所示。变换效果如图 8-158 所示。

图 8-156　添加花朵素材　　图 8-157　【变换效果】对话框　　图 8-158　变换效果

步骤 16　打开"网盘\素材文件\第 8 章\印章 .ai"，将其复制粘贴到当前文件中，如图 8-159 所示。调整印章大小和位置，如图 8-160 所示。

图 8-159　添加印章图形　　　　　　　　图 8-160　调整印章大小和位置

同步训练——绘制便笺画

为了增强大家的动手能力，下面安排一个同步训练案例，让大家达到举一反三、触类旁通的学习效果。

图解流程

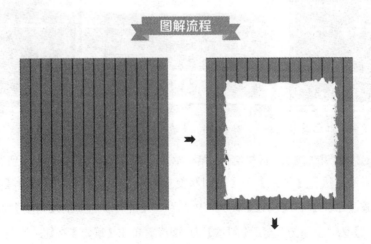

思路分析

便笺纸是人们用于信手涂鸦的纸片，它的制作比较随性，制作便笺纸图形的具体操作方法如下。

本例首先使用【矩形工具】▬和【混合工具】🗔绘制底图；然后通过【皱褶工具】变形白纸边缘得到个性便笺纸，通过渐变填充得到打孔效果，通过【铅笔工具】🖊得到线条效果；最后添加人物素材完成制作。

关键步骤

关键步骤 01 使用【矩形工具】▬绘制矩形，填充深黄色"#3C2415"，如图8-161所示。使用【矩形工具】▬绘制矩形，填充浅黄色"#A97C50"，如图8-162所示。复制矩形并移动到右侧，如图8-163所示。

图8-161 绘制矩形　　　图8-162 绘制矩形并填色　　　图8-163 复制矩形并移动

关键步骤 02 双击【混合工具】🗔，在弹出的【混合选项】对话框中，设置"指定的步数"为"12"，单击【确定】按钮，如图8-164所示。执行【对象】→【混合】→【建立】命令，得到混合图形，如图8-165所示。

关键步骤 03 使用【矩形工具】▬绘制矩形，如图8-166所示。填充白色"#FFFFFF"，如图8-167所示。

关键步骤 04 双击【皱褶工具】，在【皱褶工具选项】对话框中，设置【宽度】和【高度】均为"10cm"、【水平】和【垂直】均为"100%"，如图8-168所示。在白纸上拖动，效果如图 8-169 所示。继续拖动，变形效果如图 8-170 所示。

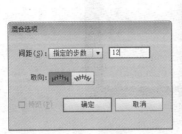

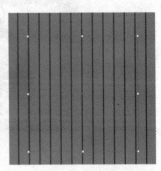

图 8-164 【混合选项】对话框　　图 8-165 混合图形　　图 8-166 绘制矩形

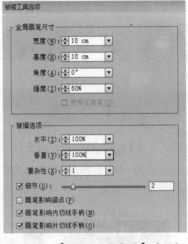

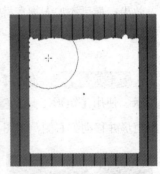

图 8-167 填充白色　　图 8-168 【皱褶工具选项】对话框　　图 8-169 拖动效果

关键步骤 05　使用【椭圆工具】◉绘制圆形，填充浅灰色"#D4BCAE"，如图 8-171 所示。按住【Alt】键，向上拖动复制图形，如图 8-172 所示。

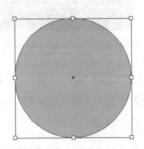

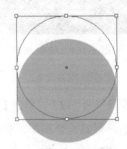

图 8-170 变形效果　　图 8-171 绘制圆形　　图 8-172 复制图形

关键步骤 06　在【渐变】对话框中，设置【类型】为"径向"，渐变色为浅灰色"#C7B299"、深黄色"#592D0F"、灰色"#594E46"，如图 8-173 所示。渐变填充效果如图 8-174 所示。

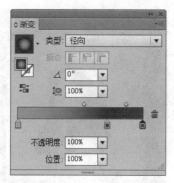

图 8-173 【渐变】对话框

图 8-174 渐变填充效果

关键步骤07 继续复制并缩小图形,如图 8-175 所示。在【渐变】对话框中,设置【类型】为"径向"、渐变为深黄色"#592D0"和浅黄色"#C7B299",如图 8-176 所示。渐变填充效果如图 8-177 所示。

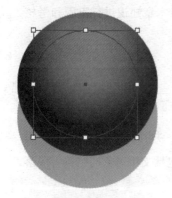

图 8-175 复制并缩小图形

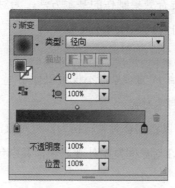

图 8-176 【渐变】对话框

图 8-177 渐变填充效果

关键步骤08 选中白纸和上方的所有图形,按【Ctrl+G】组合键创建编组,如图 8-178 所示。执行【效果】→【风格化】→【投影】命令,在打开的【投影】对话框中设置参数,如图 8-179 所示。投影效果如图 8-180 所示。

关键步骤09 打开"网盘\素材文件\第8章\女性.ai",将其复制粘贴到当前文件中,调整大小和位置,如图 8-181 所示。使用【铅笔工具】绘制自由线条,最终效果如图 8-182 所示。

图 8-178 创建编组

图 8-179 【投影】对话框

图 8-180 投影效果

图 8-181　添加女性素材

图 8-182　最终效果

知识能力测试

本章讲解了特殊编辑与混合效果制作的基本方法，为对本章知识进行巩固和考核，布置相应的练习题（答案见网盘）。

一、填空题

1．对于一个由多个图形组成的对象，不仅可以使用_____和_____命令创建封套，还可以通过_____创建封套。

2．使用_____命令可以将混合对象转换为群组对象，并且保持效果不变。

3．_____工具可以在对象间复制外观属性，其中包括文字对象的字符、段落、填色和描边属性。

二、选择题

1．使用【混合工具】🐾，依次单击需要混合的对象。建立的混合对象除了形状发生过渡变化外，（　　　）也会产生自然的过渡效果。

　　A．外观　　　　　　B．层次　　　　　　C．颜色　　　　　　D．轮廓

2．选择【变形工具】🖊️后，按住（　　　）键，在绘图区域拖动鼠标，可以即时快速地更改画笔大小。

　　A．【Ctrl】　　　　B．【Alt】　　　　C．【Delete】　　　D．【Shift】

3．创建封套后，虽然进行了简单的网格点编辑，但是对于封套本身或者封套内部的（　　　）还可以进行更为复杂的编辑操作。

　　A．对象　　　　　　B．锚点　　　　　　C．颜色　　　　　　D．封套

三、简答题

1．创建封套后，可以调整图形锚点吗？

2．简述移除封套的方法。

CS6

ILLUSTRATOR

第 9 章
图层、蒙版和图稿
链接操作

本章导读

　　学会特殊效果应用后，下一步需要学习图层、蒙版和图稿
链接知识，它使对象的管理更加具有条理性。本章将详细介绍
图层的基础知识、剪切蒙版的基本操作。

学习目标

- 熟练掌握图层基础知识
- 熟练掌握混合模式和不透明度
- 熟练掌握剪切蒙版操作方法
- 掌握链接功能的应用

9.1 图层基础知识

使用图层可以更加有效地组织对象，在绘图过程中，若创建一个很复杂的文件，而又想快速准确地跟踪文档窗口的特定图形，使用图层操作是非常高效的。

9.1.1 【图层】面板

在【图层】面板中，提供了一种简单易行的方法，它可以对作品的对象进行选择、隐藏、锁定和更改，也可以创建模板图层。

执行【窗口】→【图层】命令，弹出【图层】面板，如图 9-1 所示，单击面板右上方的 按钮，可以打开【图层】下拉菜单，该菜单显示了选定图层可用的不同选项。

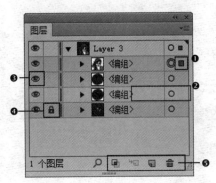

图 9-1　【图层】面板

❶ 选择图标	单击可选中图形
❷ 选中的图层	指示当前选择的图层
❸ 切换可视性图标	可切换图层显示与隐藏
❹ 切换锁定	可切换图层锁定/解除锁定
❺ 其他按钮	单击 按钮，可以创建或释放剪切蒙版；单击 按钮，可在父图层中创建图层；单击 按钮，创建新的父图层；单击 按钮，可删除所选图层或项目

1. 图层缩览图显示

在默认情况下，图层缩览图以"大"尺寸显示，在【图层】下拉菜单中，选择【面板选项】命令，弹出【图层面板选项】对话框，在【行大小】栏中启用不同的选项。能够得到不同尺寸的图层缩览图，如图 9-2 所示。

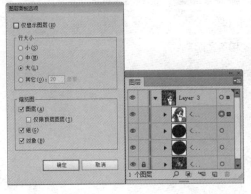
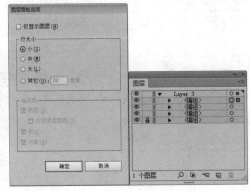

图 9-2　不同尺寸的图层缩览图

2．显示与隐藏图层

在【图层】面板中，单击左侧的【切换可视性】图标 可以控制相应图层中的图形对象的显示与隐藏，通过单击隐藏不同项目，可以得到不同的显示效果，如图9-3所示。

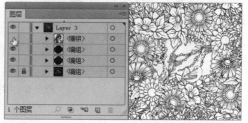

图9-3　显示与隐藏图层

3．选择图层

在默认情况下，每个新建的文档都包含一个图层，该图层称为父图层，所有项目都被组织到这个单一的父图层中。

当【图层】面板中的图层或是项目包含其他内容时，图层或项目名称的左侧会出现一个三角形 ，单击该三角形 可展开或折叠图层或项目内容；如果没有三角形 ，则表明该图层或项目中不包含任何其他内容。

选择图形对象不是通过单击图层来实现的，而是通过单击图层右侧的【定位】图标 （未选中状态）来实现的。单击该图标后，若图标显示为双环 ，表示项目已被选中，如图9-4所示；若图标为 状态时，表示项目添加了滤镜的效果，如图9-5所示。

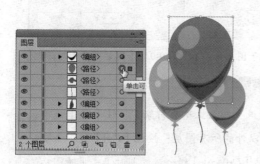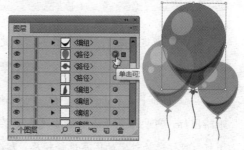

图9-4　选中图层项目　　　　图9-5　带滤镜效果的图标效果

4．锁定图层

在要锁定图层的可编辑列单击添加锁状图层，即可锁定图层；锁定父图层即可快速锁定其包含的多个路径、组和子图层。

在切换锁定列表中，若显示锁状态图标，表示项目为锁定状态，内容不可编辑；若显示为空白，则表示项目可编辑，如图9-6所示。

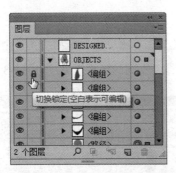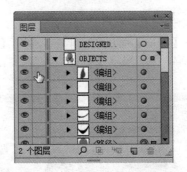

图 9-6　切换锁定状态

5．创建图层

单击【图层】面板底部的【创建新图层】按钮，即可在所选图层上方新建图层，如图 9-7 所示。

若要在选中的图层内部创建新子图层，则单击【图层】面板底部的【创建新子图层】按钮，即可快速创建一个新的子图层，如图 9-8 所示。

若要在创建新图层时设置图层选项，可以单击【图层】面板右上方的按钮，在弹出的下拉菜单中选择【新建图层】命令，在弹出的【图层选项】对话框中，可以设置更多选项，如图 9-9 所示。

图 9-7　新建图层　　　　图 9-8　新建子图层　　　　图 9-9　【图层选项】对话框

技 能 拓 展

按住【Alt】键单击图层名称，可快速选中图层上所有对象；按住【Alt】键单击眼睛图标，可快速显示或隐藏除选定图层以外的所有图层；按住【Ctrl】键单击眼睛图标，可快速为选定的图层选择轮廓；按住【Ctrl+Alt】组合键的同时单击眼睛图标，可为所有其他图层选择轮廓；按住【Alt】键单击锁状图标，可快速锁定或解锁所有图标；按住【Alt】键单击扩展三角形按钮，可快速扩展所有子图层来显示整个结构。

9.1.2　管理图层

在【图层】面板中，无论所选图层位于面板中哪个位置，新建图层均会放置在所选图层的上方，当绘制图形对象后，可以通过移动与合并来重新确定对象在图层中的效果。

1. 将对象移动到另一图层

绘制后的图形对象在画板中移动，只是改变该对象在画面中的位置，要想改变对象在图层中的位置，则需要在【图层】面板中进行操作，具体操作步骤如下。

步骤 01 选中需要移动的图形对象所在的图层，单击图层右侧的"选择"图标○，使其显示"选择"图标■，如图 9-10 所示。

步骤 02 单击并拖动"选择"图标■至目标图层中，即可将图形对象移动至目标图层中，如图 9-11 所示；如果在拖动鼠标的过程中按住【Alt】键，此时可复制对象，如图 9-12 所示。

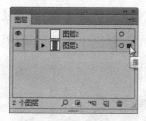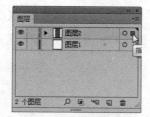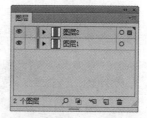

图 9-10　选择对象　　　图 9-11　拖动到其他图层　　　图 9-12　复制到其他图层

> **技能拓展**
>
> 选择对象后，单击【图层】面板中的目标图层的名称，执行【对象】→【排列】→【发送至当前图层】命令，可以将对象移动到目标图层中。

2. 收集图层

【收集到新图层中】命令会将【图层】面板中的选中图形移动到一个新的图层中。在【图层】面板中选中需要收集的对象，如图 9-13 所示。单击【图层】右上方的下拉按钮，在弹出的快捷菜单中选择【收集到新图层中】命令，如图 9-14 所示。效果如图 9-15 所示。

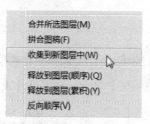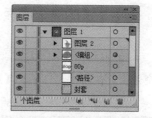

图 9-13　选择对象　　　图 9-14　选择命令　　　图 9-15　收集到新图层中的效果

3. 合并所选图层

若要将项目合并到一个图层或组中，单击要合并的图层，或者按【Shift】键或【Ctrl】键选择多个图层，如图 9-16 所示。在面板快捷菜单中，选择【合并所选图层】命令，如图 9-17 所示。图形将会被合并到最后选定的图层中，并清除空的图层，如图 9-18 所示。

4. 拼合图层

在【图层】面板下拉菜单中，选择【拼合图稿】命令，可以将面板中的所有图层合并为一个图层，具体操作方法如下。

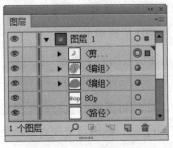

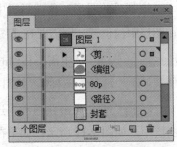

图 9-16　选择对象　　　　图 9-17　选择命令　　　　图 9-18　合并所选图层

单击面板中的任意图层，单击面板右上方的按钮 ，在弹出的下拉菜单中选择【拼合图稿】命令，如图 9-19 所示。即可将所有图形对象合并在所选图层中，如图 9-20 所示。

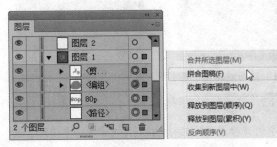
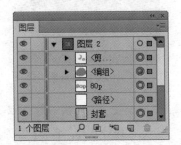

图 9-19　选择命令　　　　　　　　　　图 9-20　合并图层

9.2　混合模式和不透明度

> 选择图形后，可以在【透明度】面板中设置混合模式和不透明度。混合模式决定上下对象之间的混合方式，不透明度决定对象的透明效果。

9.2.1　【透明度】面板

【透明度】面板用于设置对象的混合模式和不透明度，还可以创建不透明度蒙版和挖空效果。执行【窗口】→【透明度】命令，可以打开【透明度】面板，如图 9-21 所示。

图 9-21　【透明度】面板

❶ 混合模式	设置对象的混合模式
❷ 不透明度	设置所选对象的不透明度
❸ 隔离混合	选中该复选框后，可以将混合模式与已定位的图层或组进行隔离，以使它们下方的对象不受影响
❹ 挖空组	选中该复选框后，可以确保编组对象中的单独对象在相互重叠的地方不能透过彼此而显示
❺ 不透明度和蒙版用来定义挖空形状	用来创建与对象不透明度成比例的挖空效果

9.2.2　设置对象混合模式

选择对象后，如图 9-22 所示。在【透明度】面板左上角的混合模式下拉列表框中，可以选择一种混合模式，如图 9-23 所示。所选对象会采用该混合模式与下面的对象混合，如图 9-24 所示。Illustrator CS6 提供了 16 种混合模式，每一组中的混合模式都有着相近的用途。

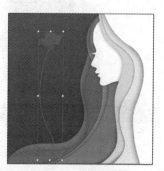

图 9-22　选择对象　　　　图 9-23　【透明度】面板　　　　图 9-24　混合效果

9.2.3　设置对象不透明度

在默认情况下，对象的【不透明度】为 100%。选择对象，如图 9-25 所示。在【透明度】面板中，设置【不透明度】为 "50%"，如图 9-26 所示。可以使对象呈现透明效果，如图 9-27 所示。

图 9-25　选择对象　　　　图 9-26　设置不透明度　　　　图 9-27　50% 不透明度效果

9.3　剪切蒙版

剪切蒙版是一个可以用形状遮盖其他图稿的对象。因此，使用剪切蒙版只能看到蒙版形状内的区域，从效果上来说，就是将对象裁剪为蒙版的形状。

剪切蒙版和被蒙版的对象统称为剪切组合，以编组的形式显示，如图 9-28 所示。

图 9-28　剪切蒙版

9.3.1　为对象添加剪切蒙版

为对象添加剪切蒙版的具体操作步骤如下。

步骤 01　选择用作蒙版的对象，确保蒙版对象位于要遮盖对象的上方，如图9-29所示。

步骤 02　执行【对象】→【剪切蒙版】→【建立】命令。剪切蒙版效果如图9-30所示。

图 9-29　选择对象　　　　　　图 9-30　剪切蒙版效果

技 能 拓 展

　　应用剪切蒙版后，执行【对象】→【剪切蒙版】→【释放】命令或按【Alt+Ctrl+7】组合键可以取消蒙版效果。

9.3.2　为对象添加不透明度蒙版

　　使用不透明度蒙版可以更改底层对象的透明度。蒙版对象定义了透明区域和透明度，可以将任何着色或栅格图像作为蒙版对象。

1. 创建不透明度蒙版

创建不透明度蒙版的具体操作步骤如下。

步骤 01　创建两个图形对象，其中一个图形对象的填充效果为黑色到白色渐变，如图 9-31 所示。

步骤 02　执行【窗口】→【透明度】命令，或者按【Ctrl+Shift+F10】组合键，弹出【透明度】面板，单击【制作蒙版】按钮，如图 9-32 所示。通过前面的操作可得到下方图层的渐隐效果，如图 9-33 所示。

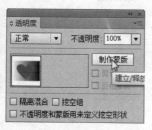

图 9-31　创建图形　　　　图 9-32　【透明度】面板　　　　图 9-33　不透明度蒙版

2．取消不透明度蒙版的链接

默认情况下，会链接被蒙版对象和蒙版对象，此时移动被蒙版对象时，蒙版对象也会随之移动；而移动蒙版对象时，被蒙版对象却不会随之移动。

要想保持蒙版对象不变，改变被蒙版对象，单击【透明度】面板中缩览图之间的链接符号，这时可以独立于蒙版对象来移动被蒙版对象并调整其大小。

3．停用和启用不透明度蒙版

要停用蒙版，在【图层】面板中定位被蒙版对象，然后按住【Shift】键并单击【透明度】面板中蒙版对象的缩览图，或者从【透明度】面板快捷菜单中选择【停用不透明度蒙版】命令，临时显示被蒙版对象，如图 9-34 所示。

图 9-34　停用不透明度蒙版

4．剪切蒙版

为蒙版指定黑色背景，将被蒙版的对象裁剪到蒙版对象边界。取消选中【剪切】复选框可以关闭剪切行为。要为新的不透明度蒙版默认启用【剪切】复选框，从【透明度】面板快捷菜单中选择【剪切】选项即可，如图 9-35 所示。

5．反相蒙版

反相蒙版对象的明度值会反相被蒙版对象的不透明度值，如图 9-36 所示。例如，

10% 不透明度区域被蒙版反相变为 90% 的不透明度。取消选中【反相蒙版】复选框，可将蒙版恢复为原始状态，要默认反相所有蒙版，从【透明度】面板快捷菜单中选择【新建不透明蒙版为反相蒙版】命令即可。

图 9-35　剪切蒙版

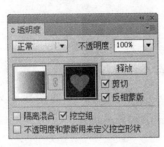

图 9-36　反相蒙版

9.4 使用【链接】面板

【链接】面板文档中所有链接与嵌入的图像，如果链接图像被更新或丢失，会给出相应的提示。

9.4.1 在源文件更改时更新链接的图稿

链接图像时，源文件更改文档时，单击【重新链接】按钮，Illustrator CS6 中的嵌入文档也会随之更新。

9.4.2 重新链接至缺失的链接图稿

当嵌入文档丢失时，单击【更改链接】按钮，会打开【嵌入】对话框，方便用户重新选择链接文档。

9.4.3　将链接的图稿转换为嵌入的图稿

为了防止嵌入文档丢失，单击【重新链接】面板右上角的 按钮，在打开的快捷菜单中选择【嵌入图像】选项即可。

9.4.4　编辑链接图稿的源文件

单击【编辑原稿】按钮 ，可以直接编辑链接图稿的源文件。

■ 课堂范例——打造兔美女

步骤 01　打开"网盘\素材文件\第 9 章\兔美女 .ai"，如图 9-37 所示。按【Shift+Ctrl+G】组合键解散编组后，选中衣服图形，如图 9-38 所示。打开"网盘\素材文件\第 9 章\桃形花纹 .ai"，将其复制粘贴到当前文件中，调整大小和位置，如图 9-39 所示。

图 9-37　打开素材　　　图 9-38　解散编组　　　图 9-39　添加桃形花纹素材

步骤 02　在【图层】面板中，拖动调整图层顺序，将衣服图形调到桃形花纹上方，效果如图 9-40 所示。

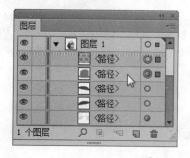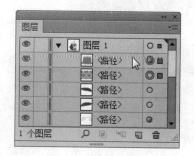

图 9-40　调整图层顺序

步骤 03　同时选中衣服图层和桃形花纹图层，如图 9-41 所示。执行【对象】→【剪切蒙版】→【建立】命令，效果如图 9-42 所示。

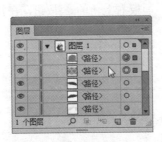

图 9-41　选择图层　　　　　　图 9-42　剪切蒙版效果

步骤04　使用【矩形工具】■绘制图形，并移动到最下方，如图 9-43 所示。填充紫色"#D31177"，如图 9-44 所示。

图 9-43　绘制矩形　　　　　　图 9-44　填充紫色

步骤05　选中兔耳朵图形，如图 9-45 所示。在【透明度】面板中，设置混合模式为【叠加】，如图 9-46 所示。叠加效果如图 9-47 所示。

图 9-45　选中兔耳朵图形　　　图 9-46　【透明度】面板　　　图 9-47　叠加效果

课堂问答

通过本章的讲解，大家对图层、蒙版应用有了一定的了解，下面列出一些常见的问题供大家学习参考。

　　问题 ①：什么是混合色和基色？

　　答：学习混合模式需要了解以下概念：混合色是选定的对象、组或图层的原始色彩；基色是这些对象的下层颜色；结果色是混合后得到的最终颜色。

　　问题 ②：创建剪切蒙版后，还可以调整蒙版效果吗？

　　答：应用剪切蒙版后，用户可以根据个人喜好和画面整体效果自由调整图形的外形和位置。选择剪切蒙版图形，如图 9-48 所示。执行【对象】→【剪切蒙版】→【编辑内容】命令，可以编辑蒙版内容，如图 9-49 所示。执行【对象】→【剪切蒙版】→【编辑蒙版】命令，可以编辑蒙版形状，如图 9-50 所示。

図 9-48　选择剪切蒙版图形　　　　图 9-49　编辑蒙版内容　　　　图 9-50　编辑蒙版形状

　　问题 ③：怎么更改图层颜色？

　　答：在【图层】面板中双击图层缩览图，如图 9-51 所示。在打开的【图层选项】对话框中，设置【颜色】为"黑色"，如图 9-52 所示。更改图层颜色为黑色，如图 9-53 所示。

 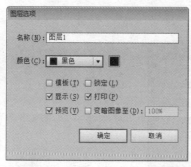 

图 9-51　双击图层缩览图　　　图 9-52　【图层选项】对话框　　　图 9-53　更改图层颜色

📷 上机实战——制作会员卡

　　为了让大家巩固本章知识点，下面讲解一个技能综合案例，使大家对本章的知识有更深入的了解。

图 9-54　效果展示

思路分析

会员卡可以增加顾客的尊贵感，淡紫色调的会员卡符合女性消费者的喜好。下面介绍如何制作会员卡。

本例首先使用【矩形工具】■和【渐变】面板制作背景效果，然后结合【椭圆工具】●和【混合】命令制作白瓷盘外观，最后通过剪切蒙版添加花瓣素材图形，完成整体制作。

制作步骤

步骤 01　新建空白文档。选择【圆角矩形工具】▢，在面板中单击，在弹出的【圆角矩形】对话框中，设置【圆角半径】为"14px"，单击【确定】按钮，如图 9-55 所示。绘制圆角矩形。如图 9-56 所示。

图 9-55　【圆角矩形】对话框

图 9-56　绘制圆角矩形

步骤 02　打开"网盘\素材文件\第 9 章\紫背景 .ai"，如图 9-57 所示。将其复制粘贴到当前文件中，调整大小和位置，如图 9-58 所示。

步骤 03　同时选中两个图形，如图 9-59 所示。执行【对象】→【剪切蒙版】→【建立】命令，创建剪切蒙版，如图 9-60 所示。

步骤 04　使用【钢笔工具】✎绘制人物轮廓图形，如图 9-61 所示。在【透明度】面板中，设置混合模式为【叠加】，如图 9-62 所示。混合效果如图 9-63 所示。

图 9-57　打开背景素材

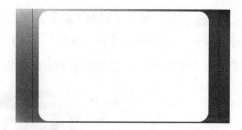

图 9-58　调整大小和位置

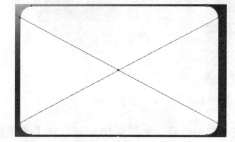

图 9-59　选中两个图形

图 9-60　创建剪切蒙版

图 9-61　绘制图形

图 9-62　【透明度】面板

图 9-63　混合效果

步骤 05　使用【钢笔工具】 绘制花瓣路径，如图 9-64 所示。在【渐变】对话框中，设置【类型】为"线性"，【角度】为"-35.3°"，渐变色标为橙色"#FF5738"、白色"#FFFFFF"，色标位置和渐变滑块位置如图 9-65 所示。渐变效果如图 9-66 所示。

图 9-64　绘制路径

图 9-65　【渐变】对话框

图 9-66　渐变效果

步骤06　使用【钢笔工具】绘制第二个花瓣路径，如图9-67所示。在【渐变】对话框中，设置【类型】为"线性"，【角度】为"12.7°"，渐变色标为白色"#FFFFFF"、洋红色"#F71F63"，色标位置和渐变滑块位置如图9-68所示。渐变效果如图9-69所示。

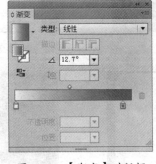

图9-67　绘制路径　　　图9-68　【渐变】对话框　　　图9-69　渐变效果

步骤07　使用【钢笔工具】绘制第三个花瓣路径，如图9-70所示。在【渐变】对话框中，设置【类型】为"线性"，【角度】为"64.1°"，渐变色标为白色"#FFFFFF"、浅紫色"#E88AD4"，色标位置和渐变滑块位置如图9-71所示。渐变效果如图9-72所示。

图9-70　绘制路径　　　图9-71　【渐变】对话框　　　图9-72　渐变效果

步骤08　移动花瓣图形的位置，如图9-73所示。在【透明度】面板中，设置混合模式为【叠加】，如图9-74所示。混合效果如图9-75所示。

图9-73　移动图形　　　图9-74　【透明度】面板　　　图9-75　混合效果

步骤 09 使用【文字工具】T输入文字，在【字符】面板中，设置【字体】为"方正正纤黑简体"，字体【大小】为"12pt"，【字距】为"180"，如图 9-76 所示。

图 9-76　输入并设置文字属性

步骤 10 在【透明度】面板中，设置混合模式为【叠加】，如图 9-77 所示。混合效果如图 9-78 所示。

图 9-77　【透明度】面板

图 9-78　混合效果

步骤 11 使用【文字工具】T输入文字，在选项栏中，设置【字体】为"微软雅黑"，字体【大小】为"18pt"，如图 9-79 所示。使用【文字工具】T输入字母和数字，在选项栏中，设置【字体】为"Times new Roman"，字体【大小】为"9pt"；在【字符】面板中，设置【字距】为"180"，效果如图 9-80 所示。

图 9-79　添加文字

图 9-80　添加字母和数字后的效果

🌐 **同步训练——制作儿歌网盘**

为了增强大家的动手能力，下面安排一个同步训练案例，让大家达到举一反三、触类旁通的学习效果。

图解流程

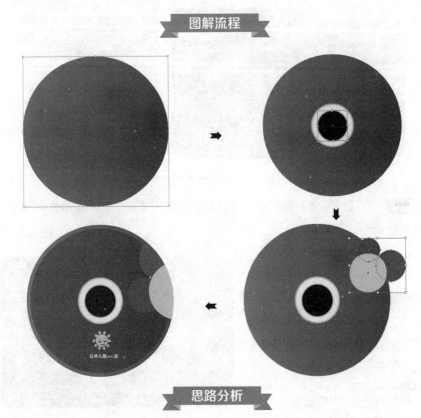

思路分析

儿童产品要针对儿童的爱好和特点，色彩简单鲜明，主题突出。制作儿歌网盘的具体操作方法如下。

本例首先使用【矩形工具】■绘制图形。添加花边素材后，制作剪切蒙版效果；添加小鸟素材后，通过图层混合统一色调，最后添加字母和文字，完成制作。

关键步骤

关键步骤 01　选择【椭圆工具】◉，在面板中拖动创建圆形。在【渐变】面板中，设置渐变色为浅蓝色"#5E97D1"、蓝色"#2955A5"，如图9-81所示。渐变填充效果如图9-82所示。

关键步骤 02　按【Ctrl+C】组合键复制图形，按【Shift+Ctrl+V】组合键就地粘贴图形，并同比缩小图形，如图9-83所示。

关键步骤 03　设置【填充】为白色，【描边】为灰色"#CBCCCC"，【描边】粗细为"4pt"，如图9-84所示。

关键步骤 04　复制白圆，适当缩小图形，并将其填充为黑色，更改描边粗细为

"3pt"，如图 9-85 所示。

图 9-81　【渐变】面板

图 9-82　渐变填充效果

图 9-83　复制缩小图形

图 9-84　填充白色

图 9-85　填充黑色

关键步骤 05　使用【椭圆工具】 ◔ 绘制几个小圆，如图 9-86 所示。分别填充为黄色"#CCDB33"、红色"#D12719"、紫色"#5B4D9D"，效果如图 9-87 所示。同时选中 3 个小圆，按【Ctrl+G】组合键创建编组，如图 9-88 所示。

图 9-86　绘制小圆

图 9-87　填充小圆

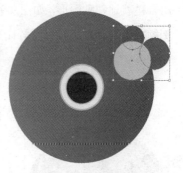

图 9-88　创建编组

关键步骤 06　选中蓝色大圆，按【Ctrl+C】组合键复制图形，按【Shift+Ctrl+V】组合键就地粘贴图形，如图 9-89 所示。同时选中所有图形，如图 9-90 所示。执行【对象】→【剪切蒙版】→【建立】命令，创建剪切蒙版，如图 9-91 所示。

关键步骤 07　执行【对象】→【剪切蒙版】→【编辑内容】命令，适当旋转小圆，如图 9-92 所示。打开"网盘＼素材文件＼第 9 章＼太阳 .ai"，将其复制粘贴到当前文件中，移动到适当位置，如图 9-93 所示。

图 9-89　复制粘贴大圆　　　　图 9-90　选中所有图形　　　　图 9-91　创建剪切蒙版

关键步骤 08　　使用【文字工具】Ｔ输入文字，在选项栏中，设置【字体】为"方正少儿简体"，字体【大小】为"12pt"，如图 9-94 所示。

图 9-92　旋转小圆　　　　图 9-93　添加太阳素材　　　　图 9-94　添加文字

关键步骤 09　　选中蓝色大圆，按【Ctrl+C】组合键复制图形，按【Shift+Ctrl+V】组合键就地粘贴图形，如图 9-95 所示。执行【对象】→【变换】→【缩放】命令，打开【比例缩放】对话框，设置【等比】缩放为 95%，单击【确定】按钮，如图 9-96 所示。效果如图 9-97 所示。

图 9-95　复制图形　　　　图 9-96　【比例缩放】对话框　　　　图 9-97　比例缩放效果

关键步骤 10 在【透明度】面板中，设置混合模式为【正片叠底】，如图 9-98 所示。效果如图 9-99 所示。

图 9-98 【透明度】面板   图 9-99 混合效果

关键步骤 11 在【图层】面板中，选中最上方的蓝色路径，将蓝色路径拖动到下方，如图 9-100 所示。最终效果如图 9-101 所示。

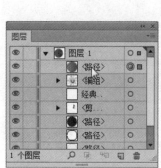

图 9-100 调整图层顺序   图 9-101 最终效果

知识能力测试

本章讲解了图层、图层蒙版和图稿链接的基本方法，为对本章知识进行巩固和考核，布置相应的练习题（答案见网盘）。

一、填空题

1. 【透明度】面板用于设置对象的_____和_____，还可以创建不透明度蒙版和挖空效果。

2. 使用不透明度蒙版，可以更改底层对象的不透明度。蒙版对象定义了_____和_____，可以将任何着色或栅格图像作为蒙版对象。

3. 链接图像时，源文件更改文档时，单击_____，Illustrator CS6 中的嵌入文档也会随之更新。

二、选择题

1. 在默认情况下，图层缩览图以（　　）尺寸显示，在【图层】快捷菜单中，选择【面板选项】命令，弹出【图层面板选项】对话框，在【行大小】栏中启用不同的选项能得到不同尺寸的图层缩览图。

　　A. 中　　　　　　　　B. 大　　　　　　　C. 小　　　　　　　D. 超大

2. 在【图层】面板快捷菜单中，选择（　　）命令，可以将面板中的所有图层合并为一个图层。

　　A.【切换可视性】　　　　　　　　　B.【拼合图稿】

　　C.【切换不可视性】　　　　　　　　D.【眼睛】

3. 要停用蒙版，在【图层】面板中定位被蒙版对象，然后按住（　　）键并单击【透明度】面板中蒙版对象的缩览图，或者从【透明度】面板快捷菜单中选择【停用不透明度蒙版】命令，临时显示被蒙版对象。

　　A.【Shift】　　　　　　B.【Ctrl】　　　　　　C.【Alt】　　　　　　D.【Tab】

三、简答题

1. 什么是混合色和基色？

2. 如何取消剪切蒙版？

CS6
ILLUSTRATOR

第 10 章
效果、风格化和滤镜的应用

本章导读

学会图层和蒙版编辑后，下一步需要学习图形效果、风格化和滤镜的应用方法和技巧，通过这些功能的应用使大家更加快速地制作出绚丽的图像效果。本章将详细介绍效果应用、外观属性、样式添加和滤镜艺术。

学习目标

- 熟练掌握创建 3D 艺术效果
- 熟练掌握管理与设置艺术效果
- 熟练掌握滤镜艺术效果

10.1 创建 3D 艺术效果

使用 3D 命令，可以将二维对象转换为三维效果，并且可以通过改变高光方向、阴影、旋转及更多的属性来控制 3D 对象的外观。

10.1.1 创建立体效果

使用【凸出和斜角】命令可以将一个二维对象沿 Z 轴拉伸成三维对象，是通过挤压的方法为路径增加厚度来创建立体对象的，具体操作步骤如下。

步骤 01 选择需要创建 3D 艺术效果的对象，如图 10-1 所示。

步骤 02 执行【效果】→【3D】→【凸出和斜角】命令，弹出【3D 凸出和斜角选项】对话框，使用默认参数设置，单击【确定】按钮，如图 10-2 所示。创建 3D 艺术效果，如图 10-3 所示。

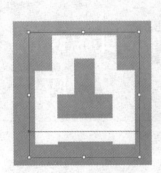  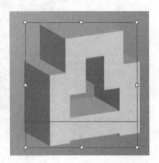

图 10-1　选择对象　　图 10-2　【3D 凸出和斜角选项】对话框　　图 10-3　3D 艺术效果

1. 旋转角度

在【3D 凸出和斜角选项】对话框的【位置】栏中，可以设置立体图形的旋转选项。在【位置】选项下拉列表框中，可以选择系统预设的角度，也可以自定义旋转角度。直接拖动预览窗口内的模拟立方体可以直接设置旋转角度，如图 10-4 所示。

 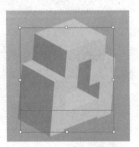  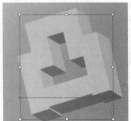

图 10-4　调整旋转角度

在【指定绕 X 轴旋转】、【指定绕 Y 轴旋转】和【指定绕 Z 轴旋转】文本框中可以直接输入旋转角度。

2．透视

在【透视】文本框中输入数值，可以设置对象透视效果，使其立体感更加真实，如图 10-5 所示。未设置透视的立体对象和设置透视的立体对象效果会各不相同。

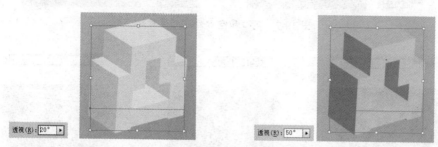

图 10-5　透视 20° 和 50° 效果对比

10.1.2　设置凸出和斜角

在【3D 凸出和斜角选项】对话框的【凸出和斜角】栏中，包括【凸出厚度】【端点】【斜角】和【高度】4 个选项，可以设置更多 3D 属性，下面分别对其进行介绍。

1．凸出厚度

凸出厚度是用来设置对象沿 Z 轴挤压的厚度，该值越大，对象的厚度越大；其中，不同厚度参数的同一对象挤压效果不同，如图 10-6 所示。

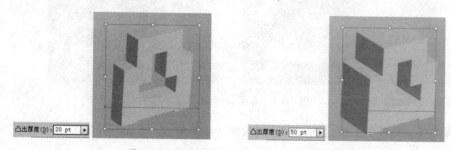

图 10-6　凸出厚度 20pt 和 50pt 效果对比

2．端点

端点用于指定显示的对象是实心（开启端点以建立实心外观）还是空心（关闭端点以建立空间外观）对象。在对话框中，单击不同功能按钮，其显示效果也不一样，如图 10-7 所示。

3．斜角

斜角是沿对象的深度轴（Z 轴）应用所选类型的斜角边缘。在该选项下拉列表框中选择一个斜角形状，可以为立体对象添加斜角效果，如图 10-8 所示。在默认情况下，【斜角】选项为"无"。

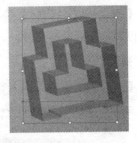

图 10-7 实心和空心外观效果对比

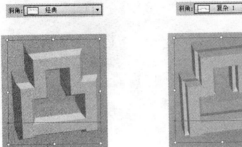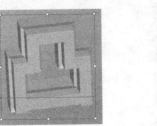

图 10-8 不同斜角效果对比

4．高度

对立体对象添加斜角效果后，可以在【高度】文本框中输入参数，设置斜角的高度，如图 10-9 所示。

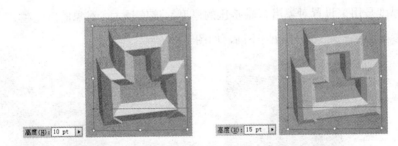

图 10-9 高度 10pt 和 15pt 对比

单击【斜角外扩】按钮，可在对象原大小的基础上增加部分像素形成斜角效果；单击【斜角内缩】按钮，则从对象上部切除部分形成斜角，如图 10-10 所示。

图 10-10 斜角外扩和斜角内缩效果对比

10.1.3 设置表面

在【3D 凸出和斜角选项】对话框中，还可以设置表面效果及添加与修改光源。单击【更多选项】按钮，在该对话框中显示【表面】选项组和【光源设置】选项。

1. 设置表面格式

在【表面】下拉列表中提供了 4 种不同的表面模式。【线框】模式下，显示对象的几何形状轮廓；【无底纹】模式下显示立体的表面属性，但保留立体的外轮廓；【扩散底纹】模式使对象以一种柔和、扩散的方式反射光；而【塑料效果底纹】模式，会使对象模拟塑料的材质及反射光效果，如图 10-11 所示。

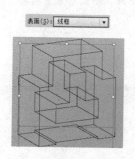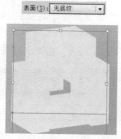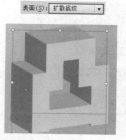

图 10-11　设置表面格式效果对比

2. 添加与修改光源

将对象表面效果设置为【扩散底纹】或【塑料效果底纹】时，可以在对象上添加光源，从而创建更多光影变化，使其立体效果更加真实。

在光源预览框中，默认情况下只有一个光源，如图 10-12 所示。选中光源，按住鼠标左键拖动可以调整光源位置，如图 10-13 所示。

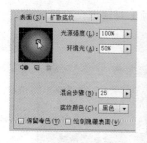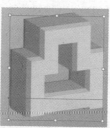
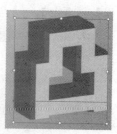

图 10-12　默认光源　　　　　　图 10-13　调整光源位置

单击预览框下【新建光源】按钮，可添加一个新光源，如图 10-14 所示。单击【删除光源】按钮，可以删除当前所选光源；单击【将所选光源移到对象前面】按钮，可切换光源在物体下的前后位置，如图 10-15 所示。

【表面】选项组参数含义如图 10-16 所示。

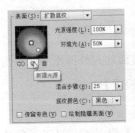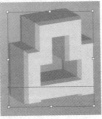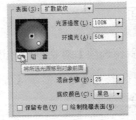

图 10-14 新建光源   图 10-15 切换前后位置

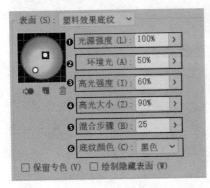

图 10-16 【表面】选项组

❶ 光源强度	更改选定光源的强度，强度值为 0% ~ 100%，参数值越大，灯光强度越大	
❷ 环境光	设置周围环境光强度，影响对象表面整体亮度	
❸ 高光强度	设置高光区域亮度，默认值为 60%，取值越大，高光点越亮	
❹ 高光大小	设置高光区域范围大小，取值越大，高光的范围也就越大	
❺ 混合步骤	设置对象表面色彩变化程度，取值越大，色彩变化效果越细腻	
❻ 底纹颜色	设置对象暗部的颜色，默认为"黑色"，包括"无""黑色"和"自定"3 种	

3. 设置贴图

在【3D 凸出和斜角选项】对话框中，单击【贴图】按钮，弹出【贴图】对话框，通过该对话框可将符号或指定的符号添加到立体对象的表面上，具体操作步骤如下。

步骤 01 打开"网盘\素材文件\第 10 章\积木 .ai"，如图 10-17 所示。执行【效果】→【3D】→【凸出和斜角】命令，弹出【3D 凸出和斜角选项】对话框，设置参数，单击左下方的【贴图】按钮，如图 10-18 所示。

图 10-17 打开积木素材

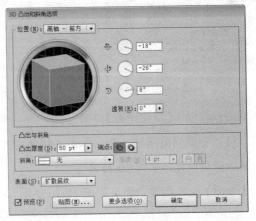

图 10-18 【3D 凸出和斜角选项】对话框

步骤02　在打开的【贴图】对话框中的【符号】下拉列表中，选择【矢量污点】选项，单击【缩放以适合】按钮，如图10-19所示。返回【3D凸出和斜角选项】对话框，单击【确定】按钮得到贴图效果，如图10-20所示。

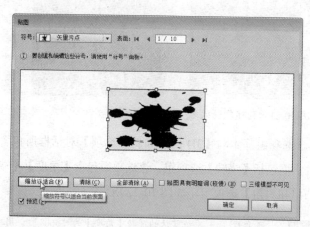

图10-19　【贴图】对话框

图10-20　贴图效果

温馨提示
　　要在【符号】下拉列表中选择想要的符号，首先必须在【符号】面板中载入要使用的符号或自定义符号。

　　立体对象由多个表面组成，如六边形对象的立体效果有8个表面，可将符号贴到立体对象的每个表面上，单击【表面】选项后面的三角按钮，可选择立体图形的不同表面；然后在【符号】下拉列表中可选择一个符号图案添加到当前的立体表面中。

　　在【贴图】对话框中添加符号对象后，还可以通过以下选项调整符号对象在立体对象中的显示效果。

　　（1）缩放以适合：单击【缩放以适合】按钮，可使选择的符号适合所选表面的边界。

　　（2）清除贴图：单击【清除】按钮或【全部清除】按钮可以清除当前所选表面或所有表面的贴图符号。

　　（3）贴图具有明暗调：选中【贴图具有明暗调（较慢）】复选框，可使添加的符号与立体表面的明暗保持一致。

　　（4）三维模型不可见：显示作为贴图的符号，而不显示立体对象的外形。

4. 创建绕转效果

　　选择图形后，执行【效果】→【3D】→【绕转】命令，可以为图形对象添加立体效果。该命令是围绕全局 Y 轴（绕转轴）绕转一条路径或剖面，使其做圆周运动。由于绕转轴是垂直固定的，因此用于绕转的路径应为所需立体对象面向正前方时垂直剖面的一半，如图10-21所示。

 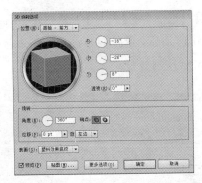 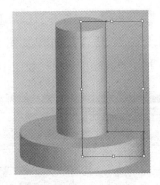

图 10-21　创建绕转效果

　　【3D 绕转选项】对话框所包含选项组基本与【3D 凸出和斜角选项】对话框所包含的选项组相同，唯一不同的是该对话框包括【绕转】选项组，该选项组包含【角度】【端点】【位移】等选项，而没有【凸出和斜角】选项组，如图 10-22 所示。

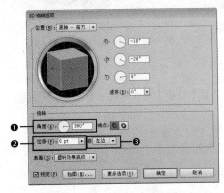

图 10-22　【3D 旋转选项】对话框

❶ 角度	系统默认的绕转【角度】为"360°"，用来设置对象的环绕角度。如果角度值小于360°，则对象会出现断面	
❷ 位移	【位移】选项是在绕转轴与路径之间添加的距离，默认参数值为"0pt"，该参数值越大，对象偏离轴中心越远	
❸ 指定旋转轴	该选项用来设置对象绕之转动的轴，可以是"左边缘"，也可以是"右边缘"，需根据创建绕转图形来选择"左边"还是"右边"，否则会产生错误结果	

5．创建旋转效果

　　【旋转】效果可以将图形对象在模拟的三维空间中旋转，使其产生透视效果。被旋转对象可以是平面图形，也可以是由【凸出和斜角】或【绕转】命令生成的 3D 对象。

　　选中图形对象后，执行【效果】→【3D】→【旋转】命令，在【3D 旋转选项】对话框中设置参数，得到旋转效果，如图 10-23 所示。

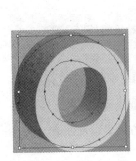 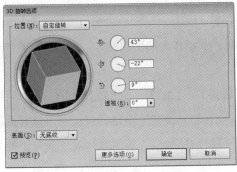 

图 10-23　创建旋转效果

课堂范例——绘制简易沙发床

步骤 01 选择工具箱中的【矩形工具】 ▣，在面板中单击，在弹出的【矩形】对话框中，设置【宽度】为"100px"，【高度】为"30px"，单击【确定】按钮，如图 10-24 所示。

步骤 02 通过前面的操作绘制矩形，填充颜色为黄色"#F7E00D"，如图 10-25 所示。

图 10-24 【矩形】对话框

图 10-25 绘制矩形

步骤 03 选择工具箱中的【圆角矩形工具】 ▣，在面板中单击，在弹出的【圆角矩形】对话框中，设置【宽度】为"23px"，【高度】为"55px"，【圆角半径】为"14px"，单击【确定】按钮，如图 10-26 所示。

步骤 04 通过前面的操作绘制圆角矩形，填充颜色为黄色"#F7E00D"，如图 10-27 所示。

图 10-26 【圆角矩形】对话框

图 10-27 绘制圆角矩形

步骤 05 按住【Alt】键，向右侧拖动鼠标，复制圆角矩形如图 10-28 所示。同时选中所有图形，如图 10-29 所示。

图 10-28 复制圆角矩形

图 10-29 选中所有图形

步骤 06 在【路径查找器】面板中，单击【联集】按钮 ▣，如图 10-30 所示。同时选中所有图形，合并图形，如图 10-31 所示。

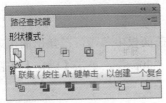
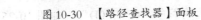

图 10-30 【路径查找器】面板

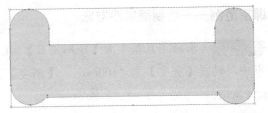

图 10-31 合并图形

步骤 07 执行【效果】→【3D】→【凸出和斜角】命令，弹出【3D 凸出和斜角选项】对话框，设置【位置】为"等角 - 左方"，【凸出厚度】为"100pt"，【斜角】为"圆形"，单击【确定】按钮，如图 10-32 所示。得到 3D 效果，如图 10-33 所示。

图 10-32 【3D 凸出和斜角选项】对话框

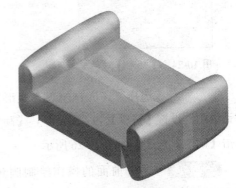

图 10-33 3D 效果

步骤 08 选择【圆角矩形工具】绘制圆角矩形，填充黄色如图 10-34 所示。

步骤 09 执行【效果】→【3D】→【凸出和斜角】命令，弹出【3D 凸出和斜角选项】对话框，设置【位置】为"等角 - 左方"，【凸出厚度】为"20pt"，【斜角】为"拱形"，单击【确定】按钮，如图 10-35 所示。

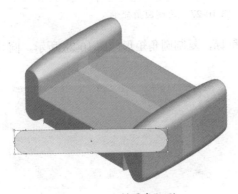

图 10-34 绘制圆角矩形

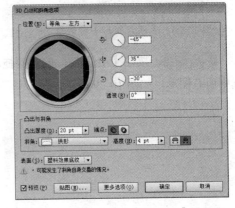

图 10-35 【3D 凸出和斜角选项】对话框

步骤 10 通过前面的操作得到 3D 效果，如图 10-36 所示。按住【Alt】键，向右侧拖动鼠标，复制 3D 图形，如图 10-37 所示。

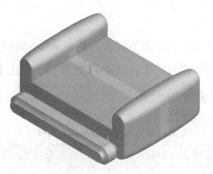
图 10-36　3D 效果

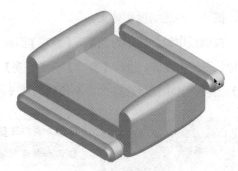
图 10-37　复制 3D 图形

步骤 11　在【图层】面板中，拖动调整图层顺序，如图 10-38 所示。

图 10-38　调整图层顺序

步骤 12　调整图层顺序后，得到图形效果如图 10-39 所示。对图层位置进行微调，得到最终效果，如图 10-40 所示。

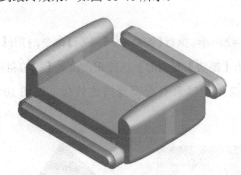
图 10-39　调整图层顺序效果

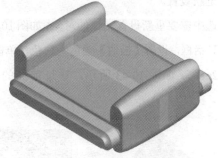
图 10-40　图层位置微调

管理与设置艺术效果

在制图过程中可以更加快速地为图形添加艺术效果，本节将介绍外观、样式与效果的应用方法和技巧，其中包括【外观】面板的相关设置和操作过程。

10.2.1　【外观】面板

外观属性是一组在不改变对象形状的前提下影响对象外观的属性。外观属性包括填色、描边、不透明度和效果。

在面板中绘制图形对象后,【外观】面板中自动显示该图形对象的基本属性,如填色、描边、不透明度等,执行【窗口】→【外观】命令,或者按【Shift+F6】组合键,弹出【外观】面板,其中面板底部的各个按钮名称及作用如图 10-41 所示。

图 10-41 【外观】面板

❶ 添加新描边	单击该按钮可为对象添加描边属性
❷ 添加新填色	单击该按钮可为对象添加填色属性
❸ 添加新效果	单击该按钮会弹出效果选项
❹ 清除外观	单击该按钮,可以清除选中对象的所有属性
❺ 复制所选项目	单击该按钮,可复制所选属性
❻ 删除所选项目	单击该按钮,可删除所选属性

10.2.2 编辑外观属性

【外观】面板除了显示基本属性外,当为图形对象添加效果滤镜时,同样显示在该面板中。在面板中不仅能够重新设置所有属性的参数,还可以复制该属性到其他对象中,或者隐藏某属性,使对象显示不同的效果。

1. 重新设置对象属性

在绘制图形对象后,可以在属性栏中更改对象的填色与描边属性,还可以通过【外观】面板重新设置。

选中需要重新设置属性的对象,如图 10-42 所示。执行【窗口】→【外观】命令,打开【外观】对话框,设置【描边】颜色为白色,单击【描边】右侧的下拉按钮,设置【描边粗细】为"2pt",如图 10-43 所示。通过前面的操作为对象重新设置描边效果,如图 10-44 所示。

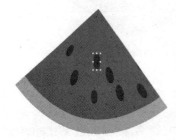

图 10-42 选择图形

图 10-43 【外观】面板

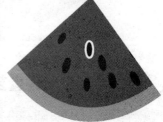

图 10-44 描边效果

2. 复制属性

在【外观】面板中选中某属性,并将其拖至面板底部的【复制所选项目】按钮上,即可复制该项属性。

当面板中存在两个不同属性的图形对象时，选中其中一个，如图 10-45 所示。在【外观】面板中单击并拖动缩览图至另一个对象中，如图 10-46 所示。即可将该对象属性复制到上述对象中，如图 10-47 所示。

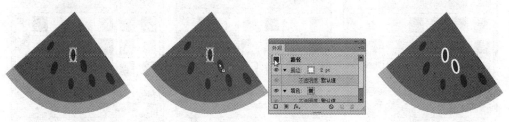

图 10-45　选择图形　　　　　图 10-46　拖动缩览图　　　　　图 10-47　快速复制属性

3．隐藏属性

一个对象不仅能够包含多个【填色】与【描边】属性，还可以包含多个效果。当【外观】面板中存在多个属性时，可以通过单击属性左侧的【单击以切换可视性】图标 ，隐藏显示在下方的属性。

10.2.3 图形样式的应用

图形样式是一组可以反复使用的外观属性，用户可以快速将图形样式应用于对象、组和图层中。

1．【图形样式】面板的使用

使用【图形样式】面板可以创建、命名和应用外观属性集。执行【窗口】→【图形样式】命令，或者按【Shift+F5】组合键，弹出【图形样式】面板，在面板中会列出一组默认的图形样式，如图 10-48 所示。单击面板右上方的 按钮，会弹出【图形样式】快捷菜单，如图 10-49 所示。

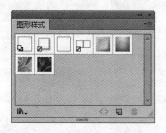

图 10-48　【图形样式】面板

图 10-49　【图形样式】快捷菜单

单击面板底部的【图形样式库菜单】按钮▥▾，能够弹出一个样式命令面板，选择任何一个命令均能打开相应的样式面板，如图 10-50 所示。

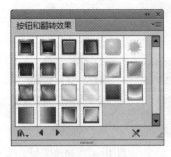
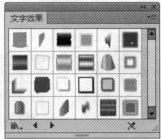
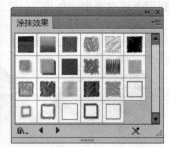

图 10-50　其他样式面板

2．【图形样式】面板的使用

用户可以将样式应用于对象、组和图层中，将图形样式应用于组或图层时，组和图层内的所有对象都将具有样式的属性，具体操作方法如下。

选中要应用图形样式的对象，单击面板中的某个样式缩览图即可，如图 10-51 所示。

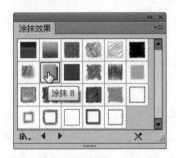

图 10-51　应用图形样式

3．创建图形样式

在【图形样式】面板中除了预设的类型样式外，还可以将现有对象中的效果存储为图形样式，以方便以后的应用，具体操作方法如下。

选中需要创建图形样式的对象。单击【图形样式】面板底部的【新建图形样式】按钮▥，或者将对象直接拖曳至【图形样式】面板中，均能够创建图形样式，如图 10-52 所示。

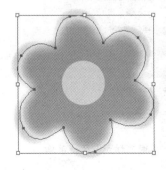
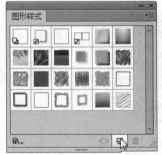

图 10-52　创建图形样式

温馨提示　当没有选中任何对象时，或者在空白文档中单击【图形样式】面板底部的【新建图形样式】按钮，将会按照工具箱中的【填充】和【描边】设置来创建图形样式。

课堂范例——绘制眼球效果

步骤 01　选择工具箱中的【椭圆工具】，拖动鼠标绘制圆形，如图 10-53 所示。在【渐变】面板中，设置【类型】为"径向"，渐变色为白色"#FEFFFF"、浅灰色"#D1D2D4"、灰色"#716F53"、灰色"#B5B5A9"，如图 10-54 所示。渐变填充效果如图 10-55 所示。

图 10-53　绘制圆形　　　　图 10-54　【渐变】面板　　　图 10-55　渐变填充效果

步骤 02　使用【椭圆工具】绘制圆形，如图 10-56 所示。在【渐变】面板中，设置【类型】为"径向"，渐变色为浅绿色"#B3D56F"、青色"#00B38D"、绿色"#004221"、浅青色"#09B14B"，如图 10-57 所示。渐变填充效果如图 10-58 所示。

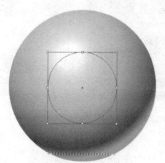 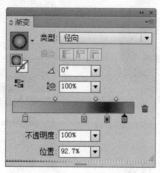 

图 10-56　绘制圆形　　　　图 10-57　【渐变】面板　　　图 10-58　渐变填充效果

步骤 03　在【图形样式】面板中，单击左下方的【图形样式库菜单】按钮，如图 10-59 所示。在打开的快捷菜单中，选择【按钮和翻转效果】命令，如图 10-60 所示。在【按钮和翻转效果】面板中，选择【气泡】效果，如图 10-61 所示。

步骤 04　通过前面的操作，得到气泡效果如图 10-62 所示。缩小气泡后填充绿色"#0A582C"，如图 10-63 所示。使用【椭圆工具】绘制圆形，填充黑色"#000000"，如图 10-64 所示。

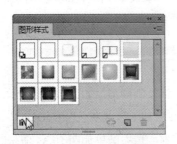

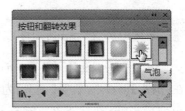

图 10-59 【图形样式】面板　图 10-60 【图形样式】快捷菜单　图 10-61 选择【气泡】效果

图 10-62 气泡效果　　　　图 10-63 填充绿色　　　　图 10-64 绘制黑圆

步骤 05　使用【钢笔工具】 ✐ 绘制自由图形，如图 10-65 所示。在【渐变】面板中，设置【类型】为"线性"，渐变色为白色"#FFFFFF"、浅绿色"#84BB9F"，如图 10-66 所示。

图 10-65 绘制自由图形　　　　图 10-66 【渐变】面板

10.3　风格化和滤镜效果

在 Illustrator CS6 中，可以为图形对象添加各种艺术效果，还可以为图形对象设置各种风格化效果，从而为矢量图形赋予位图各种效果。

10.3.1 使用效果改变对象形状

在【效果】菜单中，上半部分的效果是矢量效果，下半部分的效果为位图效果，但是部分效果命令可同时应用于矢量和位图格式图片。

【效果】菜单中的【变形】命令和【扭曲和变换】命令与编辑图形对象中的变形与变换效果相似，但前者是通过改变图形形状创建的效果，后者则是在不改变图形基本形状的基础上进行变换的。

1．【变形】命令

【变形】命令用于扭曲或变形对象，应用范围包括路径、文本、网格、混合及位图图像。执行【效果】→【变形】命令，弹出【变形】对话框，在对话框中选择需要的预设效果即可，完成设置后，单击【确定】按钮，即可为对象添加变形效果。

2．【扭曲和变换】命令

使用【扭曲和变换】菜单中的命令可以快速改变矢量对象的形状，如原图、扭拧、收缩和膨胀、粗糙化的对比效果如图 10-67 所示。它们与使用【液化工具】组中的工具编辑对象得到的效果相似，但它们是在不改变图形对象路径的基础上进行变形的。

图 10-67　原图、扭拧、收缩和膨胀、粗糙化的对比效果

3．转换为形状

执行【效果】→【转换为形状】命令，在打开的子菜单中选择相应的命令，分别可以将矢量对象的形状转换为矩形、圆角矩形或椭圆，如图 10-68 所示。

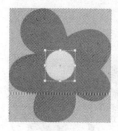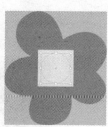

图 10-68　转换为形状效果

10.3.2 风格化效果

使用【风格化】子菜单中的命令，可以为对象添加箭头、投影、圆角、羽化边缘、发光及涂抹风格的外观，发光、投影、涂抹风格和羽化边缘效果如图 10-69 所示。

图 10-69　风格化效果

课堂范例——制作卡通徽章

步骤 01　打开"网盘\素材文件\第 10 章\卡通女孩 .ai"，如图 10-70 所示。

步骤 02　选择工具箱中的【矩形工具】■，拖动绘制矩形，为绘制的矩形填充绿色"#13AD67"，如图 10-71 所示。

图 10-70　打开素材

图 10-71　绘制矩形

步骤 03　执行【效果】→【扭曲和变换】→【波纹效果】命令，打开【波纹效果】对话框，设置【大小】为"4mm"，【每段的隆起数】为"97"，单击【确定】按钮，如图 10-72 所示，效果如图 10-73 所示。

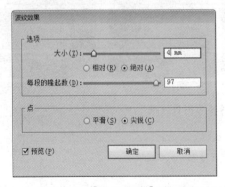

图 10-72　【波纹效果】对话框

图 10-73　波纹效果

步骤 04　复制并就地粘贴矩形，如图 10-74 所示。执行【效果】→【转换为形状】→

【椭圆】命令，在【形状选项】对话框中，设置【额外宽度】和【额外高度】均为"1mm"，
单击【确定】按钮，如图 10-75 所示，效果如图 10-76 所示。

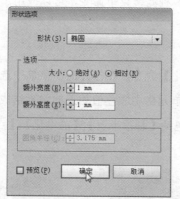

图 10-74　复制粘贴矩形　　　图 10-75　【形状选项】对话框　　　图 10-76　转换形状效果

步骤 05　为圆形填充黄色"#FFF000"，效果如图 10-77 所示。拖动绿色图形角
点适当旋转图形，效果如图 10-78 所示。

图 10-77　填充颜色　　　　　　　　图 10-78　旋转图形效果

步骤 06　执行【效果】→【扭曲和变换】→【扭转】命令，打开【扭转】对话框，
设置【角度】为"180°"，单击【确定】按钮，如图 10-79 所示，效果如图 10-80 所示。

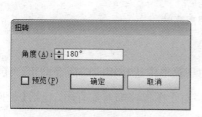

图 10-79　【扭转】对话框　　　　　　图 10-80　扭转效果

10.3.3 滤镜效果应用

在【效果】菜单中包括多种滤镜菜单命令,可以应用于位图和矢量图形,下面将介绍一些常用的滤镜效果。

1.【像素化】效果组

执行【效果】→【像素化】命令,在打开的子菜单中选择相应的命令即可,【像素化】滤镜组中的滤镜通过使单元格中颜色值相近的像素结成块来清晰地定义一个选区,从而组成不同的图像效果,包括【彩色半调】【晶格化】【点状化】【铜版雕刻】命令,如图 10-80 所示。

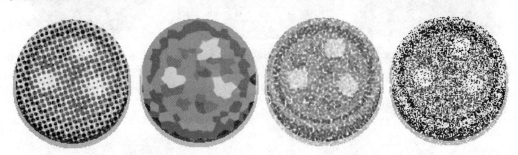

图 10-81　像素化效果

2.【扭曲】效果组

执行【效果】→【扭曲】命令,在打开的子菜单中选择相应的命令即可,【扭曲】滤镜组中的滤镜命令可以将图像进行几何扭曲,包括【扩散亮光】【玻璃】和【海洋波纹】命令,如图 10-82 所示。

图 10-82　扭曲效果

3.【模糊】效果组

执行【效果】→【模糊】命令,在打开的子菜单中选择相应的命令即可,【模糊】滤镜组中的滤镜命令可以柔化选区或整个图像,对于图像修饰非常有用,包括【径向模糊】【特殊模糊】【高斯模糊】命令,如图 10-83 所示。

图 10-83　模糊效果

4. 【画笔描边】效果组

执行【效果】→【画笔描边】命令，在打开的子菜单中选择相应的命令即可，【画笔描边】滤镜使用不同的画笔和油墨描边效果创造出绘画效果的外观，包括【成角的线条】【墨水轮廓】【喷溅】等命令，如图 10-84 所示。

图 10-84　画笔描边效果

5. 【素描】效果组

执行【效果】→【素描】命令，在打开的子菜单中选择相应的命令即可。【素描】滤镜组可以将图像转换为绘画效果，使图像看起来像是用钢笔或木炭绘制的。适当设置钢笔的粗细和前景色、背景色，可以得到更真实的效果。该滤镜组中的滤镜都是用前景色代表暗部，背景色代表亮部，因此颜色的设置会直接影响到滤镜的效果，如图 10-85 所示。

图 10-85　素描效果

6.【纹理】效果组

执行【效果】→【纹理】命令，在打开的子菜单中选择相应的命令即可，【纹理】滤镜组可以为图像添加特殊的纹理质感，包括【龟裂缝】【颗粒】【马赛克拼贴】【拼缀图】【染色玻璃】【纹理化】6 个滤镜命令。

7.【艺术效果】效果组

执行【效果】→【艺术效果】命令，在打开的子菜单中选择相应的命令即可，使用【艺术效果】滤镜组中的命令可以使一幅普通的图像具有艺术风格的效果，且绘画形式多样，包括油画、水彩画、铅笔画、粉笔画、水粉画等不同的艺术效果，如图 10-86 所示。

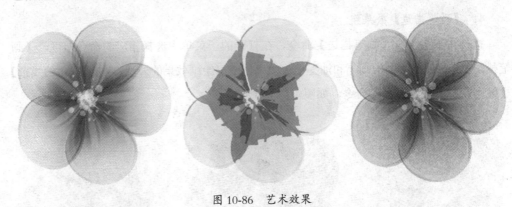

图 10-86　艺术效果

8.【视频】效果组

执行【效果】→【视频】命令，在打开的子菜单中选择相应的命令即可，【视频】滤镜组中的滤镜命令主要用于控制视频输入和输出，它们主要用于处理从摄像机输入图像或将图像输出到录像带上，包括【NTSC 颜色】和【逐行】两个滤镜命令。

9.【风格化】效果组

【风格化】滤镜组中包括【照亮边缘】命令。执行【滤镜】→【照亮边缘】命令即可，【照亮边缘】滤镜可以描绘颜色的边缘，并向其添加类似霓虹灯照的边缘光亮。此滤镜可多次使用，以加强边缘光亮效果。

课堂范例——打造涂鸦效果

步骤 01　打开"网盘 \ 素材文件 \ 第 10 章 \ 线条画 .ai"，如图 10-87 所示。使用【选择工具】选中背景图形，如图 10-88 所示。

步骤 02　执行【效果】→【画笔描边】→【成角的线条】命令，打开【成角的线条】对话框，在右侧设置【方向平衡】为"50"，【描边长度】为"15"，【锐化程度】为"3"，单击【确定】按钮，如图 10-89 所示。通过前面的操作得到画笔描边的效果，如图 10-90 所示。

图 10-87　打开素材

图 10-88　选中背景图形

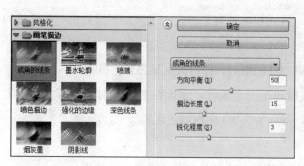

图 10-89　设置画笔描边

图 10-90　画笔描边效果

步骤 03　复制粘贴人物图形，如图 10-91 所示。执行【效果】→【画笔描边】→【烟灰墨】命令，打开【烟灰墨】对话框，在右侧设置【描边宽度】为 "10"，【描边压力】为 "2"，【对比度】为 "16"，单击【确定】按钮，如图 10-92 所示。

图 10-91　复制粘贴图形

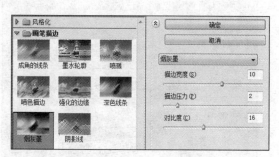

图 10-92　设置烟灰墨效果

步骤 04　通过前面的操作得到烟灰墨效果，如图 10-93 所示。在【透明度】面板中，设置混合模式为【颜色减淡】，如图 10-94 所示。最终效果如图 10-95 所示。

图 10-93　烟灰墨效果　　　图 10-94　【透明度】面板　　　图 10-95　最终效果

课堂问答

通过本章的讲解，大家对效果、样式和滤镜有了一定的了解，下面列出一些常见的问题供大家学习参考。

问题①：通过【绕转】命令创建 3D 图形时，速度太慢是怎么回事？

答：由于图形对象中的填充与描边是两个属性，因此在对图形对象执行【绕转】命令时，清除图形复制的描边效果，可以加快 3D 图形创建速度。

问题②：如何将图形转换为图像？

答：在 Illustrator CS6 中，可以将图形转换为图像，具体操作方法如下。

选择图形后，执行【效果】→【栅格化】命令，弹出【栅格化】对话框，在【颜色模式】下拉列表中，可以选择转换的颜色模式，包括 RGB、灰度和位图，如选择【RGB】选项，设置其他参数后，单击【确定】按钮，如图 10-96 所示。通过前面的操作将图形转换为图像，如图 10-97 所示。

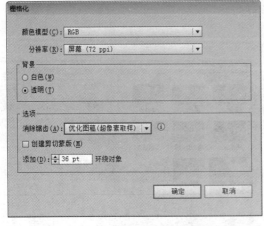

图 10-96　【栅格化】对话框　　　　　　图 10-97　栅格化效果

问题③：完成效果设置之前，可以预览效果吗？

答：在对图形进行效果编辑时，可以在【编辑】窗口中看到预览效果，具体操作方法如下。

选择图形，如图 10-98 所示。执行【效果】→【风格化】→【投影】命令，在打开的【投影】对话框中，选中左下方的【预览】复选框，即可在编辑窗口中看到预览效果，如图 10-99 所示。

图 10-98　选择图形

图 10-99　预览投影效果

上机实战——制作放灯泡的小女孩

为了让大家巩固本章知识点，下面讲解一个技能综合案例，使大家对本章的知识有更深入的了解。

效果展示

图 10-100　效果展示

思路分析

儿童都喜欢放风筝，你见过放灯泡的儿童吗？下面介绍如何制作放灯泡的小女孩效果。

本例首先制作蓝天、白云和草地等场景，然后绘制灯泡和线条效果，最后添加黑色叠加图层，调整图形对比度，完成整体制作。

制作步骤

步骤 01　使用【矩形工具】□绘制矩形，在【渐变】面板中，设置【类型】为"线性"，【角度】为"-90°"，渐变色为青色"#83D7F0"、浅青色"#92D9EE"、白色"#FFFFFF"，如图 10-101 所示。

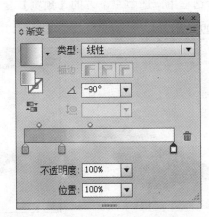

图 10-101　绘制矩形并填充渐变色

步骤 02　使用【椭圆工具】○绘制 3 个圆形并填充白色"#FFFFFF"，如图 10-102 所示。同时选中 3 个圆，在【路径查找器】面板中，单击【联集】按钮□，如图 10-103 所示。

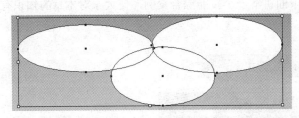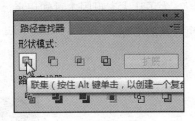

图 10-102　绘制圆形　　　　　　　　　图 10-103　【路径查找器】面板

步骤 03　通过前面的操作得到组合图形，如图 10-104 所示；使用相似的方法绘制其他白云图形，如图 10-105 所示。

图 10-104　组合图形　　　　　　　　　图 10-105　绘制其他白云图形

步骤 04　使用【钢笔工具】☑绘制路径，在【渐变】面板中，设置【类型】为"线性"，

【角度】为"-90°",渐变色为浅绿色"#e2ef7c"、绿色"# c4e13f"、深绿色"#a9c72f",如图 10-106 所示。

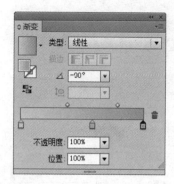

图 10-106　绘制路径并填充渐变色

步骤 05　双击【镜像工具】，在打开的【镜像】面板中，选中【垂直】单选按钮，单击【复制】按钮，如图 10-107 所示。通过前面的操作得到镜像效果，如图 10-108 所示。

图 10-107　【镜像】面板　　　　　　图 10-108　镜像效果

步骤 06　在【渐变】面板中，调整渐变色标为浅绿色"#f8ff43"、绿色"#b0d03b"、深绿色"#86b82b"，如图 10-109 所示。效果如图 10-110 所示。同时选中白云和草坪图形，按【Ctrl+G】组合键创建编组，如图 10-111 所示。

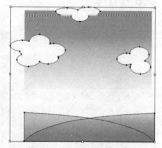

图 10-109　【渐变】面板　　　图 10-110　渐变效果　　　图 10-111　创建编组

步骤 07　选中背景图形，按【Ctrl+C】组合键复制图形，按【Shift+Ctrl+V】组合

键就地粘贴图形，如图 10-112 所示。选中编组和复制图形，执行【对象】→【剪切蒙版】→
【建立】命令，创建剪切蒙版，效果如图 10-113 所示。

图 10-112　复制粘贴图形　　　　　　　　　　图 10-113　剪切蒙版效果

步骤 08　使用【钢笔工具】 ✎ 绘制路径，填充浅黄色 "#fff8be"，如图 10-114 所
示。执行【效果】→【模糊】→【高斯模糊】命令，在【高斯模糊】对话框中，设置【半
径】为 "8 像素"，单击【确定】按钮，如图 10-115 所示。

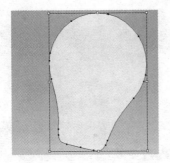

图 10-114　绘制路径　　　　　图 10-115　【高斯模糊】对话框

步骤 09　通过前面的操作得到高斯模糊效果，如图 10-116 所示。结合【矩形工具】 ▣
和【椭圆工具】 ◉ 绘制下方图形，分别填充浅灰色 "#909191"、深灰色 "#24272f"，
如图 10-117 所示。使用【圆角矩形工具】 ▣ 绘制螺旋图形，填充深灰色 "#4b4a4b"，
如图 10-118 所示。

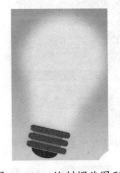

图 10-116　高斯模糊效果　　　图 10-117　绘制下方图形　　　图 10-118　绘制螺旋图形

步骤 10　打开"网盘 \ 素材文件 \ 第 10 章 \ 小女孩 .ai"，将其复制粘贴到当前图形中，如图 10-119 所示。使用【直线段工具】绘制直线，如图 10-120 所示。

图 10-119　添加小女孩素材

图 10-120　绘制直线

步骤 11　执行【效果】→【扭曲和变换】→【波纹效果】命令，在【波纹效果】对话框中，设置【大小】为"5px"，【每段的隆起数】为"4"，单击【确定】按钮，如图 10-121 所示，效果如图 10-122 所示。

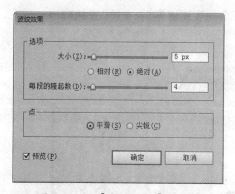

图 10-121　【波纹效果】对话框

图 10-122　波纹效果

步骤 12　执行【效果】→【扭曲和变换】→【扭转】命令，在【扭转】对话框中，设置【角度】为"10°"，单击【确定】按钮，如图 10-123 所示，效果如图 10-124 所示。

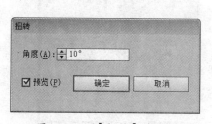

图 10-123　【扭转】对话框

图 10-124　扭转效果

步骤 13　使用【矩形工具】█绘制矩形，填充黑色"#000000"，如图 10-125 所示。在【透明度】面板中，设置混合模式为【叠加】，如图 10-126 所示，最终效果如图 10-127 所示。

图 10-125　绘制矩形

图 10-126　【透明度】面板

图 10-127　最终效果

同步训练——制作欢乐节日效果

　　为了增强大家的动手能力，下面安排一个同步训练案例，让大家达到举一反三、触类旁通的学习效果。

图解流程

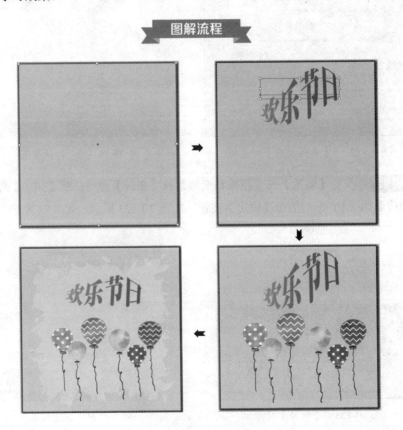

思路分析

节日气氛可以让人们的心情更加愉悦，在 Illustrator CS6 中制作欢乐节日效果的具体操作步骤如下。

本例首先使用【矩形工具】■绘制底图，使用【图形样式】面板创建效果，然后制作文字效果，最后添加气球素材，完成制作。

关键步骤

关键步骤 01　使用【矩形工具】■绘制矩形，如图 10-128 所示。在【图形样式】面板中，单击左下角的【图形样式库菜单】按钮■，如图 10-129 所示。在打开的快捷菜单中，选择【文字效果】选项，如图 10-130 所示。

图 10-128　绘制矩形

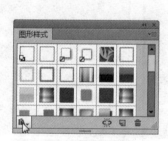

图 10-129　【图形样式】面板

图 10-130　【图形样式】快捷菜单

关键步骤 02　在【文字效果】面板中，选择【边缘效果 3】选项，如图 10-131 所示，效果如图 10-132 所示。

图 10-131　【文字效果】面板

图 10-132　边缘效果

关键步骤 03　使用【文字工具】T输入文字，在选项栏中，设置【字体】为"文鼎特粗宋"，字体【大小】为"100pt"，如图 10-133 所示。在【文字效果】面板中，选择【波形】选项，如图 10-134 所示，效果如图 10-135 所示。

 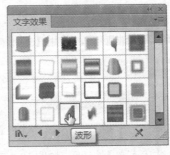 

图 10-133　输入文字　　　　图 10-134　【文字效果】面板　　　图 10-135　波形效果

关键步骤 04 打开"网盘 \ 素材文件 \ 第 10 章 \ 气球 .ai"，将其复制粘贴到当前图形中，如图 10-136 所示。复制并原位粘贴背景图形，如图 10-137 所示。在【文字效果】面板中，选择【腐蚀】选项，如图 10-138 所示。

  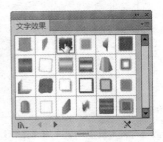

图 10-136　添加气球素材　　　图 10-137　复制粘贴图形　　　图 10-138　【文字效果】面板

关键步骤 05 通过前面的操作得到腐蚀效果，如图 10-139 所示。更改填充颜色为黄色"#fff000"，如图 10-140 所示。

 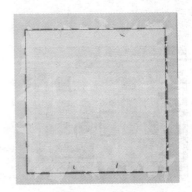

图 10-139　腐蚀效果　　　　图 10-140　更改填充颜色

关键步骤 06 在【图层】面板中，拖动调整图层顺序，如图 10-141 所示。

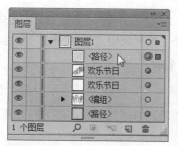

图 10-141　调整图层顺序

关键步骤 07　调整图层顺序后，得到图形效果如图 10-142 所示。调整腐蚀图形和文字大小，最终效果如图 10-143 所示。

图 10-142　调整图层顺序效果　　　　　　图 10-143　最终效果

知识能力测试

本章讲解了效果、样式和滤镜应用的基本方法，为对知识进行巩固和考核，布置相应的练习题（答案见网盘）。

一、填空题

1．在【3D 凸出和斜角选项】对话框中的【凸出和斜角】栏中，分别包括＿＿＿＿＿、＿＿＿＿＿、＿＿＿＿＿和＿＿＿＿＿4 个子选项，可以设置更多 3D 属性。

2．【像素化】滤镜组中的滤镜通过使单元格中颜色值相近的像素结成块来清晰地定义一个选区，从而组成不同的图像效果，包括＿＿＿＿＿、＿＿＿＿＿、＿＿＿＿＿、＿＿＿＿＿命令。

3．【扭曲】滤镜组中的滤镜命令可以将图像进行几何扭曲，包括＿＿＿＿＿、＿＿＿＿＿和＿＿＿＿＿命令。

二、选择题

1．斜角是沿对象的深度轴（　　　）应用所选类型的斜角边缘。在该选项下拉列表框中选择一个斜角形状，可以为立体对象添加斜角效果。

A. Z 轴　　　　　B. Y 轴　　　　　C. X 轴　　　　　D. A 轴

2．使用【凸出和斜角】命令可以将一个二维对象沿 Z 轴拉伸成三维对象，是通过挤压的方法为路径增加（　　）来创建立体对象的。

A. 厚度　　　　　B. 宽度　　　　　C. 深度　　　　　D. 长度

3．（　　）模式使对象以一种柔和、扩散的方式反射光；而塑料效果底纹模式，会使对象模拟塑料的材质及反射光效果。

A. 扩散底纹　　　B. 底纹　　　　　C. 扩散　　　　　D. 纹理

三、简答题

1．通过【绕转】命令创建 3D 图形时，速度太慢是怎么回事？

2．简述几种表面模式的区别。

CS6
ILLUSTRATOR

第11章
创建符号和图表

本章导读

学会效果和滤镜应用后，下一步需要学习符号和图表应用的方法和技巧。

本章将详细介绍符号和图表的创建与编辑。使用符号图形对象进行重复调用，可以减少文件容量；在 Illustrator CS6 中，可以创建 9 种不同类型的图表，并能够对创建图表的数据、类型、样式及符号进行修改。

学习目标

- 熟练掌握符号的应用
- 熟练掌握图表的应用

符号的应用

符号是在文档中可重复使用的对象，下面主要介绍符号的各种相关知识以及与符号相关的各种工具的应用方法和技巧。

11.1.1 了解【符号】面板

在【符号】面板中，绘制多个重复图形变得非常简单。在【符号】面板中包括大量的符号，还可以自己创建符号和编辑符号。执行【窗口】→【符号】命令，可以打开【符号】面板，如图 11-1 所示。

单击面板底部的【符号库菜单】按钮，或选择快捷菜单中的【打开符号库】命令，选择其中的命令即可打开各种预设的【符号】面板，如图 11-2 所示。

图 11-1　【符号】面板　　　　　　　　图 11-2　其他预设的符号面板

在【符号】面板中，可以更改符号的显示方式，复制和重命名符号。在面板中包含多种预设符号，可以在符号库或创建的库中添加符号。

1．更改面板中符号的显示效果

符号的显示效果可以通过在面板下拉菜单中选择视图选项来调整，如果选择【缩览图视图】选项显示缩览图；选择【小列表视图】选项显示带有小缩览图命名符号的列表；选择【大列表视图】选项显示带有大缩览图命名符号的列表。

2．复制面板中的符号

通过复制【符号】面板中的符号，可以很轻松地基于现有符号创建新符号，共有 3 种复制方法。

（1）在【符号】面板中，选择一个符号，从面板下拉菜单中选择【复制符号】命令即可。

（2）选择一个符号实例，在属性面板中单击【复制】按钮即可。

（3）在【符号】面板中，直接将需要复制的按钮拖动到【复制符号】按钮 ![icon] 上进行复制即可。

3．重命名符号

为方便以后编辑符号，可以在【符号】面板中单击【符号选项】按钮，从而打开【符号选项】对话框，输入名称来实现重命名。

11.1.2 在绘图面板中创建符号实例

在【符号】面板中，单击并拖动符号缩览图至画板中，即可将该符号创建为一个符号实例，如图11-3所示。

图11-3 创建符号实例

11.1.3 编辑符号实例

在画板中应用符号后，还可以按照操作其他对象的方式，对符号实例进行简单操作，并且还能够使符号实例与符号脱离，形成普通的图形对象。

1．修改符号实例

在画板中创建符号后，可以对其进行移动、缩放、旋转或倾斜等操作，像普通图形一样操作即可。

> **温馨提示**
>
> 无论是缩放还是复制符号实例，都不会改变原始符号本身，只是改变符号实例在画板中的显示效果。

2．断开符号链接

在画板中创建的符号实例，均与【符号】面板中的符号相链接，如果修改符号的形状或颜色，画板中的符号实例也会同时发生变化。

如果用户想单独编辑符号实例，或者使其与【符号】面板中的符号断开链接，可以选中面板中的符号实例，单击【符号】面板底部的【断开符号链接】按钮 ![icon]，将符号实例转换为普通图形，如图 11-4 所示。

图 11-4　断开符号链接效果

> 温馨
> 提示　选中符号实例后，单击属性栏中的【断开符号链接】按钮，或者执行【对象】→【扩展】命令，也能够断开符号链接。

3．替换符号链接

当在画板中创建并编辑符号实例后，又想更换实例中的符号时，可以选中符号实例，然后单击属性栏中【替换】右侧的下拉按钮，在打开的下拉列表框中，选择其他符号，如"烟花"，如图 11-5 和 11-6 所示。通过前面的操作替换实例中的符号，效果如图 11-7 所示。

图 11-5　选中符号实例　　　　图 11-6　选择其他符号　　　　图 11-7　替换符号实例效果

11.1.4　符号工具的应用

在面板中创建符号实例后，可以使用【选择工具】进行简单编辑。但是，为了更精确地编辑符号实例，可以使用符号工具组中的工具进行实例编辑，如对符号实例进行创建、位移、旋转、着色等操作。

1．符号喷枪工具

双击【符号喷枪工具】按钮，弹出【符号工具选项】对话框，如图 11-8 所示。使用【符号喷枪工具】在绘图面板中拖动可以创建符号组，如图 11-9 所示。

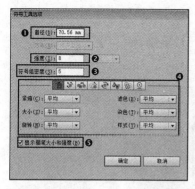

图 11-8 【符号工具选项】对话框

❶ 直径	指定工具的画笔大小
❷ 强度	指定更改的速率，值越高，更改越快
❸ 符号组密度	指定符号组的吸引值（值越高，符号实例堆积密度越大），此设置应用于整个符号集
❹ 方法	指定【符号紧缩器工具】【符号缩放器工具】【符号旋转器工具】【符号着色器工具】【符号滤色器工具】和【符号样式器工具】调整符号实例的方式
❺ 显示画笔大小和强度	选中该复选框，使用工具时将显示画笔大小和强度

图 11-9 拖动鼠标创建符号组

温馨提示

　　使用【符号喷枪工具】　创建的都是大小、方向相同的符号，可以通过不同的符号编辑工具来调整符号以达到所需的效果。在【符号工具选项】对话框中单击不同的工具按钮，即可更改符号的大小、方向、颜色等。

2. 符号位移器工具

　　首先使用【选择工具】　选中符号组，然后使用【符号位移器工具】　在符号组上拖动以调整所选中符号的位置，调整工具对话框的设置可以更改符号的范围，如图 11-10所示。

图 11-10 移动符号组

3．符号紧缩器工具

首先使用【选择工具】选中符号组，然后使用【符号紧缩器工具】在符号组上单击或拖动以改变要紧缩符号的范围，如图 11-11 所示。

图 11-11　紧缩符号组

4．符号缩放器工具

首先使用【选择工具】选中符号组，然后使用【符号缩放器工具】在符号组上单击或拖动以改变符号的大小，调整选项可以调整缩放符号的范围，如图 11-12 所示。

图 11-12　缩放符号组

5．符号旋转器工具

首先使用【选择工具】选中符号组，然后使用【符号旋转器工具】在符号组上拖动以改变符号的方向，通过调整选项的数值来调整所要改变符号的范围，如图 11-13 所示。

图 11-13　旋转符号组

6．符号着色器工具

首先使用【选择工具】选中符号组，然后使用【符号着色器工具】在符号组上单击或拖动以改变符号的颜色，同时配合【填色】按钮，通过改变选项来调整着色符号的范围，如图 11-14 所示。

图 11-14　符号组着色

7．符号滤色器工具

首先使用【选择工具】▶选中符号组，然后使用【符号滤色器工具】🔅在符号组上单击或拖动以改变符号的透明度，如图 11-15 所示。

图 11-15　符号组滤色

8．符号样式器工具

首先使用【选择工具】▶选中符号组，如图 11-16 所示。在【图形样式】面板中，可以为符号组选择样式，如选择【艺术效果】面板中的【彩色半调】样式，如图 11-17 所示。然后，使用【符号样式器工具】◎在符号组上单击或拖动以改变符号组样式，如图 11-18 所示。

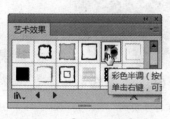

图 11-16　选中符号组　　　图 11-17　【艺术效果】面板　　　图 11-18　改变符号组样式

创建与编辑符号样式

用户可以将绘制的图形转换为符号，方便以后使用，无论是预设符号还是创建的符号均能够重新编辑与定义。

1. 创建符号

Illustrator CS6 能够将路径、复合路径、文本对象、栅格图像、网格对象和对象组对象转换为符号，但是不能转换外部链接的位图或一些图表组。创建符号的具体操作步骤如下。

步骤 01　打开"网盘\素材文件\第 11 章\水滴 .ai"，选中图形，如图 11-19 所示。

步骤 02　单击【符号】面板底部的【新建符号】按钮，或将图形直接拖到【符号】面板中，弹出【符号选项】对话框。在【名称】文本框中输入符号名称，单击【确定】按钮，如图 11-20 所示，即可在该面板中创建符号，并且将图形转换为符号实例，如 11-21 所示。

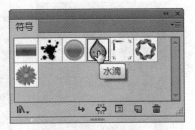

图 11-19　选中图形　　图 11-20　【符号选项】面板　　图 11-21　创建"水滴"符号

2. 编辑符号

符号是由图形组成的，所以符号的形状也能够进行修改。如果符号的形状被修改，那么与之链接的符号实例也会随之发生变化。编辑符号的具体操作步骤如下。

步骤 01　在【复古】面板中，拖动蝴蝶创建符号实例，如图 11-22 所示。双击【符号】面板中的符号图标，也可以绘制区域中的符号实例，或单击选项栏中的【编辑符号】按钮，弹出提示对话框，单击【确定】按钮，如图 11-23 所示。

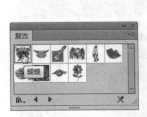

图 11-22　创建蝴蝶符号实例　　　　　　图 11-23　提示对话框

步骤 02　进入符号编辑模式，如图 11-24 所示。使用【矩形工具】绘制矩形，填充黄色"#FFF000"并将其移动到蝴蝶下方作为背景图使用，如图 11-25 所示。完成符号编辑后，单击【退出符号编辑模式】按钮 ，如图 11-26 所示。

图 11-24 进入符号编辑模式

图 11-25 填充黄色背景

图 11-26 【退出符号编辑模式】按钮

步骤 03 【符号】面板中的"蝴蝶"符号发生相应变化，如图 11-27 所示。绘图区域的两个符号实例也发生相应变化，如图 11-28 所示。

图 11-27 【符号】面板

图 11-28 符号实例

3. 重新定义符号

在【符号】面板中，可以使用其他图形重新定义符号的形状，具体操作方法如下。

选中画板中的图形，如图 11-29 所示。单击【符号】面板中将要被替换的符号，单击面板右上角的 按钮，在打开的快捷菜单中选择【重新定义符号】命令，如图 11-30 所示。将【符号】面板中的符号替换为选中的图形，效果如图 11-31 所示。

图 11-29 选中图形

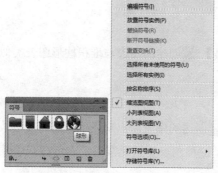
图 11-30 选择符号和命令

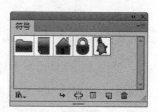
图 11-31 重新定义符号效果

11.2 图表的应用

图表功能是以可视、直观的方式显示统计信息，用户可以创建 9 种不同类型的图表并自定义这些图表以满足需要。

11.2.1 创建图表

在 Illustrator CS6 中，可以创建的图表类型非常丰富，包括柱形、堆积柱形、条形、堆积条形、折线图等类型，下面分别进行介绍。

1．柱形图表

使用【柱形图工具】![icon]创建的图表，是以垂直柱形来比较数值的。该工具创建的图表简单明了，且操作简单，在画板中单击并拖动创建，在弹出的【图表数据】对话框中输入数据，即可得到柱形图表，如图 11-32 所示。

2．堆积柱形图表

使用【堆积柱形图工具】![icon]创建的图表与柱形图表类似，但是它将各个柱形堆积起来，而不是竖排并列。这种图表类型可用于表示部分与总体之间的关系，如图 11-33 所示。

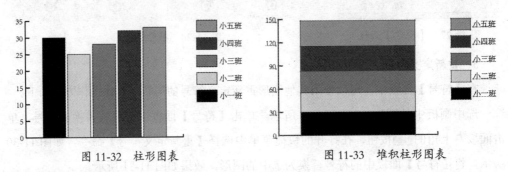

图 11-32　柱形图表　　　　　　　图 11-33　堆积柱形图表

3．条形图表

使用【条形图工具】![icon]创建的图表与柱形图表类似，但是条形是水平放置的，如图 11-34 所示。

4．堆积条形图表

使用【堆积条形图工具】![icon]创建的图表与堆积柱形图表类似，它将各个条形竖排并列起来，如图 11-35 所示。

5．折线图表

使用【折线图工具】![icon]创建的图表以点来表示一组或多组数值，并且对每组中的点都采用不同的线段来连接。这种图表类型通常用于表示在一段时间内一个或多个主题的趋势，如图 11-36 所示。

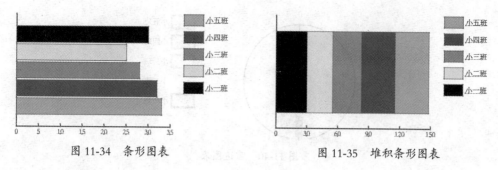

图 11-34 条形图表   图 11-35 堆积条形图表

6．面积图表

使用【面积图工具】![icon]创建的图表与折线图表类似，但是它强调数值的整体和变化情况，如图 11-37 所示。

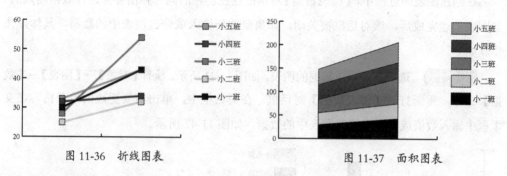

图 11-36 折线图表   图 11-37 面积图表

7．散点图表

使用【散点图工具】![icon]创建的图表沿 X 轴和 Y 轴将数据点作为成对的坐标组进行绘制。散点图可用于识别数据中的图案或趋势，还可表示变量之间是否相互影响，如图 11-38 所示。

8．饼图图表

使用【饼图工具】![icon]可以创建圆形图表，它表示所比较数值占总体的比例大小，如图 11-39 所示。

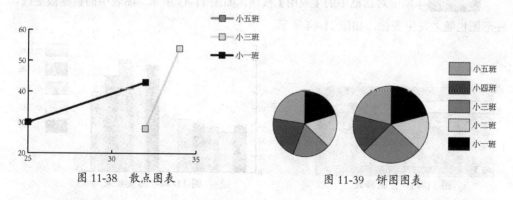

图 11-38 散点图表   图 11-39 饼图图表

9．雷达图表

使用【雷达图工具】![icon]创建的图表可在某一特定时间点或特定类别上比较数值组，并以图形格式表示。这种图表类型也称为网状图，如图 11-40 所示。

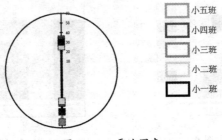

图 11-40　雷达图表

11.2.2 修改图表数据

在创建图表的过程中，【图表数据】对话框是在创建的同时弹出并且进行数据输入的。当图表创建完成后，该对话框被关闭，如果要重新输入或修改图表中的数据，具体操作步骤如下。

步骤 01　选中需要修改数据的图表，如图 11-41 所示。执行【对象】→【图表】→【数据】命令，重新打开【图表数据】对话框。在对话框中，单击需要更改的单元格，在文本框中输入数值或文字来修改图表中的数据，如图 11-42 所示。

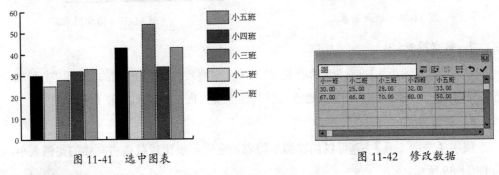

图 11-41　选中图表　　　　　　　　　　　图 11-42　修改数据

步骤 02　单击对话框中的【应用】按钮，如图 11-43 所示。图表中的数据被更改，柱形图也随之发生变化，如图 11-44 所示。

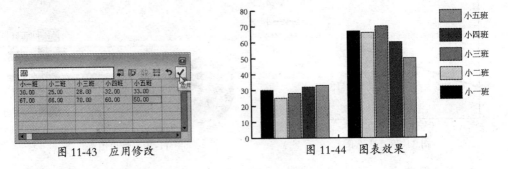

图 11-43　应用修改　　　　　　　　　　图 11-44　图表效果

11.2.3 更改图表类型

当创建一种图表类型后，还可以将其更改为其他类型的图表，以更多的方式加以展示。选中创建的图表，执行【对象】→【图表】→【类型】命令，在弹出的【图表类型】对话框中，单击【类型】选项组中需要的图表类型按钮，即可改变图表类型。

11.2.4　设置图表选项

创建图表后，还可以更改图表轴的外观和位置、添加投影、移动图例、组合显示不同的图表类型。通过使用【选择工具】选定图表，执行【对象】→【图表】→【类型】命令，可以查看图表设置的选项。

1. 设置图表格式和自定格式

用户可以像修改普通图形一样更改图表格式，包括更改底纹的颜色、字体和文字样式，移动、对称、切变、旋转或缩放图表的任何部分，并且可以自定义列和标记。

在【图表类型】对话框中，选中【样式】选项组中的【添加阴影】复选框后，单击【确定】按钮，即可以为图表添加投影效果，如图 11-45 所示。

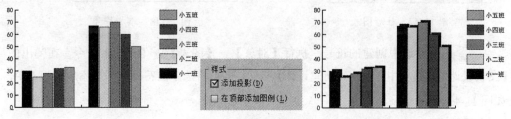

图 11-45　为图表添加投影

温馨提示

图表是与其数据相关的编组对象，在更改图表时，不可以取消图表编辑，如果取消将无法更改图表。

2. 设置图表轴格式

除了饼图之外，其他的图表都有显示图表测量单位的数值轴，可以选择在图表的一侧显示数值轴或两侧都显示数值轴。条形图、堆积条形图、柱形图、堆积柱形图、折线图和面积图也都有在图表中定义数据类别的类别轴。

在【图表类型】对话框中，选择下拉列表框中的【类别轴】选项，能够更改类型轴的显示样式，其中【刻度线】选项组中的选项与数值轴中的选项作用基本相同，如图 11-46 所示。

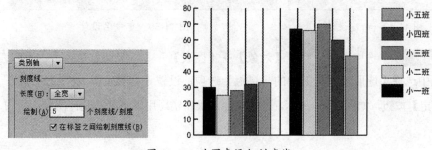

图 11-46　为图表添加刻度线

11.2.5 将符号添加至图表

创建的图表效果以几何图形为主，为了使图表效果更加生动，用户还可以使用普通图形或符号图案来代表几何图形。具体操作步骤如下。

步骤01 数据将以柱形显示在图表中，如图 11-47 所示。在【符号】面板中，拖动"皇冠"符号到面板中，如图 11-48 所示。

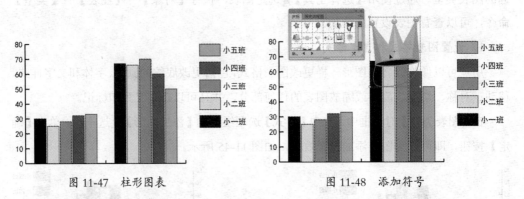

图 11-47　柱形图表　　　　　　　　　图 11-48　添加符号

步骤02 选中创建的符号，执行【对象】→【图表】→【设计】命令，在弹出的【图表设计】对话框中，单击【新建设计】按钮，即可将选中的符号或图形添加到列表中，如图 11-49 所示。

步骤03 在【图表设计】对话框中，单击【重命名】按钮，在【名称】后的文本框中输入新建设计图表的名称，单击【确定】按钮，如图 11-50 所示。

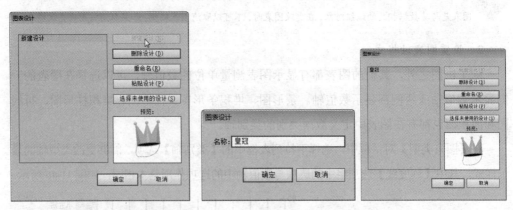

图 11-49　新建设计　　　　　　　　　图 11-50　重命名设计

步骤04 选中图表，执行【对象】→【图表】→【柱形图】命令，在【图表列】对话框中选择【选取列设计】中的【皇冠】选项，设置【列类型】为"局部缩放"，单击【确定】按钮，如图 11-51 所示。通过前面的操作实现用图形替换几何图表，如图 11-52 所示。

图 11-51 【图表列】对话框

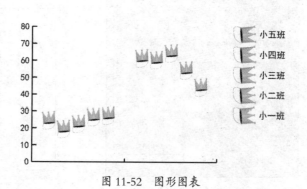

图 11-52 图形图表

课堂范例——创建面积统计图表

具体操作步骤如下。

步骤 01 双击【柱形图工具】按钮 ，弹出【图表类型】对话框，在【类型】栏中单击【面积图】按钮 ，如图 11-53 所示。

步骤 02 选择下拉列表框中的【数值轴】选项，对话框切换为相应的参数，设置图表显示的刻度值与标签，确定左侧数值，设置【后缀】为"台"，如图 11-54 所示。

图 11-53 【图表类型】对话框

图 11-54 【数值轴】选项

步骤 03 继续选择下拉列表框中的【类别轴】选项，对话框切换为相应的参数设置，设置【长度】为"全宽"，【绘制】为"10"【个刻度线/刻度】，选中【在标签之间绘制刻度线】复选框，在每组项目之间增加间隔线，单击【确定】按钮，如图 11-55 所示。

步骤 04 在画板中单击并拖动鼠标，如图 11-56 所示。

> **温馨提示**
>
> 在【图表数据】对话框中，位于右上方的按钮依次是【导入数据】按钮 ，可以导入文本文件，将外部数据导入创建图表；【换位行/列】按钮 ，可以将行和列的数据对换；【切换 X/Y】按钮 ，可以切换行列方向；【单元格样式】按钮 ，可以设置单元格的样式；【恢复】按钮 ，可以恢复初始数值；【应用】按钮 ，将数据应用于图表创建。

图 11-55　【类别轴】选项

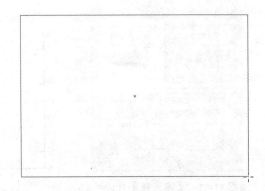

图 11-56　拖动鼠标

步骤05　弹出【图表数据】对话框，在对话框中输入数据，完成数据的输入后单击【应用】按钮 ✔，如图 11-57 所示。数据将以面积形式显示在图表中，面积图表效果如图 11-58 所示。

图 11-57　输入数值

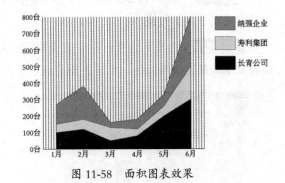

图 11-58　面积图表效果

🖳 课堂问答

通过本章的讲解，大家对符号和图表的应用有了一定的了解，下面列出一些常见的问题供大家学习参考。

问题①：图表可以相互转换吗？

答：创建图表后，图表样式之间可以相互转换，使图表的展示更加多样化。具体操作方法如下。

选择需要转换类型的图表，如图 11-59 所示。执行【对象】→【图表】→【类型】命令，在打开的【图表类型】对话框的【类型】栏中，单击【饼图】按钮 ◉，单击【确定】按钮，如图 11-60 所示。通过前面的操作将柱形图表转换为饼图图表，如图 11-61 所示。

问题②：如何载入符号库？

答：除了使用系统预设的符号外，用户还可以载入其他符号库，包括自定义符号库。具体操作方法如下。

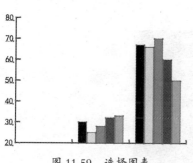

图 11-59　选择图表

图 11-60　【图表类型】对话框

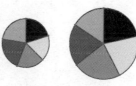

图 11-61　饼图图表

在【符号】面板中，单击左下方的【符号库菜单】图标 ，在打开的快捷菜单中选择【其他库】选项，在打开的【选择要打开的库】对话框中，选择目标库后单击【打开】按钮，如图 11-62 所示。

图 11-62　载入符号库

问题 ③：如何更改图表颜色？

答：创建并选中图表后，可以在选项栏中更改图表的填充和描边效果，效果如图 11-63所示。

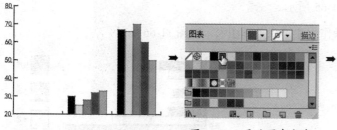

图 11-63　更改图表颜色

> **温馨提示**
>
> 创建图表后，图表可以作为一个整体更改颜色和描边等属性。用户可以取消图表编组，对图表元素单独进行调整。但是，取消编组后，图表数据、图表样式等属性将不能再进行修改。

上机实战——制作饼形分布图效果

为了让大家巩固本章知识点，下面讲解一个技能综合案例，使大家对本章的知识有更深入的了解。

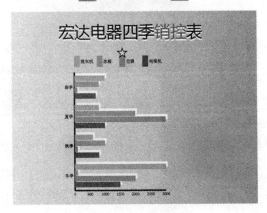

图 11-64　效果展示

思路分析

制作堆积销售图表，便于直观地比较四季产品的销售情况。下面介绍如何制作堆积图表效果。

本例首先使用【堆积条形图工具】 制作堆积条形图表，然后调整图表的颜色，使用【矩形工具】 绘制底图并填充渐变色，最后输入标题文字，完成整体制作。

制作步骤

步骤 01　新建空白文档，选择工具箱中的【堆积条形图工具】 ，在面板中单击并拖动鼠标，弹出【图表数据】对话框，在对话框中输入文本及数值，单击【应用】按钮 ，确认数值输入，如图 11-65 所示。

步骤 02　通过前面的操作生成堆积条形图表，如图 11-66 所示。

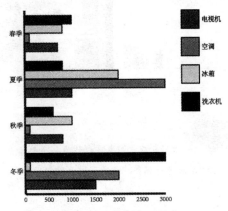

图 11-65　输入文本及数值　　　　　　　　　　图 11-66　堆积条形图表

步骤 03　执行【对象】→【图表】→【图表类型】命令，设置【数值轴】为"位于下侧"，选中【添加投影】复选框，如图 11-67 所示，效果如图 11-68 所示。

图 11-67　【图表类型】对话框

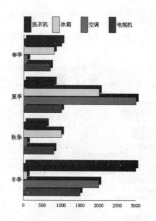

图 11-68　图表效果

步骤 04　按【Ctrl+Shift+G】组合键解组图表，弹出【Adobe Illustrator】询问对话框，单击【是】按钮，如图 11-69 所示。在图表对象上右击，在弹出的快捷菜单中，选择【取消编组】命令解组图表，如图 11-70 所示。

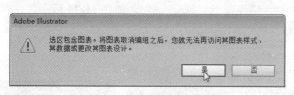

图 11-69　询问对话框

图 11-70　解组图表

步骤 05　再次右击图表对象，在弹出的快捷菜单中，选择【取消编组】命令解组图表，如图 11-71 所示。选中洗衣机堆积图形，如图 11-72 所示。更改填充为蓝色"#28ced6"，如图 11-73 所示。

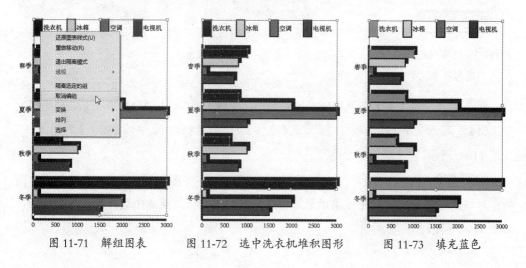

图 11-71　解组图表　　　　图 11-72　选中洗衣机堆积图形　　　　图 11-73　填充蓝色

步骤 06 选中冰箱堆积图形，如图 11-74 所示。更改填充为绿色"#74ba0b"，如图 11-75 所示。选中空调堆积图形，更改填充为橙色"#ff7510"，如图 11-76 所示。

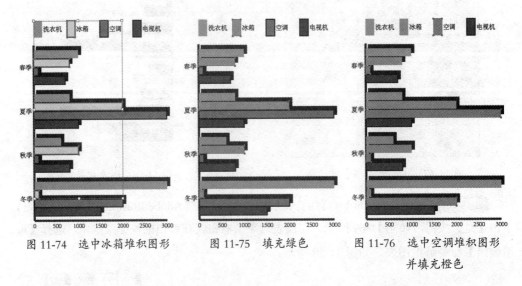

图 11-74　选中冰箱堆积图形　　　图 11-75　填充绿色　　　图 11-76　选中空调堆积图形
并填充橙色

步骤 07 选中电视机堆积图形，更改填充为紫色"#8b3b85"，如图 11-77 所示。使用【矩形工具】▣绘制矩形，并移动到图表下方，在【渐变】面板中，设置渐变色为浅蓝色"#e7f0fa"、蓝色"#c7def3"、略深蓝色"#85bce6"，如图 11-78 所示。

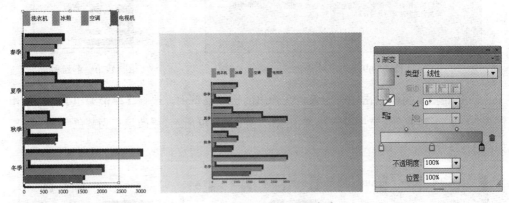

图 11-77　选中电视机堆积　　　　　图 11-78　绘制背景
图形并填充紫色

步骤 08 选中图表黑色投影，填充为白色"#fcfcfc"，如图 11-79 所示。使用【文字工具】Ⓣ输入文字，在选项栏中，设置【字体】为"微软雅黑"，字体【大小】为"12pt"，如图 11-80 所示。

步骤 09 更改"销控"两字为红色"#ff0000"，如图 11-81 所示。在【符号】面板中，单击左下角的【符号库菜单】按钮▥，在弹出的快捷菜单中选择【庆祝】选项，如图 11-82 所示。

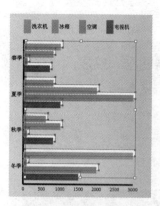

图 11-79　更改图表投影颜色

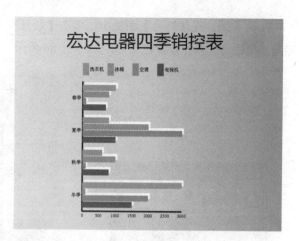

图 11-80　添加文字

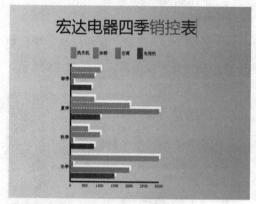

图 11-81　更改文字颜色

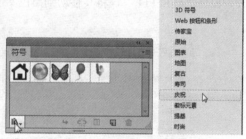

图 11-82　选择【庆祝】符号

步骤 10　在【庆祝】面板中，选择【五彩纸屑】选项，如图 11-83 所示。拖动五彩纸屑符号到图表中，如图 11-84 所示。

图 11-83　【庆祝】面板

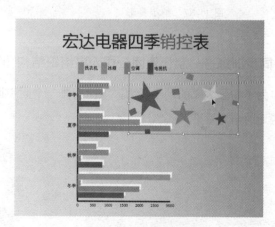

图 11-84　添加符号

步骤 11　在【符号】面板中，单击【断开符号链接】按钮，如图 11-85 所示。删除其他图形，只保留黄色星形，如图 11-86 所示。

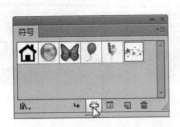

图 11-85　断开符号链接

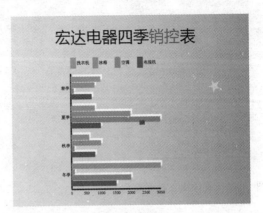

图 11-86　删除图形

步骤 12　缩小星形，移动到空调图例上方，如图 11-87 所示。复制标题文字，更改为白色"#FFFFFF"，将其移动到黑色文字下方，略错开一段距离，如图 11-88 所示。

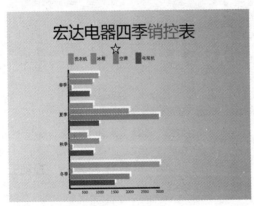

图 11-87　缩小星形

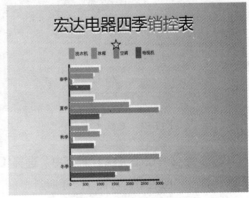

图 11-88　复制标题文字

同步训练——制作集团公司人事组织结构图

为了增强大家的动手能力，下面安排一个同步训练案例，让大家达到举一反三、触类旁通的学习效果。

图解流程

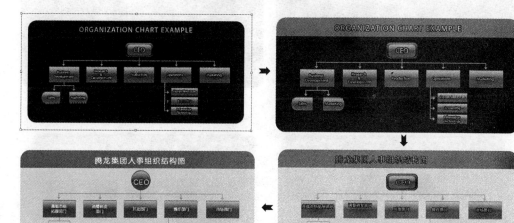

思路分析

人事组织结构图可以列出公司的人事组织分布情况，在 Illustrator CS6 中制作公司人事组织结构图的具体操作方法如下。

本例首先通过【照亮组织结构图】面板绘制组织结构图，然后调整文字和颜色，添加符号完成制作。

关键步骤

关键步骤 01 在【照亮组织结构图】面板中，选择【组织图示例】选项，如图 11-89 所示。将选中的【组织图示例】拖动到工作区中，如图 11-90 所示。

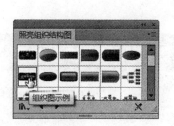

图 11-89 【照亮组织结构图】面板

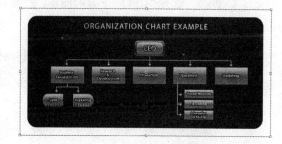

图 11-90 拖动到工作区效果

关键步骤 02 断开符号链接，如图 11-91 所示。选中上方的图形，填充蓝色 "#6996bd"，如图 11-92 所示。

关键步骤 03 选中下方的图形，填充浅蓝色 "#e2f2f5"，如图 11-93 所示。使用【文字工具】更改文字内容，如图 11-94 所示。

图 11-91　断开符号链接

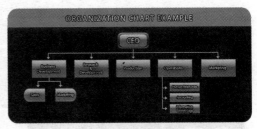

图 11-92　选中并填充图形 1

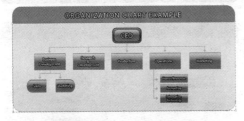

图 11-93　选中并填充图形 2

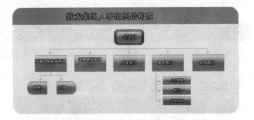

图 11-94　更改文字内容

关键步骤 04　在选项栏中，设置字体为"汉仪中圆简"，效果如图 11-95 所示。在【外观】面板中，更改填充为白色"#FFFFFF"，如图 11-96 所示。

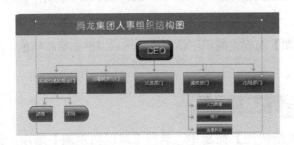

图 11-95　更改字体

图 11-96　更改文字颜色

关键步骤 05　选择"CEO"下方的图形，如图 11-97 所示。按【Delete】键删除图形，如图 11-98 所示。

图 11-97　选择图形

图 11-98　删除图形

关键步骤 06　在【照亮流程图】面板中，选择【弓形】选项，如图 11-99 所示。拖动弓形到"CEO"字母下方，如图 11-100 所示。

图 11-99 选择图形

图 11-100 添加图形

知识能力测试

本章讲解了符号和图表应用的基本方法，为对本章知识进行巩固和考核，布置相应的练习题（答案见网盘）。

一、填空题

1. 在【符号】面板中，可以实现＿＿＿＿＿＿＿＿，＿＿＿＿＿＿＿＿和＿＿＿＿＿＿＿＿的操作。在面板中包含多种预设符号，可以从符号库或创建的库中添加符号。

2. 使用【散点图工具】 创建的图表沿＿＿＿＿＿和＿＿＿＿＿将数据点作为成对的坐标组进行绘制。散点图可用于识别数据中的图案或趋势，它们还可表示变量是否相互影响。

3. 在【图表类型】对话框中，选中【样式】选项组中的＿＿＿＿＿＿＿＿复选框后，单击【确定】按钮，可以为图表添加投影效果。

二、选择题

1. 使用（　　）创建的都是大小、方向相同的符号，可以通过不同的符号编辑工具来调整符号以达到所需的效果。

    A．【符号滤色器工具】   B．【符号喷枪工具】

    C．【符号着色器工具】   D．【符号样式器工具】

2. 使用【雷达图工具】 创建的图表可在某一特定时间点或特定类别上比较数值组，并以图形格式表示。这种图表类型也称为（　　）。

    A．雷达图   B．八卦图   C．网状图   D．迷阵图

3. 创建的图表效果是以（　　）图形为主，为了使图表效果更加生动，用户还可以使用普通图形或符号图案来代表几何图形。

    A．几何   B．柱状   C．散点   D．符号

三、简答题

1. 简述符号和符号实例的关系。

2. 简述符号的调整方法。

CS6
ILLUSTRATOR

第 12 章
Web 图形、打印和
自动化功能

本章导读

学会符号和图表应用后，下一步需要学习 Web 设计、打印和任务自动化操作。

本章将详细介绍 Web 图形切片和输出，打印功能在纸张上呈现作品的方法，Illustrator 还提供了多种命令来自动化处理一些常见的重复性操作。

学习目标

- 熟练掌握输出为 Web 图形的方法
- 熟练掌握文件打印方法
- 熟练掌握任务自动化操作方法

12.1　输出为 Web 图形

Illustrator CS6 是一款绘制矢量图形的软件，但是同样能够应用于网格图片，只要相关选项的设置符合网格图片要求即可。

12.1.1　Web 安全颜色

Web 安全颜色是指在不同硬件环境、不同操作系统、不同浏览器中都能够正常显示的颜色集合。执行【窗口】→【色板】命令，打开【色板】面板，单击【色板】面板底部的【色板库】按钮，在弹出的下拉菜单中选择【Web】选项，即可打开【Web】面板，如图 12-1 所示。

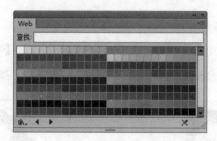

图 12-1　【Web】面板

12.1.2　创建切片

使用【切片工具】可以将完整的网页图像划分为若干个小图像，在输出网页时，根据图像特性分别进行优化。

1. 使用【切片工具】创建切片

选择工具箱中的【切片工具】，在网页上单击并按住鼠标左键拖动，释放鼠标后，即可创建切片，其中淡红色标识为自动切片，如图 12-2 所示。

图 12-2　创建切片

2. 从参考线创建切片

用户可以根据创建的参考线创建切片,按【Ctrl+R】组合键显示出标尺,拉出参考线,设置切片的位置,如图 12-3 所示。执行【对象】→【切片】→【从参考线创建】命令,即可根据文档的参考线创建切片,如图 12-4 所示。

图 12-3　创建参考线　　　　　　图 12-4　从参考线创建切片

3. 从所选对象创建切片

选中网页中一个或多个图形对象,如图 12-5 所示。执行【对象】→【切片】→【从所选对象创建】命令,将会根据选中图形最外轮廓划分切片,如图 12-6 所示。

图 12-5　选中图形　　　　　　图 12-6　从所选对象创建切片

4. 创建单个切片

选中网页中一个或多个图像,如图 12-7 所示。执行【对象】→【切片】→【建立】命令,根据选中的图像分别创建单个切片,如图 12-8 所示。

图 12-7　选中多个图形　　　　　　图 12-8　分别创建单个切片

12.1.3　编辑切片

用户创建切片后，还可以对切片进行选择、调整、隐藏、删除、锁定等各种操作，不同类型的切片，编辑方式有所不同。

1．选择切片

选择工具箱中切片工具组中的【切片选择工具】，在需要选择的切片上单击，即可选中该切片。

2．调整切片

如果用户使用【对象】→【切片】→【建立】命令创建切片，切片的位置和大小将捆绑到它所包含的图稿，因此，如果移动图稿或调整图稿大小，切片边界也会随之进行调整。

如果使用其他方式创建切片，则可以按下述方式手动调整切片。

（1）移动切片。选择工具箱中的【切片选择工具】，将切片拖到新位置即可，如图 12-9 所示。

图 12-9　移动切片

（2）调整切片大小。选择工具箱中的【切片选择工具】，在切片上单击，拖动切片的任意一边即可调整切片大小，如图 12-10 所示。

图 12-10　调整切片大小

> **温馨提示**　按住【Shift】键进行拖动，可以将移动方向限制在水平、垂直或 45°对角线方向上。使用【选择工具】和【变换】面板可以精确控制切片的大小。

（3）对齐或分布切片。使用【对齐】面板，通过对齐切片可以消除不必要的自动切片以生成较小且更有效的 HTML 文件。

选中切片，在【对齐】面板中，选择【对齐画板】选项，单击【垂直顶对齐】按钮，即可自动清除上方的多余切片，如图 12-11 所示。

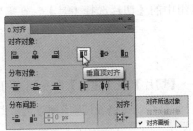

图 12-11　对齐切片

（4）更改切片的堆叠顺序。通过将切片拖到【图层】面板中的新位置，或者执行【对象】→【排列】命令进行调整。

（5）划分某个切片。选中切片，执行【对象】→【切片】→【划分切片】命令，打开【划分切片】对话框，在对话框中输入数值，即可根据数值划分切片为若干个均等的切片，如图 12-12 所示。

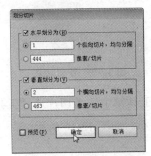

图 12-12　划分切片

（6）复制切片。选中切片后，执行【对象】→【切片】→【复制切片】命令，即可复制一份与原切片尺寸大小相同的切片，如图 12-13 所示。

图 12-13　复制切片

（7）组合切片。选中两个或多个切片，执行【对象】→【切片】→【组合切片】命令，被组合切片的外边缘连接起来所得到的矩形即构成组合后切片的尺寸和位置，如图 12-14 所示。

图 12-14　组合切片

温馨提示　如果被组合切片不相邻，或者具有不同的比例或对齐方式，则新切片可能与其他切片重叠。

（8）将所有切片的大小调整到画板边界。执行【对象】→【切片】→【剪切到画板】命令，超出画板边界的切片会被截断以适合画板大小；画板内部的切片会自动扩展到画板边界，如图 12-15 所示。

图 12-15　剪切到画板

3. 删除切片

用户可以通过从对应图稿中删除切片或释放切片来移除多余的切片。

（1）释放某个切片。选择切片，执行【对象】→【切片】→【释放】命令，即可移除相关切片。

（2）删除切片。选择切片，按【Delete】键删除，如果切片是通过【对象】→【切片】→【建立】命令创建的，则会同时删除相应的图稿。

（3）删除所有切片。执行【对象】→【切片】→【全部删除】命令，即可删除图稿中所有切片。但通过【对象】→【切片】→【建立】命令创建的切片只是释放，而不会将其删除。

4. 隐藏和锁定切片

切片可以暂时隐藏，还可以根据需要锁定，锁定切片后，可以防止误操作。

（1）隐藏切片。执行【视图】→【隐藏切片】命令，即可将所有切片隐藏。

（2）显示切片。执行【视图】→【显示切片】命令，即可将隐藏的切片全部显示出来。

（3）锁定所有切片。执行【视图】→【锁定切片】命令，即可将全部切片锁定。

（4）锁定单个切片。在【图层】面板中单击切片的可编辑列，即可将其锁定。

5．设置切片选项

执行【对象】→【切片】→【切片选项】命令，可以打开【切片选项】对话框，在【切片选项】对话框中，用户可以设置切片类型，以及如何在生成的网页中进行显示、如何发挥作用。例如，设置切片的 URL 链接地址，设置切片的提示显示信息。

12.1.4 导出切片

完成页面制作并创建切片后，可以将切割后的网页分块保存起来。具体操作方法如下。

执行【文件】→【存储为 Web 所用格式】命令，打开【存储为 Web 所用格式】对话框，在对话框中，可以设置各项优化选项，同时也可以预览具有不同文件格式和不同文件属性的优化图像，如图 12-16 所示。

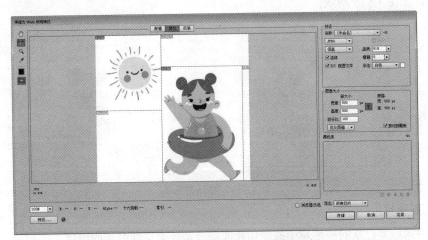

图 12-16　【存储为 Web 所用格式】对话框

12.2　文件打印和自动化处理

在输出图像之前，首先要设置正确的打印参数，完成打印设置后，文件才能正确地进行打印输出。使用文件自动化操作可以有效地提高工作效率，减少重复性工作。

12.2.1 文件打印

执行【文件】→【打印】命令，将弹出【打印】对话框，在 Illustrator CS6 中，系统将页面设置和打印功能集成到【打印】对话框中，完成打印设置后，单击【打印】按钮即可按照用户设置的参数进行文件打印，单击【完成】按钮将保存用户设置的打印参数而不进行文件打印，如图 12-17 所示。

【打印】对话框中包括多个选项，单击对话框左侧的选项名称。可以显示该选项的所有参数设置，其中的很多参数设置是启动文档时选择的启动配置文件预设的。

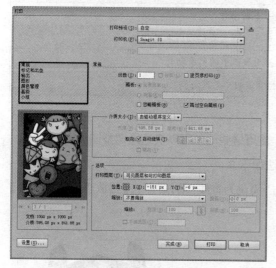

常规	设置页面大小和方向、指定要打印的页数、缩放图稿，指定拼贴选项及选择要打印的图层
标记和出血	选择印刷标记与创建出血
输出	创建分色输出
图形	设置路径、字体、PostScript 文件、渐变、网格和混合的打印选项
颜色管理	选择一套打印颜色配置文件和渲染方法
高级	控制打印期间的矢量图稿拼合
小结	查看和存储打印设置小结

图 12-17 【打印】对话框

12.2.2 自动化处理

图像编辑和调整过程中，常会用到重复的操作步骤，使用【动作】面板可以将常用操作集成为一个动作，并能够使用【批处理】命令同时处理多个文件。

1. 认识【动作】面板

动作的所有操作都可以在【动作】面板中完成，使用【动作】面板可以新建、播放、编辑和删除动作，还可以载入系统预设的动作。

执行【窗口】→【动作】命令，即可打开【动作】面板，如图 12-18 所示；单击【面板】右上角的 按钮可以打开面板快捷菜单。

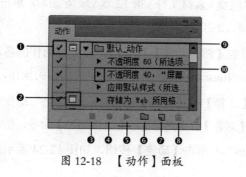

图 12-18 【动作】面板

❶ 切换项目开/关	单击✔标识，可以控制运行动作时是否忽略此命令
❷ 切换对话框开/关	单击☐标识，可以控制运行动作时，是否弹出该命令的对话框
❸ 停止记录	在录制动作时，单击▪按钮，可以停止记录
❹ 开始记录	单击●按扭，开始记录动作步骤
❺ 播放动作	单击▶按钮，开始播放已录制的动作
❻ 创建新组	单击▢按钮，在【动作】面板中新建一个动作组
❼ 创建新动作	单击▣按钮，创建一个新动作
❽ 删除动作	单击🗑按钮，可以删除不再需要的动作和动作组
❾ 关闭动作组	单击▼按钮，可以关闭该组中的所有动作
❿ 打开动作组	单击▶按钮，可以打开该组中的所有动作

2. 播放默认动作

【动作】面板中提供了多种预设动作，使用这些动作可以快速地调整图形不透明度、调整图形方向、简化图形等。具体操作方法如下。

选择目标图形。在【动作】面板中，单击"简化为直线"动作，单击【播放当前所选动作】按钮▶，如图 12-19 所示。

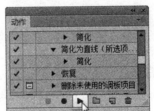

图 12-19　播放默认动作

3. 创建动作

【动作】面板中包含完成特定效果的一系列操作步骤，除了【动作】面板中的默认动作外，用户还可以自己创建需要的动作，创建新动作的具体操作步骤如下。

步骤 01　打开"网盘\素材文件\第 12 章\绿怪 .ai"，单击【动作】面板下的【创建新动作】按钮▣，如图 12-20 所示。

步骤 02　在弹出的【新建动作】对话框中设置好动作的各项参数，单击【记录】按钮，如图 12-21 所示。Illustrator CS6 开始记录用户的相关操作，如图 12-22 所示。

步骤 03　执行【选择】→【全部】命令，在"丑化"动作中记录"全选"步骤。如图 12-23 所示。执行【对象】→【路径】→【偏移路径】命令，在【偏移路径】对话框中，设置【位移】为"10mm"，单击【确定】按钮，如图 12-24 所示。

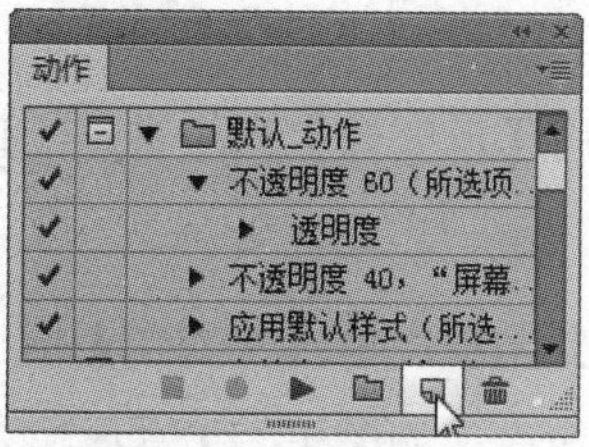

图 12-20 【创建新动作】按钮

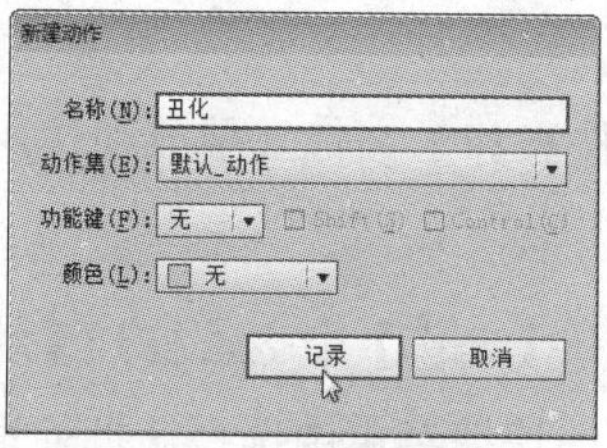

图 12-21 【新建动作】对话框

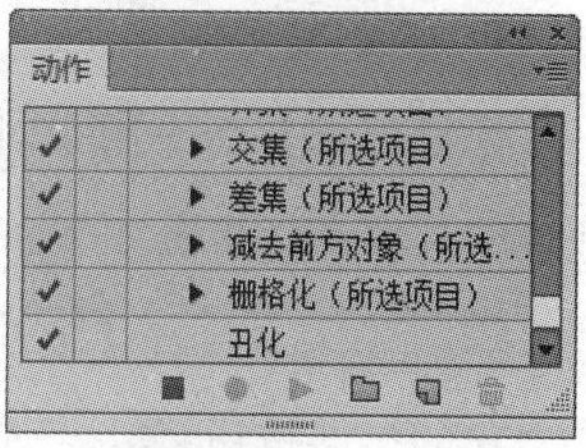

图 12 22 录制动作

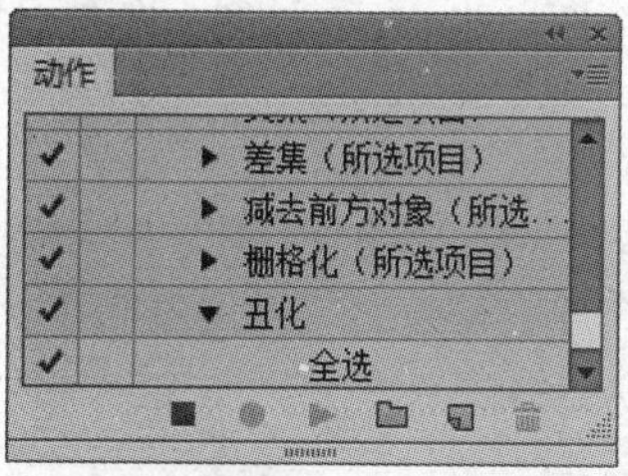

图 12-23 记录"全选"步骤

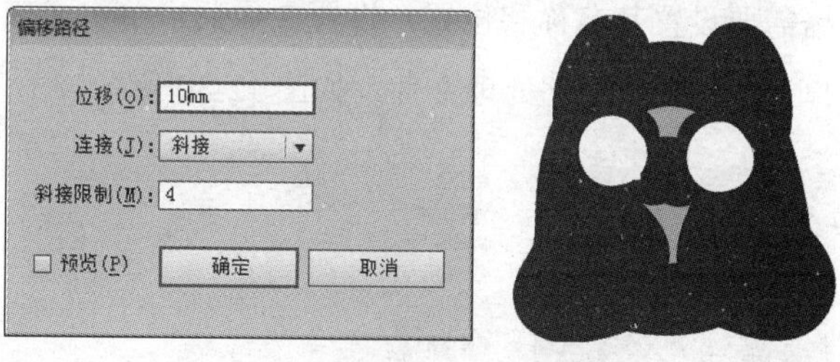

图 12-24 偏移路径

步骤 04 单击底部的【停止播放 / 记录】按钮 即可完成动作的创建，如图 12-25 所示。

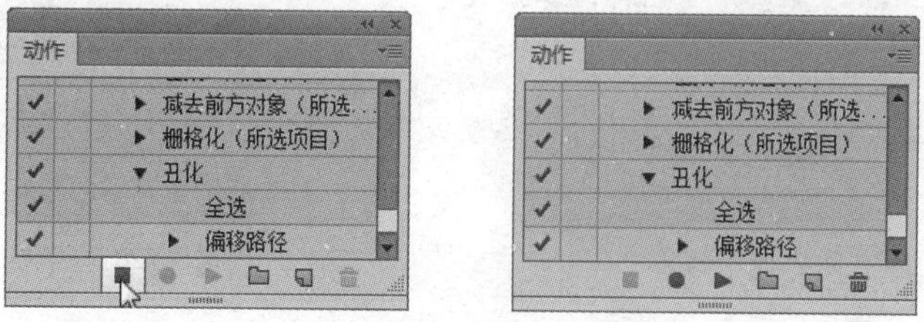

图 12-25 停止录制

步骤 05 打开"网盘\素材文件\第 12 章\蝙蝠.ai"，如图 12-26 所示。在【动作】面板中，选择录制的"丑化"动作，单击【播放当前所选动作】按钮，如图 12-27 所示。将录制的动作应用到其他图形中，效果如图 12-28 所示。

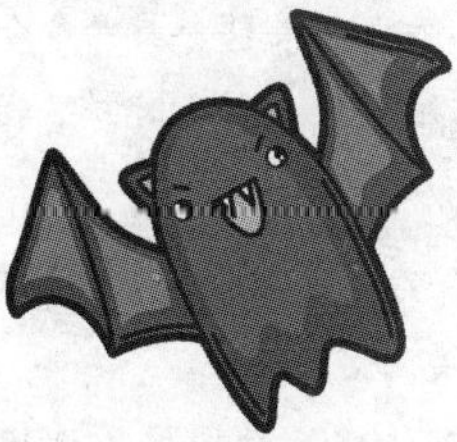

图 12-26 打开蝙蝠素材

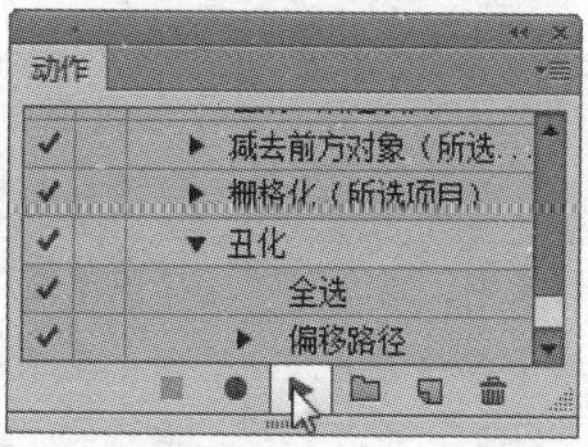

图 12-27 播放"丑化"动作

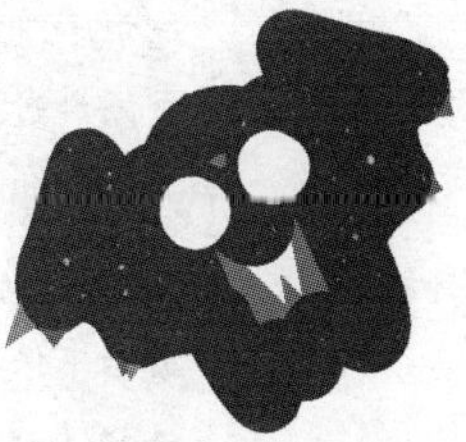

图 12-28 "丑化"效果

温馨提示

【效果】和【视图】菜单中的命令，用于显示或隐藏面板中的命令，以及选择、钢笔、画笔、铅笔、渐变、网格、吸管、剪刀和上色等工具的使用情况，无法被记录。

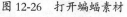

4.批处理文件

【批处理】命令用来对文件夹和子文件夹播放动作，使用【批处理】命令进行文件处理的具体操作步骤如下。

步骤01 执行【窗口】→【动作】命令，打开【动作】面板，单击【动作】面板右上角的扩展按钮 ，在弹出的快捷菜单中选择【批处理】命令，如图 12-29 所示。

步骤02 弹出【批处理】对话框，在对话框中分别设置播放、源和目标等各项参数，根据需要设置其名称和位置，设置完成后，单击【确定】按钮，Illustrator CS6 将会根据用户设置的参数自动处理文件，如图 12-30 所示。

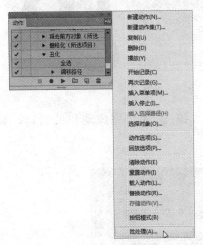

图 12-29 选择【批处理】命令

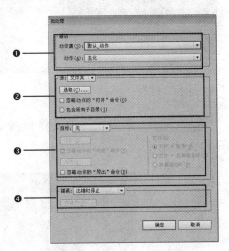

图 12-30 【批处理】对话框

在【批处理】对话框中，常用参数设置如下。

❶ 播放栏	在播放栏中，用户可以分别设定选择批处理的动作集和动作
❷【源】栏	在【源】下拉列表中，用户可以选择批处理的文件来源。其中，选择【文件夹】选项，表示文件来源为指定文件夹中的全部图像，通过单击【选取】按钮，就可以指定来源文件所在的文件夹 选中【忽略动作的"打开"命令】复选框，选择的动作中如果包含打开命令，则自动跳过。选中【包含所有子目录】复选框，选择【批处理】命令时，若指定文件夹中包含子目录，则子目录中的文件将一起处理
❸【目标】栏	在【目标】下拉列表中，用户可以选择图像处理后的保存方式。选择【无】选项，表示不保存；选择【存储并关闭】选项，表示存储并关闭文件 选择【文件夹】选项，可以指定一个文件夹来保存处理后的图像。选中【忽略动作的"存储"命令】复选框，当选择的动作中包含另存为命令时，则自动跳过
❹【错误】栏	在【错误】下拉列表中，用户可以选择当批处理出现错误时，怎样处理。选择【出错时停止】选项，可以在遇到错误时，停止批处理命令的选择；选择【将错误记录到文件】选项，则在出现错误时，将出错的文件保存到指定的文件夹中

课堂范例——批处理更改图形不透明度

使用批处理更改图形不透明度的具体操作步骤如下。

步骤01 在【动作】面板中，选择【不透明度40，"屏幕"模式（所选项目）】选项，单击右上角的扩展按钮，在打开的下拉菜单中，选择【插入菜单项】命令，如图12-31所示。

步骤02 在打开的【插入菜单项】对话框的【查找】后面的文本框中输入"全选"，单击【确定】按钮，如图12-32所示。

图12-31　选择命令

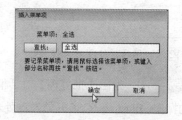

图12-32　【插入菜单项】对话框

步骤03 通过前面的操作插入"全选"命令，如图12-33所示。拖动调整操作步骤顺序，如图12-34所示。

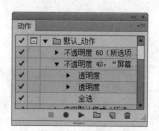

图12-33　插入命令

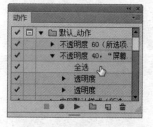

图12-34　调整步骤顺序

步骤04 在【动作】面板中，单击右上角的扩展按钮，在打开的下拉菜单中，选择【批处理】命令，如图12-35所示。在【批处理】对话框中，设置【动作】为【不透明度40，"屏幕"模式（所选项目）】，设置【源】为【文件夹】，单击【选取】按钮，如图12-36所示。

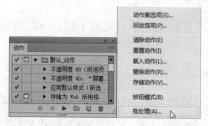

图12-35　选择动作和源文件夹

图12-36　【批处理】对话框

步骤05 在打开的【选择批处理源文件夹】对话框中，选择要处理的文件所在的文件夹，单击【确定】按扭，如图 12-37 所示。

步骤 06 设置【目标】为文件夹，单击【选取】按钮，在打开的【选择批处理目标文件夹】对话框中，指定处理后的文件的保存位置，单击【确定】按扭，如图 12-38 所示。

图 12-37 选择批处理源文件夹   图 12-38 选择批处理目标文件夹

步骤 07 返回【批处理】对话框，单击【确定】按钮即可，如图 12-39 所示。通过前面的操作，Illustrator CS6 开始自动处理图像，处理前后的图像效果对比如图 12-40 所示。

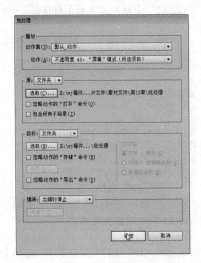

图 12-39 【批处理】对话框   图 12-40 处理前后效果对比

课堂问答

通过本章的讲解，大家对 Web 设计、打印和任务自动化有了一定的了解，下面列出一些常见的问题供大家学习参考。

问题 ①：在 Illustrator CS6 中如何创建动画？

答：在 Illustrator CS6 中，还可以创建动画，完成动画元素绘制后，将每个元素释放到单独的图层中，每一个图层为动画的一帧或一个动画文件，然后导出 SWF 格式文件即可。具体操作步骤如下。

步骤 01 打开"网盘\素材文件\第 12 章\太阳 1.ai"，如图 12-41 所示。在【图层】面板中，单击【创建新图层】按钮 █，创建【图层 2】，如图 12-42 所示。

图 12-41　太阳 1 素材　　　　　　　　　图 12-42　创建新图层

步骤 02　打开"网盘\素材文件\第 12 章\太阳 2.ai"，将太阳 2 复制粘贴到【图层 2】中，如图 12-43 所示。

图 12-43　添加太阳 2 素材

步骤 03　打开"网盘\素材文件\第 12 章\太阳 3.ai"，新建【图层 3】，将太阳 3 复制粘贴到【图层 3】中，如图 12-44 所示。

图 12-44　添加太阳 3 素材

步骤 04　执行【文件】→【导出】命令，在【导出】对话框中，选择动画保存路径，单击【保存】按钮，如图 12-45 所示。在弹出的【SWF 选项】对话框中，设置【导出为】为"AI 图层到 SWF 帧"，如图 12-46 所示。在【SWF 选项】对话框中，选择【高级】选项卡，设置【帧速率】为"6 帧/秒"，选中【循环】复选项，单击【确定】按钮，如图 12-47 所示。

步骤 05　将导出的 SWF 拖动到浏览器或动画播放器中，即可观看动画播放效果，如图 12-48 所示。

图 12-45　【导出】对话框　　　图 12-46　设置导出方式　　图 12-47　设置帧速率和循环

图 12-48　动画播放效果

问题②：【效果】菜单中的命令不能录制怎么办？

答：【效果】和【视图】菜单中的命令不会被记录。但是可以通过【插入菜单项】命令进行插入，具体操作步骤如下。

步骤 01　在【动作】面板中，定位于要插入命令的位置，单击面板右上方的扩展按钮 ，在打开的快捷菜单中，选择【插入菜单项】命令，如图 12-49 所示。在打开的【插入菜单项】对话框的文本框中输入"扭拧"命令，单击【查找】按钮，如图 12-50 所示。

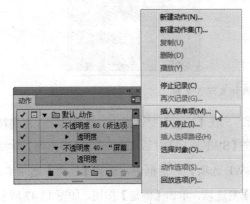 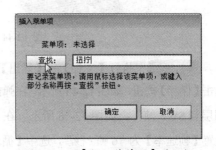

图 12-49　选择命令　　　　　　　　　图 12-50　【插入菜单项】对话框

步骤 02　在【插入菜单项】对话框中，单击【确定】按钮，如图 12-51 所示。通过前面的操作，在【动作】面板中，插入【效果】菜单中的【扭拧】命令，如图 12-52 所示。

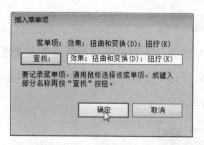

图 12-51　查找指定命令

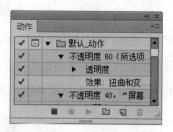

图 12-52　插入【扭拧】命令

问题 ③：如何为切片设置链接？

答：在 Illustrator CS6 中划分切片后，还可以为切片设置链接。选择切片，执行【对象】→【切片】→【切片选项】命令，在【切片选项】对话框中，设置 URL 链接后，单击【确定】按钮，如图 12-53 所示。

图 12-53　设置 URL 链接

上机实战——绘制花朵图案

为了让大家巩固本章知识点，下面讲解一个技能综合案例，使大家对本章的知识有更深入的了解。

效果展示

图 12-54　效果展示

使用 Illustrator CS6 绘制各种图案是非常方便的，下面将介绍如何绘制花朵图案。

本例首先通过【动作】面板组合图形，然后使用【变换效果】面板创建旋转花朵效果，最后使用【渐隐】面板为图案着色，完成整体制作。

步骤 01 使用【矩形工具】█绘制矩形，填充浅粉色"#f2a9c9"，如图 12-55 所示。打开"网盘\素材文件\第 12 章\花朵 .ai"，将其复制粘贴到【图层 3】中，如图 12-56 所示。

图 12-55 绘制矩形

图 12-56 添加花朵素材

步骤 02 在添加的素材上右击，在打开的快捷菜单中选择【取消编组】命令，如图 12-57 所示。在【动作】面板中，选择【并集（所选项目）】动作，单击【播放当前所选动作】按钮▶，如图 12-58 所示，效果如图 12-59 所示。

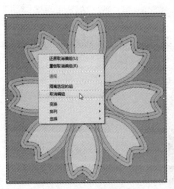

图 12-57 取消编组

图 12-58 【动作】面板

图 12-59 并集效果

步骤 03 使用【选择工具】▶选中所有图形，如图 12-60 所示。在【动作】面板中，选择【差集（所选项目）】动作，单击【播放当前所选动作】按钮▶，如图 12-61 所示，效果如图 12-62 所示。

步骤 04 执行【效果】→【扭曲和变换】→【变换】命令，在打开的【变换效果】对话框中设置【水平】和【垂直】缩放均为"70%"，旋转【角度】为"30°"，【副本】

为"5"，单击【确定】按钮，如图 12-63 所示，效果如图 12-64 所示。

图 12-60　选择所有图形　　　图 12-61　【动作】面板　　　图 12-62　差集效果

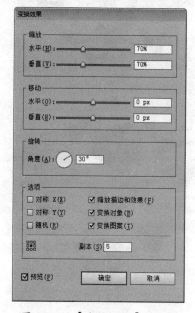

图 12-63　【变换效果】对话框　　　　　　图 12-64　变换效果

步骤 05　在【渐隐】面板中，选择【渐隐至中心红色】选项，如图 12-65 所示。
通过前面的操作得到渐隐填色效果，如图 12-66 所示。

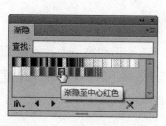

图 12-65　【渐隐】面板　　　　　　　图 12-66　最终效果

⊕ **同步训练——制作抽象叠影图形**

为了增强大家的动手能力，下面安排一个同步训练案例，让大家达到举一反三、触类旁通的学习效果。

图解流程

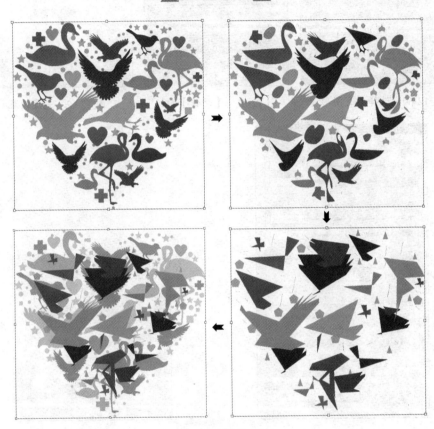

思路分析

抽象叠影是一种常见的艺术效果，它可以使图形看起来与众不同，在 Illustrator CS6 中制作抽象叠影效果的具体操作方法如下。

本例首先通过【动作】面板简化图形，然后使用【比例缩放】命令缩放图形，最后调整不透明度即可完成制作。

关键步骤

关键步骤 01　打开"网盘\素材文件\第 12 章\心形动物 .ai"，新建【图层 3】，如图 12-67 所示。在【动作】面板中，选择【简化（所选项目）】动作，单击【播放当前所选动作】按钮▶，如图 12-68 所示，效果如图 12-69 所示。

图 12-67　打开图形

图 12-68　【动作】面板

图 12-69　简化效果

关键步骤 02　在【动作】面板中，选择【简化为直线（所选项目）】动作，单击【播放当前所选动作】按钮，如图 12-70 所示，效果如图 12-71 所示。

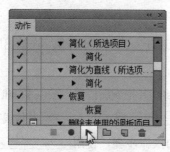

图 12-70　【动作】面板

图 12-71　简化为直线效果

关键步骤 03　在【图层】面板中选择图层，如图 12-72 所示。执行【对象】→【变换】→【缩放】命令，在打开的【比例缩放】对话框中设置【等比】为"120%"，单击【确定】按钮，如图 12-73 所示。

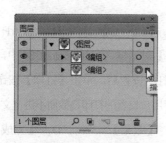

图 12-72　选择图层

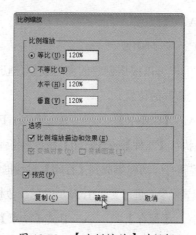

图 12-73　【比例缩放】对话框

关键步骤 04　在【动作】面板中，选择【不透明度 40】动作，单击【播放当前所选动作】按钮，如图 12-74 所示，效果如图 12-75 所示。

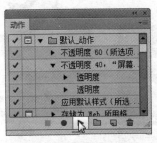

图 12-74 【动作】面板

图 12-75 最终效果

知识能力测试

本章讲解了 Web 设计、打印和任务自动化应用的基本方法，为对本章知识进行巩固和考核，布置相应的练习题（答案见网盘）。

一、填空题

1．使用_____可以将完整的网页图像划分为若干个小图像，在输出网页时，根据图像特性分别进行优化。

2．单击工具箱中的【切片选择工具】 ，可将切片拖到新位置，按住【Shift】键进行拖动，可以将移动方向限制在_____、_____或_____对角线方向上。

3．图像编辑和调整过程中，常会用到重复的操作步骤，使用_____面板可以将常用操作集成为一个动作，并能够使用_____命令同时处理多个文件。

二、选择题

1．（　　）是指在不同硬件环境、不同操作系统、不同浏览器中都能够正常显示的颜色集合。

　　A．相似色　　　　　　　　　　　　B．Web 安全颜色

　　C．安全颜色　　　　　　　　　　　D．色彩

2．用户可以根据创建的参考线创建切片，按（　　）组合键显示出标尺，拉出参考线，设置切片的位置。

　　A．【Ctrl+R】　　　B．【Ctrl+E】　　　C．【Ctrl+C】　　　D．【Ctrl+D】

3．执行【文件】→【打印】命令，将弹出【打印】对话框，在 Illustrator CS6 中，系统将页面设置和打印功能集成到【打印】对话框中，完成打印设置后，单击【打印】按钮即可按照用户设置的参数进行文件打印，单击（　　）按钮将保存用户设置的打印参数而不进行文件打印。

　　A．【保存】　　　　B．【结束】　　　　C．【效果】　　　　D．【完成】

三、简答题

1．如何在 Illustrator CS6 中创建动画？

2．简述创建切片的几种方式。

CS6
ILLUSTRATOR

第 13 章
商业案例实训

本章导读

    Illustrator CS6 广泛应用于商业设计制作中，包括文字设计、形象设计、Logo 设计、海报设计和外观设计等。本章主要通过对几个实例的讲解，帮助用户加深对基础软件知识与操作技巧的理解，并能够将知识与技巧熟练地应用于商业案例中。

学习目标

- 熟练掌握文字效果设计方法
- 熟练掌握形象设计制作方法
- 熟练掌握 Logo 设计制作方法
- 熟练掌握海报设计制作方法
- 熟练掌握产品外观设计制作方法

13.1 迎春美丽季文字效果

效果展示

图 13-1 效果展示

思路分析

春天是优雅的，制作与春天有关的字体效果时，首先要考虑文字形态的美观，文字本身要有美感。

本例首先使用【文字工具】T添加文字，创建轮廓后，删除部分笔画，使用【螺旋线工具】◎制作卷曲笔画效果，添加字母后得到最终效果。

制作步骤

步骤 01　新建空白文档，选择工具箱中的【文字工具】T，在面板中输入文字"迎春美丽季"，在选项栏中，设置字体为"方正正纤黑简体"，如图 13-2 所示。

步骤 02　执行【文字】→【创建轮廓】命令，将文字转换为路径，如图 13-3 所示。

图 13-2　输入文字 　　　　　　　　　图 13-3　将文字转换为路径

步骤 03　使用【直接选择工具】 选中"美"字上方的两个路径点，如图 13-4 所示。按【Delete】键删除锚点，如图 13-5 所示。使用相同的方法，删除右下角笔画，如图 13-6 所示。

步骤 04　双击【螺旋线工具】◎，在打开的【螺旋线】对话框中，设置【衰减】为"80%"，如图 13-7 所示。拖动鼠标绘制螺旋线如图 13-8 所示。在选项栏中，设置【描边】为"1pt"，设置线条形状如图 13-9 所示。

图 13-4 选择路径点　　　　图 13-5 删除锚点　　　　图 13-6 删除右下角笔画

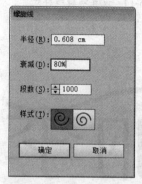

图 13-7 【螺旋线】对话框　　图 13-8 绘制螺旋线　　　图 13-9 调整螺旋线

步骤 05 双击【螺旋线工具】，在打开的【螺旋线】对话框中，设置【衰减】为 "65%"，如图 13-10 所示。拖动鼠标绘制螺旋线并设置线条样式，如图 13-11 所示。

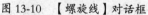

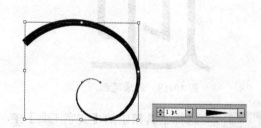

图 13-10 【螺旋线】对话框　　　　　图 13-11 绘制螺旋线

步骤 06 将绘制的两条螺旋线连在一起，移动到 "美" 字上方，如图 13-12 所示。

步骤 07 继续绘制右下角的螺旋线如图 13-13 所示。设置线条样式如图 13-14 所示。

步骤 08 适当调整右下角螺旋线的大小和角度，如图 13-15 所示。使用【矩形工具】绘制矩形，填充黑色 "#000000"，如图 13-16 所示。使用【旋转扭曲工具】在矩形上拖动，变形效果如图 13-17 所示。

图 13-12　连接螺旋线　　图 13-13　绘制右下角的螺旋线　　　图 13-14　设置螺旋线样式

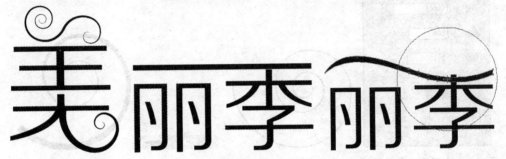

图 13-15　调整螺旋线　　　　图 13-16　绘制矩形　　　　图 13-17　调整矩形

步骤 09　删除"迎"字的左上角笔画，如图 13-18 所示。使用【钢笔工具】 ✍绘制叶子，填充为绿色"#49b133"，如图 13-19 所示。

图 13-18　删除笔画　　　　　　　图 13-19　绘制绿叶

步骤 10　选择工具箱中的【文字工具】 **T**，在面板中输入字母"SPRING"，在选项栏中，设置字体为"汉仪秀英体简"，设置适当的字体大小，如图 13-20 所示。

步骤 11　删除"丽"字中间的两个小点，如图 13-21 所示。

图 13-20　输入字母　　　　　　　　　图 13-21　删除小点

步骤 12 复制叶子图形到"丽"字中间，并调整大小和旋转角度，最终效果如图 13-22 所示。

图 13-22 最终效果

13.2 卡通女神形象设计

效果展示

图 13-23 效果展示

思路分析

卡通形象具有呆萌的特点而被人们喜爱。每个人心中都有一个属于自己的卡通女神形象，下面介绍如何绘制卡通女神形象。

本例首先绘制女神的头部效果；然后绘制身体部位，包括手臂和衣服效果，最后制作头部发饰，得到最终效果。

步骤01 新建文档，使用【钢笔工具】 ❏ 绘制头部路径，填充肉色 "#F7E9DA"，描边颜色为赭黄色 "#83694A"，【描边粗细】为 "2mm"，如图 13-24 所示。

步骤02 继续使用【钢笔工具】 ❏ 绘制眼白路径，如图 13-25 所示。使用【钢笔工具】 ❏ 绘制眼球路径，如图 13-26 所示。

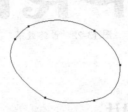

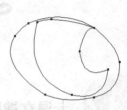

图 13-24 绘制头部路径　　　　图 13-25 绘制眼白路径　　　　图 13-26 绘制眼球路径

步骤03 在【渐变】面板中，设置渐变色标为蓝色 "#1692D1"、深蓝色 "#153D83"，如图 13-27 所示。设置描边颜色为深蓝色 "# 212870"，在选项栏中，设置【描边粗细】为 "1mm"，如图 13-28 所示。

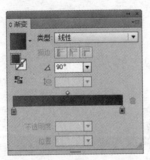

图 13-27 【渐变】面板　　　　　　　图 13-28 设置描边

步骤04 使用【矩形工具】 ▢ 绘制矩形，在【渐变】面板中，设置渐变色标为青色 "#1A97D5"、紫色 "#985691"，如图 13-29 所示。适当旋转矩形，如图 13-30 所示。

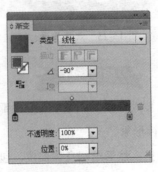

图 13-29 绘制矩形并填充渐变色　　　　　　　图 13-30 旋转矩形

步骤05 使用【钢笔工具】绘制路径，同时选中路径和矩形如图 13-31 所示。执行【对象】→【剪切蒙版】→【建立】命令，创建剪切蒙版如图 13-32 所示。移动剪切蒙版到适当位置，如图 13-33 所示。

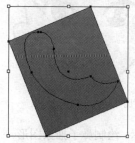
图 13-31 绘制路径

图 13-32 创建剪切蒙版

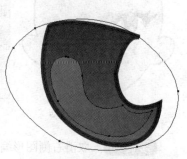
图 13-33 移动剪切蒙版

步骤06 使用【钢笔工具】绘制椭圆形高光，填充白色"#FFFFFF"，如图 13-34 所示。使用【钢笔工具】绘制眼影，填充粉色"#F1CFDB"，如图 13-35 所示。

步骤07 使用【钢笔工具】绘制眼睫毛，填充黑色"#000000"，如图 13-36 所示。

图 13-34 绘制高光

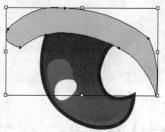
图 13-35 绘制眼影

图 13-36 绘制眼睫毛

步骤08 使用【钢笔工具】绘制双眼皮，填充黑色"#000000"，如图 13-37 所示。使用【钢笔工具】绘制下眼皮，填充黑色"#000000"，如图 13-38 所示。选中整个对象，按【Ctrl+G】组合键创建编组，移动到脸部左侧，如图 13-39 所示。

图 13-37 绘制双眼皮

图 13-38 绘制下眼皮

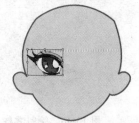
图 13-39 移动图形

步骤09 选择【镜像工具】，按住【Alt】键，在人脸中间位置单击，如图 13-40 所示。在弹出的【镜像】面板中，设置【轴】为"垂直"，单击【复制】按钮，如图 13-41 所示，效果如图 13-42 所示。

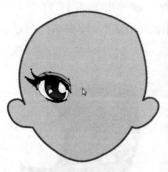

| 图 13-40　定义镜像点 | 图 13-41　【镜像】面板 | 图 13-42　镜像效果 |

步骤 10　取消右侧图形编组，调整眼睛效果如图 13-43 所示。绘制鼻子抽象图形，分别填充白色"#FEFEFE"、土黄色"#AF8743"和粉红色"#F4D3BE"，如图 13-44 所示。创建编组后移动到眼睛下方，如图 13-45 所示。

| 图 13-43　调整另一侧眼睛 | 图 13-44　绘制鼻子图形 | 图 13-45　移动图形 |

步骤 11　使用【钢笔工具】绘制人物嘴唇，分别填充粉色"#E696B2"和浅粉色"#ECB4C7"，如图 13-46 所示。使用【椭圆工具】绘制椭圆形，填充白色"#FFFFFF"，作为嘴唇高光，如图 13-47 所示。使用【钢笔工具】绘制一些自由图形，作为嘴唇暗部，如图 13-48 所示。

| 图 13-46　绘制嘴唇 | 图 13-47　绘制嘴唇高光 | 图 13-48　绘制嘴唇暗部 |

步骤 12　使用【钢笔工具】绘制人物头部路径，填充暗红色"#EA9C7B"，如图 13-49 所示。

步骤 13　在【毛发和毛皮】面板中，选择【毛发】符号，绘制人物刘海，填充深黄色"#C37135"，效果如图 13-50 所示。

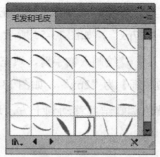

图 13-49　绘制人物头部路径　　　　图 13-50　绘制人物刘海

步骤 14　使用【钢笔工具】 绘制人物身体，填充浅粉色 "#F7E9DA"，如图 13-51 所示。

步骤 15　打开"网盘\素材文件\第13章\粉裙.ai"，将其复制粘贴到当前图形中，移动到适当位置，如图 13-52 所示。在【花朵】面板中选择【芙蓉】符号，如图 13-53 所示。

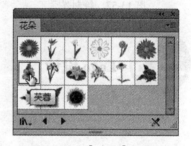

图 13-51　绘制人物身体　　　图 13-52　添加裙子素材　　　图 13-53　【花朵】面板

步骤 16　将【芙蓉】符号拖动到人物左肩。选择【镜像工具】，按住【Alt】键，在衣服中间位置单击，如图 13-54 所示。在弹出的【镜像】面板中，设置【轴】为"垂直"，单击【复制】按钮，如图 13-55 所示，效果如图 13-56 所示。

图 13-54　添加【芙蓉】符号　　　图 13-55　【镜像】面板　　　图 13-56　复制花朵

步骤 17　使用【钢笔工具】 ✐ 绘制人物发带，填充粉色"#EF97BD"，描边设置为黑色，设置【描边粗细】为"1.7px"，如图 13-57 所示。

步骤 18　使用【钢笔工具】 ✐ 绘制人物手臂，填充粉色"#F7E9DA"，描边为深黄色"#806749"，设置【描边粗细】为"2px"，如图 13-58 所示。

步骤 19　复制下方的黄色蝴蝶结并移动到上方，填充浅粉色"#F7CAD9"，如图 13-59 所示。

图 13-57　绘制发带　　　　图 13-58　绘制手臂　　　　图 13-59　复制蝴蝶结

13.3　Logo 设计

效果展示

图 13-60　效果展示

思路分析

Logo 是具有凝聚力的符号，它代表企业的理念、精神和经营范围。下面来介绍如何制作 Logo 效果。

本例首先制作 Logo 的符号，然后为 Logo 添加文字和字母，得到最终效果。

制作步骤

步骤 01 新建空白文档，使用【椭圆工具】◎绘制圆形，填充橙色 "#EDA32A"，如图 13-61 所示。使用【椭圆工具】◎绘制较小的圆形，填充白色 "#FFFFFF"，如图 13-62 所示。

图 13-61 绘制橙色圆

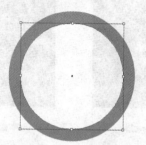

图 13-62 绘制白色圆

步骤 02 同时选中两个圆，如图 13-63 所示。在【路径查找器】面板中，单击【减去顶层】按钮◎，如图 13-64 所示。得到合并图形，如图 13-65 所示。

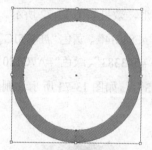

图 13-63 选中两个圆

图 13-64 【路径查找器】面板

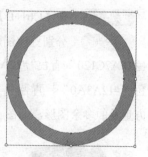

图 13-65 合并图形

步骤 03 使用【椭圆工具】◎绘制较小的圆形，填充蓝色 "#005D7B"，如图 13-66 所示。

步骤 04 使用【椭圆工具】◎绘制圆形，填充白色 "#FFFFF"，移动到适当位置，如图 13-67 所示。同时选中蓝色圆和白色圆，如图 13-68 所示。

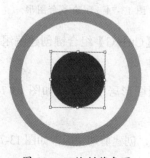

图 13-66 绘制蓝色圆

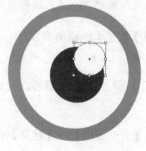

图 13-67 绘制白色圆

图 13-68 选择图形

步骤 05　使用【矩形工具】▣绘制矩形，填充紫色"#B81377"，选中所有图形，如图 13-69 所示。

步骤 06　选择【旋转工具】◯，按住【Alt】键，在圆形中间单击定义旋转中心，如图 13-70 所示。在弹出的【旋转】对话框中，设置【角度】为"30°"，单击【复制】按钮，如图 13-71 所示。

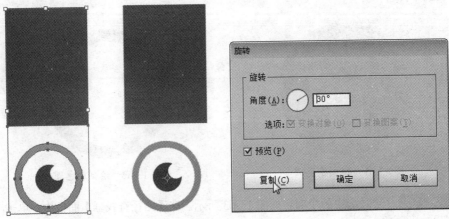

图 13-69　选中所有图形　图 13-70　定义旋转中心　　　图 13-71　【旋转】对话框

步骤 07　按【Ctrl+D】组合键多次，旋转复制多个图形，效果如图 13-72 所示。

步骤 08　分别更改图形颜色为红色"#D41719"、橙色"#E88E14"、黄色"#F4C51C"、绿色"#A7C120"、青色"#12A3A0"、蓝色"#0563A8"、深蓝色"#543383"、绿色"#A7C120"、青色"#12A3A0"、青蓝色"#0563A8"、深蓝色"#543383"，如图 13-73 所示。删除下方重叠的多余图形，如图 13-74 所示。

图 13-72　复制效果　　　图 13-73　更改颜色　　　图 13-74　删除多余图形

步骤 09　使用【选择工具】▶拖动选择所有图形，按【Ctrl+G】组合键创建编组，如图 13-75 所示。

步骤 10　使用【钢笔工具】✎绘制眼睛图形，与编组图形居中对齐，如图 13-76 所示。

步骤 11　执行【对象】→【剪切蒙版】→【建立】命令，创建剪切蒙版，如图 13-77 所示。

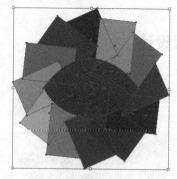

图 13-75　创建编组　　　　　图 13-76　绘制眼睛图形　　　图 13-77　创建剪切蒙版

步骤 12　选择工具箱中的【文字工具】**T**，在图像正下方的位置中输入文字"色彩之眼"，在选项栏中，设置【字体】为"汉仪中圆简"，字体【大小】为"60pt"，在文字正下方的位置继续输入字母"Eye of color"，在选项栏中，设置【字体】为"汉仪中圆简"，字体【大小】为"30pt"，如图 13-78 所示。

步骤 13　执行【对象】→【剪切蒙版】→【编辑内容】命令，进入编辑内容状态，如图 13-79 所示。

图 13-78　添加文字

图 13-79　编辑剪切蒙版内容

步骤 14　执行【效果】→【扭曲和变换】→【扭转】命令，在【扭转】对话框中，设置【角度】为"180°"，单击【确定】按钮，如图 13-80 所示，最终效果如图 13-81 所示。

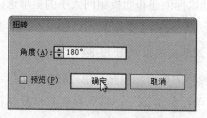

图 13-80　【扭转】对话框

图 13-81　最终效果

13.4 展览海报设计

图 13-82　效果展示

制作展览海报首先要根据展览的内容确定画面构思、色彩搭配，然后要考虑版面内容安排。下面介绍如何制作展览海报设计。

本例首先制作海报背景图像，然后制作展示文字的装饰效果，最后制作展览文字，得到最终效果。

步骤 01　按【Ctrl+N】组合键，执行【新建】命令，在【新建文档】对话框中，设置【大小】为"A4"，单击【确定】按钮，如图 13-83 所示。

步骤 02　选择【矩形选框工具】，拖动鼠标创建和面板相同大小的矩形选区，单击工具箱中的【渐变】图标，在【渐变】面板中，设置【类型】为"径向"，渐变颜色为白色"#FFFFFF"、灰色"#C2C5BA"，得到渐变效果如图 13-84 所示。

步骤 03　使用【矩形选框工具】绘制较小的矩形，填充黄色"#F4E92B"，如图 13-85 所示。打开"网盘\素材文件\第 13 章\五彩鹿 .ai"，将五彩鹿素材复制粘贴到当前文件中，如图 13-86 所示。

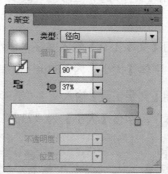

图 13-83 【新建文档】对话框

图 13-84 绘制矩形并填充渐变色

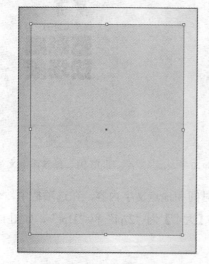

图 13-85 绘制较小的矩形

图 13-86 添加五彩鹿素材

步骤04 使用【矩形选框工具】 绘制较小的矩形，填充深黄色"#F4D52C"，如图 13-87 所示。适当旋转矩形，如图 13-88 所示。

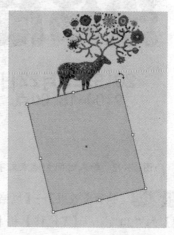

图 13-87 绘制较小的矩形

图 13-88 旋转矩形

步骤 05　使用【矩形选框工具】▣绘制矩形，填充黄色"#F4E92B"，如图 13-89 所示。

步骤 06　使用【文字工具】输入文字"你没见过的"，在选项栏中，设置【字体】为"汉仪中黑简"，字体【大小】为"33pt"，如图 13-90 所示。

步骤 07　使用【文字工具】输入文字"五彩鹿现场展"，在选项栏中，设置【字体】为"方正胖头鱼简体"，字体【大小】为"73pt"，如图 13-91 所示。

图 13-89　绘制矩形　　　　　图 13-90　添加文字　　　　　图 13-91　继续添加文字

步骤 08　使用【文字工具】输入下方的时间和地点文字内容，在选项栏中，分别设置【字体】为"汉仪中黑简"和"宋体"，字体【大小】为"27pt"和"11pt"，如图 13-92 所示。选择黄色背景，如图 13-93 所示。

图 13-92　输入时间和地点文字　　　　　图 13-93　选择黄色背景

步骤 09　执行【效果】→【风格化】→【投影】命令，在【投影】对话框中，设置【不透明度】为"20%"，【X位移】和【Y位移】为"0.1 in"，【模糊】为"0.07 in"，单击【确定】按钮，如图 13-94 所示，投影效果如图 13-95 所示。

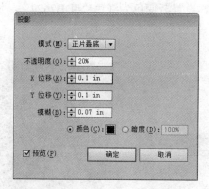

图 13-94 【投影】对话框

图 13-95 投影效果

13.5 饮料杯外观设计

效果展示

图 13-96 效果展示

思路分析

在制作饮料杯外观时，除了要考虑外观好看之外，实用是同样重要的。下面介绍如何设计饮料杯外观。

本例首先制作饮料杯杯身，然后制作饮料杯明暗细节，最后制作饮料杯的吸管，得到最终效果。

制作步骤

步骤 01　新建空白文档,选择工具箱中的【钢笔工具】绘制路径,如图 13-97 所示。在【渐变】面板中,设置【类型】为"线性",设置渐变色为红色"#DB2624"、浅红色"# F5947A",如图 13-98 所示。

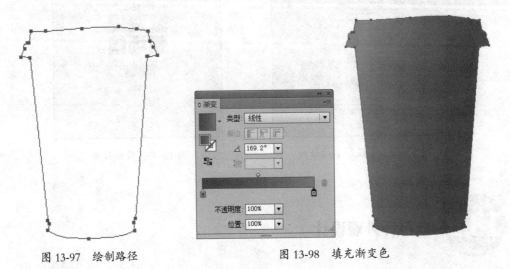

图 13-97　绘制路径　　　　　　　图 13-98　填充渐变色

步骤 02　使用【钢笔工具】绘制路径,如图 13-99 所示。使用【网格工具】在下方路径上单击创建网格填充。选中左中部的网格点,填充灰色"#D6D6D6",选中中间的网格点,填充浅灰色"#F7F7F7",效果如图 13-100 所示。

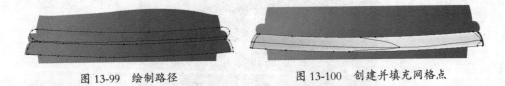

图 13-99　绘制路径　　　　　　　图 13-100　创建并填充网格点

步骤 03　使用相似的方法填充上部图形,并调整网格填充,效果如图 13-101 所示。在【透明度】面板中,设置【不透明度】为"30%",如图 13-102 所示,效果如图 13-103 所示。

图 13-101　创建并填充网格点　　图 13-102　【透明度】面板　　图 13-103　透明度效果

步骤 04　使用【椭圆工具】绘制圆形,在【渐变】对话框中,设置【类型】为"线性",渐变色为红色"#DB2624"、浅红色"#F5947A",如图 13-104 所示。复制多个圆形,移动至杯子上方,作为饮料的气泡,如图 13-105 所示。

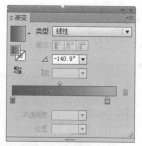

图 13-104 绘制圆形并填充渐变色 图 13-105 复制圆形

步骤 05 在【透明度】面板中，设置【不透明度】为"80%"，如图 13-106 所示，效果如图 13-107 所示。

图 13-106 【透明度】面板 图 13-107 透明度效果

步骤 06 使用【钢笔工具】 绘制杯盖轮廓，如图 13-108 所示。在【透明度】面板中，设置【不透明度】为"20%"，如图 13-109 所示，效果如图 13-110 所示。

图 13-108 绘制杯盖轮廓 图 13-109 【透明度】面板 图 13-110 透明度效果

步骤 07 使用【钢笔工具】 绘制杯盖光照面轮廓，如图 13-111 所示。在【透明度】面板中，设置【不透明度】为"50%"，如图 13-112 所示，效果如图 13-113 所示。

图 13-111 绘制杯盖光照面轮廓 图 13-112 【透明度】面板 图 13-113 透明度效果

步骤 08　使用【钢笔工具】✐绘制杯身左侧光照面轮廓，在【渐变】面板中，设置【类型】为"线性"，渐变色为浅灰色"#E6E6E6"、白色"#FFFFFF"，如图 13-114 所示。

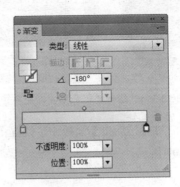

图 13-114　绘制轮廓并填充渐变色

步骤 09　使用【钢笔工具】✐绘制杯身右侧光照面轮廓。在【渐变】面板中，设置【类型】为"线性"，【角度】为"-4.2°"，渐变色为浅灰色"#E6E6E6"、白色"#FFFFFF"，如图 13-115 所示。

图 13-115　绘制轮廓并填充渐变色

步骤 10　使用【钢笔工具】✐绘制杯盖高光轮廓，填充灰色"#E6E6E6"，如图 13-116 所示。在【透明度】面板中，设置【不透明度】为"40%"，效果如图 13-117 所示。

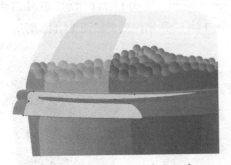

图 13-116　绘制杯盖高光轮廓　　　图 13-117　调整不透明度的效果

步骤11 使用【钢笔工具】 ✎ 继续绘制杯盖高光轮廓，填充白色"#FFFFFF"，如图 13-118 所示。在【透明度】面板中，设置【不透明度】为"80%"，如图 13-119 所示。

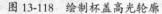

图 13-118 绘制杯盖高光轮廓

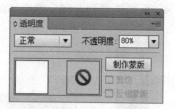

图 13-119 调整不透明度

步骤12 继续使用【钢笔工具】 ✎ 绘制底部高光轮廓，在【渐变】面板中，设置【类型】为"线性"，【角度】为"−180°"，渐变色为浅红色"#F7977a"、白色"#FFFFFF"，如图 13-120 所示。

图 13-120 绘制底部高光轮廓

步骤13 在【透明度】面板中，设置【不透明度】为"50%"，如图 13-121 所示，效果如图 13-122 所示。

步骤14 使用【矩形工具】 ▣ 绘制矩形，填充灰色"#E6E6E6"，在【透明度】面板中，设置【不透明度】为"10%"，如图 13-123 所示。

图 13-121 【透明度】面板　　图 13-122 透明度效果　　图 13-123 绘制矩形并设置不透明度

步骤15　使用【矩形工具】▣绘制矩形，在【渐变】面板中，设置【类型】为"线性"，【角度】为"-178.8°"，渐变色为浅灰色"#E6E6E6"、白色"#FFFFFF"，如图13-124所示。复制图形到右侧，效果如图13-125所示。

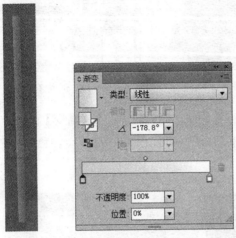

图 13-124　绘制矩形并设置不透明度　　　　　图 13-125　复制图形到右侧

步骤16　创建编组后，将图形移动到杯子上方作为吸管，如图13-126所示。使用【文字工具】T输入英文"coffee"，在选项栏中，设置【字体】为"汉仪细等线简"，字体【大小】为"13pt"，如图13-127所示。按【Ctrl+C】组合键复制文字，按【Ctrl+V】组合键粘贴文字，在选项栏中，设置【描边】为"1pt"，颜色为白色"#FFFFFF"，如图13-128所示。

图 13-126　移动图形　　　　　图 13-127　添加字母　　　　　图 13-128　复制文字

步骤17　在【图层】面板中，调整图层顺序得到的效果如图13-129所示。使用【圆角矩形工具】▣绘制图形填充灰色"#757267"，如图13-130所示。调整矩形形状如图13-131所示。

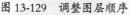

图 13-129　调整图层顺序

图 13-130　绘制矩形

图 13-131　调整矩形形状

步骤18　继续使用【钢笔工具】 ✎ 绘制形状，填充灰色"#757267"，如图 13-132 所示。在【透明度】面板中，设置【不透明度】为"0%"，如图 13-133 所示，效果如图 13-134 所示。

图 13-132　绘制形状

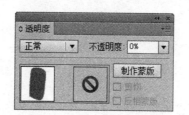

图 13-133　【透明度】面板

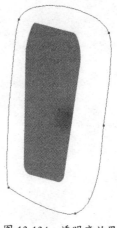

图 13-134　透明度效果

步骤19　双击【混合工具】 ⬡ ，在【混合选项】对话框中，设置【指定的步数】为"9"，单击【确定】按钮，如图 13-135 所示。混合效果如图 13-136 所示。

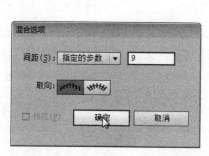

图 13-135　【混合选项】对话框

图 13-136　混合效果

步骤 20　　使用【矩形工具】▣绘制矩形，填充灰色"#9F9FA0"，如图 13-137 所示。将混合对象移动到杯子右下方作为投影，效果如图 13-138 所示。

图 13-137　绘制矩形　　　　　　　　　　　　　图 13-138　投影效果

CS6
ILLUSTRATOR

Illustrator CS6 工具与快捷键索引如下。

工具名称	快捷键	工具名称	快捷键
选择工具	V	直接选择工具	A
编组选择工具	A	套索工具	Q
魔棒工具	Y	添加锚点工具	+
钢笔工具	P	文字工具	T
删除锚点工具	−	直线段工具	\
转换锚点工具	Shift+C	椭圆工具	L
矩形工具	M	铅笔工具	N
画笔工具	B	橡皮擦工具	Shift+E
斑点画笔工具	Shift+B	旋转工具	R
剪刀工具	C	比例缩放工具	S
镜像工具	O	变形工具	Shift+R
宽度工具	Shift+W	形状生成器工具	Shift+M
自由变换工具	E	实时上色选择工具	Shift+L
实时上色工具	K	透视选择工具	Shift+V
透视网格工具	Shift+P	渐变工具	G
网格工具	U	混合工具	W
吸管工具	I	柱形图工具	J
符号喷枪工具	Shift+S	切片工具	Shift+K
画板工具	Shift+O	缩放工具	Z
抓手工具	H	互换填色和描边	Shift+X
默认填色和描边	D	渐变	>
颜色	<	正常绘图	Shift+D
无 /	/	内部绘图	Shift+D
背面绘图	Shift+D	更改屏幕模式	F

CS6
ILLUSTRATOR

Illustrator CS6 命令与快捷键索引如下。

1. 【文件】菜单快捷键

文件命令	快捷键	文件命令	快捷键
新建	Ctrl+N	从模板新建	Shift+Ctrl+N
打开	Ctrl+O	在 Bridge 中浏览	Alt+Ctrl+O
关闭	Ctrl+W	关闭全部	Alt+Ctrl+W
存储	Ctrl+S	存储为	Shift+Ctrl+S
存储副本	Alt+Ctrl+S	存储为 Web 所用格式	Alt+Shift+Ctrl+S
恢复	F12	置入	Shift+Ctrl+P
打包	Alt+Shift+Ctrl+P	文档设置	Alt+Ctrl+P
文件信息	Alt+Shift+Ctrl+I	打印	Ctrl+P
退出	Ctrl+Q		

2. 【编辑】菜单快捷键

编辑命令	快捷键	编辑命令	快捷键
还原	Ctrl+Z	重做	Shift+Ctrl+Z
剪切	Ctrl+X 或 F2	复制	Ctrl+C
粘贴	Ctrl+V 或 F4	贴在前面	Ctrl+F
贴在后面	Ctrl+B	就地粘贴	Shift+Ctrl+V
在所有画板上粘贴	Alt+Shift+Ctrl+V	拼写检查	Ctrl+I
颜色设置	Shift+Ctrl+K	键盘快捷键	Alt+Shift+Ctrl+K
首选项	Ctrl+K		

3. 【对象】菜单快捷键

对象命令	快捷键	对象命令	快捷键
再次变换	Ctrl+D	移动	Shift+Ctrl+M
分别变换	Alt+Shift+Ctrl+D	置于顶层	Shift+Ctrl+]
前移一层	Ctrl+]	后移一层	Ctrl+[
置于底层	Shift+Ctrl+[	编组	Ctrl+G
取消编组	Shift+Ctrl+G	锁定→所选对象	Ctrl+2
全部解锁	Alt+Ctrl+2	隐藏→所选对象	Ctrl+3
显示全部	Alt+Ctrl+3	路径→连接	Ctrl+J
路径→平均	Alt+Ctrl+J	编辑图案	Shift+Ctrl+F8
混合→建立	Alt+Ctrl+B	混合→释放	Alt+Shift+Ctrl+B
封套扭曲→用变形建立	Alt+Shift+Ctrl+W	封套扭曲→用网格建立	Alt+Ctrl+M
封套扭曲→用顶层对象建立	Alt+Ctrl+C	实时上色→建立	Alt+Ctrl+X
剪切蒙版→建立	Ctrl+7	剪切蒙版→释放	Alt+Ctrl+7
复合路径→建立	Ctrl+8	复合路径→释放	Alt+Shift+Ctrl+8

4. 【文字】菜单快捷键

文字命令	快捷键	文字命令	快捷键
创建轮廓	Shift+Ctrl+O	显示隐藏字符	Alt+Ctrl+I

5.【选择】菜单快捷键

选择命令	快捷键	选择命令	快捷键
全部	Ctrl+A	现用画板上的全部对象	Alt+Ctrl+A
取消选择	Shift+Ctrl+A	重新选择	Ctrl+6
上方的下一个对象	Alt+Ctrl+]	下方的下一个对象	Alt+Ctrl+[

6.【效果】菜单快捷键

效果命令	快捷键	效果命令	快捷键
应用上一个效果	Shift+Ctrl+E	上一个效果	Alt+Shift+Ctrl+E

7.【视图】菜单快捷键

视图命令	快捷键	视图命令	快捷键
轮廓 / 预览	Ctrl+Y	叠印预览	Alt+Shift+Ctrl+Y
像素预览	Alt+Ctrl+Y	放大	Ctrl++
缩小	Ctrl+−	画板适合窗口大小	Ctrl+0
全部适合窗口大小	Alt+Ctrl+0	实际大小	Ctrl+1
隐藏边缘	Ctrl+H	隐藏画板	Shift+Ctrl+H
隐藏模板	Shift+Ctrl+W	显示标尺	Ctrl+R
更改为画板标尺	Alt+Ctrl+R	隐藏定界框	Shift+Ctrl+B
显示透明度网格	Shift+Ctrl+D	隐藏文本串接	Shift+Ctrl+Y
隐藏渐变批注者	Alt+Ctrl+G	隐藏参考线	Ctrl+;
锁定参考线	Alt+Ctrl+;	建立参考线	Ctrl+5
释放参考线	Alt+Ctrl+5	智能参考线	Ctrl+U
隐藏网格	Shift+Ctrl+I	显示网格	Ctrl+'
对齐网格	Shift+Ctrl+'	对齐点	Alt+Ctrl+'

8.【窗口】菜单快捷键

窗口命令	快捷键	窗口命令	快捷键
信息	Ctrl+F8	变换	Shift+F8
图层	F7	图形样式	Shift+F5
外观	Shift+F6	对齐	Shift+F7
属性	Ctrl+F11	描边	Ctrl+F10
OpenType	Alt+Shift+Ctrl+T	制表符	Shift+Ctrl+T
字符	Ctrl+T	段落	Alt+Ctrl+T
渐变	Ctrl+F9	画笔	F5
符号	Shift+Ctrl+F11	路径查找器	Shift+Ctrl+F9
透明度	Shift+Ctrl+F10	颜色	F6
颜色参考	Shift+F3		

9.【帮助】菜单快捷键

帮助命令	快捷键
Illustrator 帮助	F1

CS6
ILLUSTRATOR

附录 C
下载、安装和卸载 Illustrator CS6

1．获取软件安装程序的途径

要在计算机中安装需要的软件，首先需要获取软件的安装文件，或者称为安装程序。目前获取软件安装文件的途径主要有以下 3 种。

（1）购买软件光盘。这是获取软件最正规的渠道。当软件厂商发布软件后，会在市面上销售软件光盘，用户只要购买到光盘，然后放入计算机光驱中进行安装就可以了。这种途径的好处在于能够保证获得正版软件，能够获得软件的相关服务，以及能够保证软件使用的稳定性与安全性（如没有附带病毒、木马等）。当然，一些大型软件光盘价格不菲，用户需要支付一定的费用。

（2）通过网络下载。这是很多用户最常用的软件获取方式，对于联网用户来说，通过专门的下载网站、软件的官方下载站点都能够获得软件的安装文件。通过网络下载的好处在于无须专门购买，不必支付购买费用（共享软件有一定时间的试用期）。缺点在于软件的安全性与稳定性无法保障，可能携带病毒或木马等恶意程序，以及部分软件有一定的使用限制等。

（3）从其他计算机复制。如果其他计算机中保存有软件的安装文件，那么就可以通过网络或移动存储设备复制到计算机中进行安装。

2．软件安装过程

如果计算机中已经有其他版本的 Illustrator 软件，在进行新版本的安装前，不需要卸载其他版本，但需要将运行的软件关闭。具体安装步骤如下。

步骤 01 　打开 Illustrator CS6 安装文件，双击"安装文件"图标运行安装程序，如图 C-1 所示。弹出【Adobe 安装程序】对话框，初始化 Illustrator CS6 安装程序，并显示初始化进度条，如图 C-2 所示。

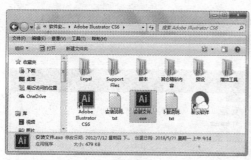

图 C-1　双击安装文件

图 C-2　开始初始化

步骤 02 　完成 Illustrator CS6 安装程序初始化后，弹出 Adobe Illustrator CS6【欢迎】对话框，单击【安装】图标，如图 C-3 所示。弹出 Adobe Illustrator CS6【需要登录】对话框，单击【登录】按钮，如图 C-4 所示。

图 C-3　单击【安装】图标

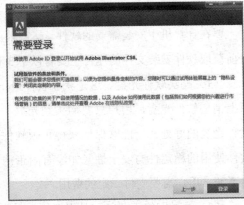

图 C-4　单击【登录】按钮

步骤 03　在【登录】和【密码】文本框中，分别输入用户名和密码，如图 C-5 所示。完成登录后，进入【Adobe 软件许可协议】窗口，单击【接受】按钮，如图 C-6 所示。

图 C-5　输入用户名及密码

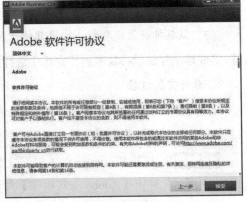

图 C-6　单击【接受】按钮

步骤 04　进入【选项】窗口，可以选择安装语言和安装位置，单击【安装】按钮，如图 C-7 所示。进入【安装】界面，系统开始安装软件，并显示安装进度条，如图 C-8 所示。

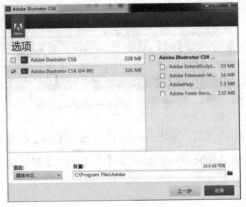

图 C-7　选择安装位置

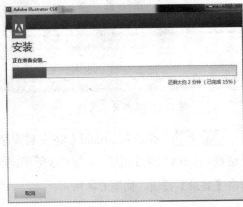

图 C-8　开始安装软件

步骤 05 完成安装后，进入【安装完成】界面，单击【关闭】按钮，如图 C-9 所示。系统开始启动 Adobe Illustrator CS6 软件，并显示启动界面，如图 C-10 所示。

图 C-9　安装完成

图 C-10　启动界面

3. 软件卸载过程

当不再使用 Illustrator CS6 软件时，可以将其卸载，以节约硬盘空间，卸载软件需要使用 Windows 的卸载程序。具体操作步骤如下。

步骤 01 打开 Windows 控制面板，单击【程序】图标，如图 C-11 所示。在【程序】界面中，选择【程序和功能】选项，单击【卸载程序】超链接，如图 C-12 所示。

图 C-11　单击【程序】图标

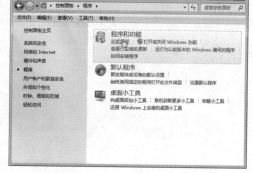

图 C-12　单击【卸载程序】超链接

步骤 02 在打开的【卸载或更改程序】界面中，双击 Adobe Illustrator CS6 软件，如图 C-13 所示。弹出【卸载选项】界面，选中【删除首选项】复选框，单击【卸载】按钮，如图 C-14 所示。

步骤 03 弹出【卸载】界面，并显示卸载进度条，如图 C-15 所示。完成卸载后，进入【卸载完成】界面，单击【关闭】按钮即可，如图 C-16 所示。

图 C-13　双击要卸载的程序

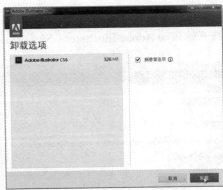

图 C-14　单击【卸载】按钮

图 C-15　开始卸载

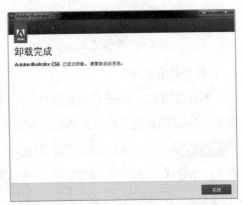

图 C-16　完成卸载

CS6
ILLUSTRATOR

附录 D
综合上机实训

为了强化学生的上机操作能力，专门安排了以下上机实训项目，教师可以根据教学进度与教学内容，合理安排学生上机训练操作的内容。

实训一：制作"刺猬字"效果

在 Illustrator CS6 中，制作图 D-1 所示的"刺猬字"效果。

素材文件	无
结果文件	网盘 \ 结果文件 \ 综合上机实训题 \ 制作刺猬字 .ai

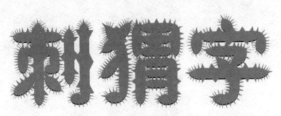

图 D-1 "刺猬字"效果

操作提示

在制作"刺猬字"效果的实例操作中，主要使用了文字工具、波纹命令等。主要操作步骤如下。

（1）新建空白文档。使用【文字工具】T输入文字"刺猬字"，在选项栏中，设置字体为"汉仪橄榄体"，字体大小为"80pt"，如图 D-2 所示。执行【文字】→【创建轮廓】命令，创建文字轮廓，如图 D-3 所示。

图 D-2 输入文字   图 D-3 创建文字轮廓

（2）复制并原位粘贴图形。在【图层】面板中，选中下方编组，如图 D-4 所示。执行【效果】→【扭曲和变换】→【波纹】命令，在打开的【波纹效果】对话框中设置【大小】为"2mm"，【每段的隆起数】为"4"，单击【确定】按钮即可，如图 D-5 所示。

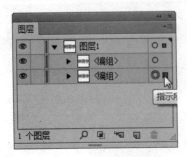

图 D-4 选择编组图形

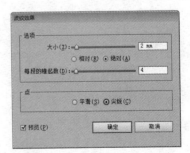

图 D-5 【波纹效果】对话框

实训二：制作"沙发图标"效果

在 Illustrator CS6 中，制作图 D-6 所示的"沙发图标"效果。

素材文件	无
结果文件	网盘 \ 结果文件 \ 综合上机实训题 \ 绘制沙发图标 .ai

图 D-6 "沙发图标"效果

操作提示

在绘制"沙发图标"的实例操作中，主要使用了矩形工具、圆角矩形工具等。主要操作步骤如下。

（1）使用【矩形工具】▣绘制矩形，填充蓝色"#789BCF"，如图 D-7 所示。

（2）选择【圆角矩形工具】▣，在面板中单击，弹出【圆角矩形工具】对话框，设置【圆角半径】为"5px"，拖动鼠标绘制圆角矩形，填充橙色"#FAC352"，设置描边为"1pt"，颜色为深橙色"#DB872E"，如图 D-8 所示。

（3）复制圆角矩形，移动到右侧，如图 D-9 所示。

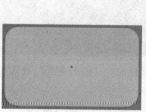
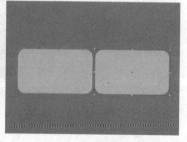

图 D-7 绘制矩形　　　　图 D-8 绘制圆角矩形　　　　图 D-9 复制圆角矩形

（4）在下方绘制圆角矩形，填充深橙色"#DB872E"，如图 D-10 所示。继续绘制下方圆角矩形，填充深泥土色"#7A5957"，如图 D-11 所示。绘制左侧圆角矩形，填充深泥土色"#7A5957"，如图 D-12 所示。

（5）使用【矩形工具】▣绘制左侧脚垫，填充深泥土色"#7A5957"，如图 D-13 所示。将绘制好的左侧圆角矩形及脚垫对称复制到右侧，效果如图 D-14 所示。

图 D-10　绘制深橙色圆角矩形

图 D-11　绘制下方圆角矩形

图 D-12　绘制左侧圆角矩形

图 D-13　绘制左侧脚垫

图 D-14　对称复制图形

实训三：制作"科幻背景"效果

在 Illustrator CS6 中，绘制图 D-15 所示的"科幻背景"效果。

素材文件	无
结果文件	网盘 \ 结果文件 \ 综合上机实训题 \ 制作科幻背景 .ai

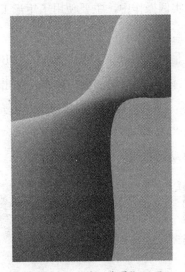
图 D-15　"科幻背景"效果

操作提示

在绘制"科幻背景"的实例操作中，主要使用了钢笔工具、混合命令等。主要操作步骤如下。

（1）使用【钢笔工具】绘制线条。设置颜色为青色"#16F6DD"和紫色"#62007A"，描边为"1pt"，如图 D-16 所示。同时选中两条路径，如图 D-17 所示。

（2）双击【混合工具】，在【混合选项】对话框中，设置【间距】为"平滑颜色"，单击【确定】按钮，如图 D-18 所示。混合效果如图 D-19 所示。

图 D-16 绘制线条

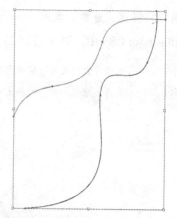

图 D-17 选中两条路径

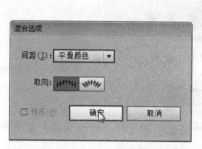

图 D-18 【混合选项】对话框

图 D-19 混合效果

（3）使用【矩形工具】■绘制矩形，填充蓝色"#00B2E2"，移动到下方如图 D-20 所示。按【Ctrl+C】组合键复制图形，按【Ctrl+V】组合键粘贴图形，同时选中上方的两个图形，如图 D-21 所示。执行【对象】→【剪切蒙版】→【建立】命令，创建剪切蒙版，如图 D-22 所示。

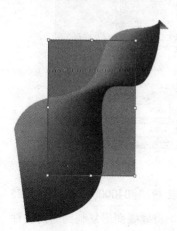

图 D-20 绘制矩形

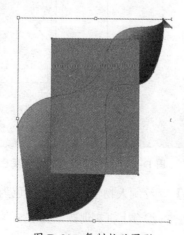

图 D-21 复制粘贴图形

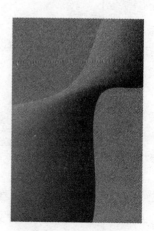

图 D-22 创建剪切蒙版

实训四：制作"剪影"效果

在 Illustrator CS6 中，制作图 D-23 所示的"剪影"效果。

素材文件	网盘 \ 素材文件 \ 综合上机实训题 \ 蝴蝶 .ai
结果文件	网盘 \ 结果文件 \ 综合上机实训题 \ 制作剪影效果 .ai

图 D-23　"剪影"效果

操作提示

在制作"剪影"效果的实例操作中，主要使用了矩形工具、渐变面板、变换命令等。主要操作步骤如下。

（1）使用【矩形工具】■绘制矩形，在【渐变】面板中，设置【角度】为"-90°"，颜色为白色"#FEFEFE"、浅灰色"#E9EFF8"、灰色"#C7B9B8"，如图 D-24 所示。

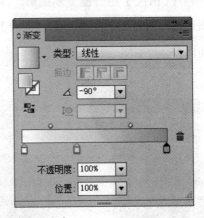

图 D-24　绘制矩形并填充渐变色

（2）使用【钢笔工具】☑绘制人物轮廓。填充颜色为黑色"#040000"，如图 D-25 所示。打开"网盘 \ 素材文件 \ 综合上机实训题 \ 蝴蝶 .ai"，将蝴蝶图形复制到当前文件中，调整大小和位置，如图 D-26 所示。

图 D-25　绘制人物轮廓

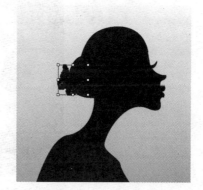

图 D-26　添加蝴蝶图形

（3）执行【效果】→【扭曲和变换】→【变换】命令，在打开的【变换效果】对话框中，设置【水平】和【垂直】均为"90%"，【角度】为"60°"，【副本】为"5"，单击【确定】按钮，如图 D-27 所示。效果如图 D-28 所示。

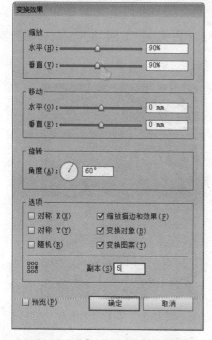

图 D-27　【变换效果】对话框

图 D-28　最终效果

实训五：制作"光圈"效果

在 Illustrator CS6 中，制作图 D-29 所示的"光圈"效果。

素材文件	网盘＼素材文件＼综合上机实训题＼白鸽 .ai、白圆 .ai
结果文件	网盘＼结果文件＼综合上机实训题＼制作光圈效果 .ai

图 D-29　"光圈"效果

操作提示

　　在制作"光圈"效果的实例操作中，主要使用了变换命令、透明度面板、色板面板等。主要操作步骤如下。

　　（1）使用【矩形工具】▣绘制矩形，填充黑色"#000000"，如图 D-30 所示。

　　（2）打开"网盘\素材文件\综合上机实训题\白圆.ai"，并将其复制粘贴到当前图形中，调整大小和位置，如图 D-31 所示。

图 D-30　绘制矩形

图 D-31　添加白圆素材

　　（3）执行【效果】→【扭曲和变换】→【变换】命令，在打开的【变换效果】对话框中，设置【水平】和【垂直】均为"110%"，【角度】为"0°"，【副本】为"11"，单击【确定】按钮，如图 D-32 所示，效果如图 D-33 所示。

　　（4）在【透明度】面板中，设置【不透明度】为"90%"，如图 D-34 所示。从内向外依次调整白圆的不透明度（80%，70%，60%，50%，40%，30%，20%，10%），效果如图 D-35 所示。打开"网盘\素材文件\综合上机实训题\白鸽.ai"，并将其复制粘贴到当前图形中，调整大小和位置，如图 D-36 所示。

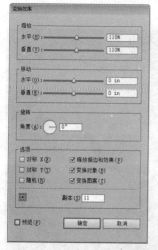

图 D-32 【变换效果】对话框

图 D-33 效果

图 D-34 【透明度】面板

图 D-35 透明度效果

图 D-36 添加白鸽素材

（5）在【色板】面板中，选择【特柔黑色晕影】效果，如图 D-37 所示。效果如图 D-38 所示。

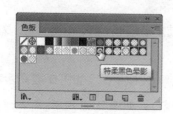

图 D-37 【色板】面板

图 D-38 填充效果

（6）选中白鸽，在【色板】面板中，选择【White,Black】效果，如图 D-39 所示。
效果如图 D-40 所示。

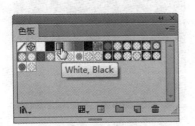

图 D-39　【色板】面板　　　　　　　　　　　图 D-40　最终效果

实训六：制作"鲜花店名片"效果

在 Illustrator CS6 中，制作图 D-41 所示的"鲜花店名片"效果。

素材文件	网盘 \ 素材文件 \ 综合上机实训题 \ 鲜花 .ai
结果文件	网盘 \ 结果文件 \ 综合上机实训题 \ 制作鲜花店名片 .ai

图 D-41　"鲜花店名片"效果

操作提示

在制作"鲜花店名片"的实例操作中，主要使用了矩形工具、渐变填充、文字工具、投影等知识。主要操作步骤如下。

（1）使用【矩形工具】▣绘制矩形，填充灰色"#CCCCCC"，如图 D-42 所示。使用【矩形工具】▣绘制较小的矩形，填充白色"#FFFFFF"，如图 D-43 所示。

图 D-42 绘制灰色矩形

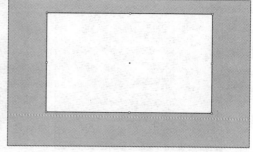

图 D-43 绘制白色矩形

（2）再次使用【矩形工具】 绘制较小的矩形，在选项栏中，设置【描边粗细】为
"2pt"，在【渐变】面板中，设置描边色标为深黄色"#B9873D"、黄色"#E3B140"、
浅黄色"#F5E384"、深黄色"#996D33"，如图 D-44 所示。打开"网盘\素材文件\综合
上机实训题\鲜花 .ai"，并将其复制粘贴到当前图形中，调整大小和位置，如图 D-45 所示。

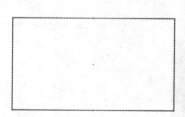

图 D-44 绘制矩形并设置描边

图 D-45 添加鲜花素材

（3）使用【矩形工具】 绘制较小的矩形，设置相同的描边效果，如图 D-46 所示。
使用【文字工具】 输入文字和字母，分别设置【字体】为"文鼎特粗宋简"和"Lato
Italic"，字体【大小】为"22 点"和"13 点"，如图 D-47 所示。

图 D-46 绘制矩形并设置描边

图 D-47 添加文字

（4）执行【效果】→【风格化】→【投影】命令，在打开的【投影】对话框中，设
置【不透明度】为"20%"，【X 位移】和【Y 位移】为"7px"，【模糊】为"5px"，
单击【确定】按钮，如图 D-48 所示。投影效果如图 D-49 所示。

图 D-48 【投影】对话框

图 D-49 投影效果

实训七：制作"牛皮纸袋"效果

在 Illustrator CS6 中，制作图 D-50 所示的"牛皮纸袋"效果。

素材文件	网盘＼素材文件＼综合上机实训题＼色彩之眼 .ai
结果文件	网盘＼结果文件＼综合上机实训题＼制作牛皮纸袋 .ai

图 D-50 "牛皮纸袋"效果

操作提示

在制作"牛皮纸袋"的实例操作中，主要使用了矩形工具、渐变填充、混合工具等。主要操作步骤如下。

（1）使用【矩形工具】▣绘制矩形，在【渐变】面板中，设置【角度】为"-54.3°"，描边色标为浅褐红色"#CEB09B"、深褐红色"#997D6F"，如图 D-51 所示。

（2）使用【矩形工具】▣绘制矩形，在【渐变】面板中，设置【角度】为"89.2°"，描边色标为浅褐红色"#997D6F"，深褐红色"#CEB09B"，如图 D-52 所示。

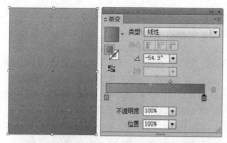

图 D-51　绘制矩形并调整形状

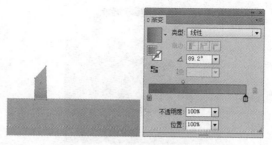

图 D-52　绘制矩形并调整形状

（3）复制并水平翻转图形，如图 D-53 所示。使用【矩形工具】■绘制矩形，在【渐变】面板中，设置【角度】为"90.6°"，描边色标为深褐红色"#997D6F"、浅褐红色"#CEB09B"，如图 D-54 所示。

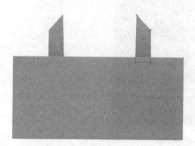

图 D-53　复制并水平翻转图形

图 D-54　绘制矩形并填充渐变色

（4）使用【圆角矩形工具】■绘制两个图形，填充灰色"#757267"，如图 D-55 所示。更改右侧图形【不透明度】为"0%"，如图 D-56 所示。双击【混合工具】⬛，在【混合选项】对话框中，设置【指定的步数】为"4"，单击【确定】按钮，依次单击图形创建混合效果，如图 D-57 所示。

图 D-55　绘制两个图形　　图 D-56　调整图形不透明度　　图 D-57　创建混合效果

（5）移动图形到适当位置，如图 D-58 所示。得到提手的投影效果，如图 D-59 所示。

（6）打开"网盘 \ 素材文件 \ 综合上机实训题 \ 色彩之眼 .ai"，并将其复制粘贴到当前图形中，调整大小和位置。在【透明度】面板中，设置混合模式为【叠加】。得到"牛皮纸袋"效果，如图 D-60 所示。

图 D-58　移动图形　　　　　　　图 D-59　得到提手投影效果

图 D-60　添加素材并设置混合模式

实训八：制作"可爱按钮"效果

在 Illustrator CS6 中，制作图 D-61 所示的"可爱按钮"效果。

素材文件	网盘 \ 素材文件 \ 综合上机实训题 \ 五彩鹿 .ai
结果文件	网盘 \ 结果文件 \ 综合上机实训题 \ 制作可爱按钮 .ai

图 D-61　"可爱按钮"效果

操作提示

在制作"可爱按钮"的实例操作中，主要使用了椭圆工具、渐变填充、透明度面板等。

主要操作步骤如下。

（1）使用【椭圆工具】◉绘制圆形，填充粉红色"#FF8FA6"，如图 D-62 所示。

绘制并适当缩小圆形，填充灰色"#B2B2B2"，如图 D-63 所示。绘制并适当缩小圆形，填充白色"#FFFFFF"，如图 D-64 所示。

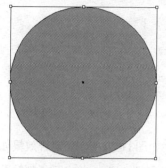

图 D-62　绘制粉红色圆形

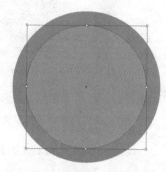

图 D-63　绘制灰色圆形

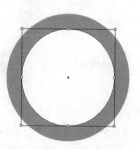

图 D-64　绘制白色圆形

（2）使用【椭圆工具】◎绘制两个圆形，组合后得到环形，填充灰色"#B2B2B2"，如图 D-65 所示，继续绘制圆形，在【渐变】面板中，设置【类型】为"径向"，渐变色为白色"#FFFFFF"、白色"#FFFFFF"、灰色"#7A7A7A"，如图 D-66 所示。

图 D-65　绘制圆环

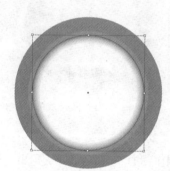

图 D-66　绘制圆形并填充渐变色

（3）在【透明度】面板中，设置混合模式为【正片叠底】，如图 D-67 所示。效果如图 D-68 所示。

图 D-67　【透明度】面板

图 D-68　混合模式效果

（4）绘制环形，在【渐变】面板中，设置渐变色为黑色"#000000"、白色"#FFFFFF"、黑色"#000000"，如图 D-69 所示。

图 D-69　绘制圆环并填充渐变色

（5）在【透明度】面板中，设置混合模式为【叠加】，如图 D-70 所示。混合效果如图 D-71 所示。打开"网盘 \ 素材文件 \ 综合上机实训题 \ 五彩鹿 .ai"，并将其复制粘贴到当前图形中，调整大小和位置，如图 D-72 所示。

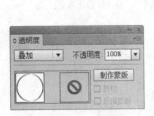

图 D-70　设置混合模式　　　图 D-71　混合效果　　　图 D-72　添加素材

实训九：制作"火炮串"效果

在 Illustrator CS6 中，制作图 D-73 所示的"火炮串"效果。

素材文件	无
结果文件	网盘 \ 结果文件 \ 综合上机实训题 \ 绘制火炮串 .ai

图 D-73　"火炮串"效果

操作提示

在制作"火炮串"的实例操作中，主要使用了矩形工具、镜像工具、创建轮廓、缩放命令、椭圆工具、渐变填充、倾斜命令等。主要操作步骤如下。

（1）使用【矩形工具】■绘制矩形，填充浅橙色"#997D6F"，如图 D-74 所示。使用【矩形工具】■绘制矩形，填充红色"#D92F00"，如图 D-75 所示。使用【矩形工具】■绘制矩形，填充深红色"#AA1600"，如图 D-76 所示。创建编组后，适当旋转图形，效果如图 D-77 所示。

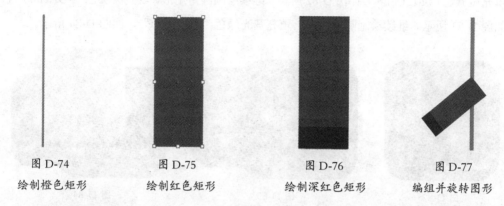

| 图 D-74 | 图 D-75 | 图 D-76 | 图 D-77 |
| 绘制橙色矩形 | 绘制红色矩形 | 绘制深红色矩形 | 编组并旋转图形 |

（2）连续复制 3 个编组图形，移动到下方适当位置，如图 D-78 所示。使用【镜像工具】图继续复制并水平翻转图形，如图 D-79 所示。复制一个编组图形，移动到下方，如图 D-80 所示。

图 D-78　复制图形　　　图 D-79　复制并水平翻转图形　　图 D-80　复制编组图形

实训十：制作"Logo"效果

在 Illustrator CS6 中，制作图 D-81 所示的"Logo"效果。

素材文件	无
结果文件	网盘 \ 结果文件 \ 综合上机实训题 \Logo 设计 .ai

图 D-81　"Logo"效果

在制作"Logo"的实例操作中，主要使用了圆角矩形工具、渐变填充、符号面板、扭转命令等。主要操作步骤如下。

（1）新建文档，设置【圆角半径】为"1cm"，拖动【圆角矩形工具】◻绘制圆角矩形，填充蓝紫色"#813EFF"，如图 D-82 所示。继续绘制圆角矩形，填充深红色"#DE1F00"，如图 D-83 所示。继续绘制圆角矩形，填充荧光绿色"#D7FF00"，如图 D-84 所示。

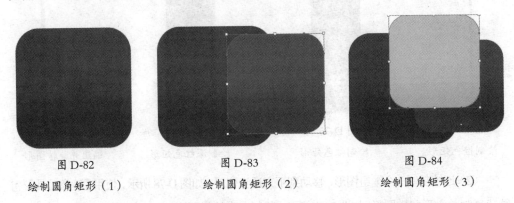

图 D-82	图 D-83	图 D-84
绘制圆角矩形（1）	绘制圆角矩形（2）	绘制圆角矩形（3）

（2）继续绘制圆角矩形，在【渐变】面板中，设置渐变色标为浅蓝色"#5DA1EF"、蓝色"#2A59BC"，如图 D-85 所示。在【箭头】面板中选择"箭头 5"符号，并拖动到图形中，如图 D-86 所示。

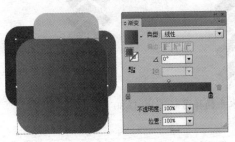
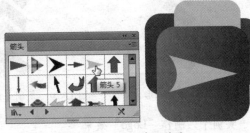

图 D-85　绘制圆角矩形并填充渐变色　　　　图 D-86　添加箭头符号

（3）执行【效果】→【扭曲和变换】→【扭转】命令，在打开的【扭转】对话框中，设置【角度】为"90°"，单击【确定】按钮，如图 D-87 所示。效果如图 D-88 所示。

图 D-87　【扭转】对话框　　　　　　　　图 D-88　扭转效果

CS6
ILLUSTRATOR

（全卷：100 分　答题时间：120 分钟）

得分	评卷人	一、选择题（每题 2 分，共 23 小题，共计 46 分）

1. Adobe 的 CS6 版本有 4 个软件支持 OpenCL 加速，其中之一就是 AI。新版本 AI 解决了一些以前一直存在的性能问题，并且新出了 64 位版本。64 位版可以调用更多的（　　）。

  A. 内存　　　　　　B. 空间　　　　　　C. 硬盘空间　　　　D. 字节

2. AI CS6 为自定义图案增加了一个面板来设置，可以轻松创建（　　）。

  A. 自定义图案　　B. 图案填充　　　　C. "填充"　　　　D. "四方连续填充"

3. AI 从（　　）版本开始增加了实时描摹，一直到 CS6 功能和精度在不断地强化。CS6 版本增加了【图像描摹】面板，将以前描摹选项中的复杂参数简单直观化，让用户能够快速得到自己想要的效果。

  A. CS2　　　　　　B. CS3　　　　　　C. CS4　　　　　　D. CS5

4. 高斯模糊增加一个（　　）按钮。可以直接看到效果，同时由于软件性能加强，模糊计算速度也变快了很多。

  A. 模糊　　　　　　B. 预览　　　　　　C. 显示　　　　　　D. 效果

5. 【颜色】面板增加（　　），这样在用户选择完一个 RGB 颜色后，可以直接得到这个颜色的代码，从而将其复制到其他软件中。

  A. 颜色值　　　　　B. 色相　　　　　　C. 颜色代码名称　　D. 颜色比较值

6. 按【Ctrl+O】组合键，打开【打开】对话框。在选择文件时，按住（　　）单击目标文件，可以选择多个连续文件；按住【Ctrl】键单击，可以选择不连续的文件。

  A.【Shift】　　　　B.【S】　　　　　C.【Alt】　　　　　D.【ESC】

7. 按下（　　）键可在各个屏幕模式之间快速切换。按【Tab】键，可以隐藏和显示浮动面板、工具栏和工具选项栏。

  A.【F】　　　　　　B.【E】　　　　　C.【D】　　　　　　D.【B】

8. 双击工具箱中的【缩放工具】🔍，可以将图形以（　　）的比例显示。

  A. 5%　　　　　　B. 80%　　　　　　C. 100%　　　　　D. 200%

9. 绘制路径后，还可以对路径进行调整。选中单个锚点时，选项栏中除了显示转换锚点的选项外，还显示该锚点的（　　）。

  A. 角度　　　　　　B. 位置　　　　　　C. 距离　　　　　　D. 坐标

10. 水平和垂直缩放可以更改文字的宽度和高度比例，未缩放字体的值为（　　）。选择文字后，在【字符】面板中进行设置。

  A. 80%　　　　　　B. 120%　　　　　C. 50%　　　　　　D. 100%

11. 在图形区域内部，除了能够填充单色外，还可以填充（　　），只要将【填色】色块设置为图案即可。

    A. 略缩图　　　　B. 图案　　　　C. 图表　　　　D. 图形

12. 选定对象后，（　　）鼠标，在弹出的快捷菜单中，选择【排列】命令中的子命令也可调整对象的排列方式。

    A. 右击　　　　B. 双击　　　　C. 左击　　　　D. 三击

13. 选择【变形工具】后，按住【Alt】键，在绘图区域按住鼠标左键拖动，可以即时快速地更改画笔（　　）。

    A. 高度　　　　B. 大小　　　　C. 粗细　　　　D. 宽度

14. 如果图形对象的填充颜色相同，但是一个无描边效果，另一个有描边效果，则创建的混合对象同样会显示描边颜色的（　　）的过渡效果。

    A. 从深到浅　　　　B. 渐变　　　　C. 从黑到白　　　　D. 从有到无

15. 在使用（　　）命令创建封套时，创建后的封套尺寸和形状与顶层对象完全相同。

    A. 用顶层对象建立　　　　　　　B. 菜单

    C. 封套　　　　　　　　　　　　D. 封套尺寸

16. 链接图像时，源文件更改文档时，单击【重新链接】按钮，Illustrator CS6 中的（　　）文档也会随之更新。

    A. 链接　　　　B. 嵌入　　　　C. 符号　　　　D. 添加

17. 斜角是沿对象的深度轴（　　）应用所选类型的斜角边缘。

    A. A 轴　　　　B. Z 轴　　　　C. D 轴　　　　D. E 轴

18. 当绘制图形对象后，可以在属性栏中更改对象的填色与描边属性，还可以通过（　　）面板重新设置。

    A.【批处理】　　　　B.【动作】　　　　C.【自动化】　　　　D.【外观】

19. 当【外观】面板中存在多个属性时，可以通过单击属性（　　）的【单击以切换可视性】图标，隐藏显示在下方的属性。

    A. 右侧　　　　B. 上侧　　　　C. 左侧　　　　D. 下侧

20. 单击【符号】面板底部的【断开符号链接】按钮，即可将（　　）转换为普通图形。

    A. 链接　　　　　　　　　　　　B. 符号

    C. 实例　　　　　　　　　　　　D. 符号实例

21. 使用【散点图工具】创建的图表沿（　　）和 Y 轴将数据点作为成对的坐标组进行绘制，散点图可用于识别数据中的图案或趋势，它们还可表示变量之间是否相互影响。

    A. X 轴　　　　　　　　　　　　B. Y 轴

  C. B 轴   D. Z 轴

  22. Web 安全颜色是指在不同硬件环境、不同操作系统、不同浏览器中都能够正常显示的（ ）。

  A. 集合   B. 颜色数值

  C. 颜色值   D. 颜色集合

  23. 使用（ ）可以将完整的网页图像划分为若干个小图像，在输出网页时，根据图像特性分别进行优化。

  A.【切片】   B.【切片工具】

  C.【切片切分工具】   D.【切片】命令

得分	评卷人	二、填空题（每题 2 分，共 14 小题，共计 28 分）

  1. Illustrator CS6 新增了许多实用功能，包括＿＿＿＿＿＿、＿＿＿＿＿＿、＿＿＿＿＿＿、＿＿＿＿＿＿等。

  2. 在计算机绘图设计领域中，图像基本上可分为＿＿＿＿＿＿和＿＿＿＿＿＿两类，位图与矢量图各有优缺点。

  3.【魔棒工具】 可以选择图形中具有相同属性的对象，如＿＿＿＿＿＿、＿＿＿＿＿＿和＿＿＿＿＿＿等属性。

  4. 在 Illustrator CS6 中，对象有 4 种显示模式，包括＿＿＿＿＿＿、＿＿＿＿＿＿、＿＿＿＿＿＿和＿＿＿＿＿＿。

  5. 钢笔调整工具组包括＿＿＿＿＿＿＿＿、＿＿＿＿＿＿＿＿、＿＿＿＿＿＿＿＿，可以添加新锚点、删除多余锚点和转换锚点的属性。

  6. 形状生成器工具是一个用于通过合并或擦除简单形状创建复杂形状的交互式工具。使用该工具，可以在画板中直观地＿＿＿＿＿＿、＿＿＿＿＿＿和＿＿＿＿＿＿＿。

  7. 在【字符】面板中，单击倒数一排的"T"按钮可以为字符添加特殊效果，包括＿＿＿＿＿＿和＿＿＿＿＿＿等。

  8. 通过【色板】面板可以控制所有文档的＿＿＿＿＿、＿＿＿＿＿、＿＿＿＿＿和＿＿＿＿＿；而【颜色】面板可以使用不同颜色模式显示颜色值，然后将颜色应用于图形的填充和描边。

  9. ＿＿＿＿＿和＿＿＿＿＿命令可以将实时上色组转换为普通路径。

  10. 执行【窗口】→【对齐】命令或按【Shift+F7】组合键，打开【对齐】面板，在【对齐】面板中，集合了＿＿＿＿＿和＿＿＿＿＿的相关按钮。

  11. 在【分布间距】栏中，包括＿＿＿＿＿＿＿和＿＿＿＿＿＿＿按钮，通过这两个按钮可以依据选定的分布方式改变对象之间的分布距离。

  12. Illustrator CS6 为用户提供了一些特殊编辑工具，使用这类工具可以快速调整＿＿＿＿＿＿或＿＿＿＿＿＿的外形效果。

13. 混合对象是在两个对象之间平均分布_____或_____，从而形成新的对象。

14. 在【3D 凸出和斜角】对话框的【凸出和斜角】栏中，分别包括_____、

_____、_____和_____4 个子选项。

得分	评卷人	
		三、判断题（每题 1 分，共 14 小题，共计 14 分）

1. Adobe CS6 中的 Adobe Illustrator CS6 软件使用硬件支持，能够高效、精确地处理大型复杂文件。 （　　）

2. Illustrator CS6 中默认的度量单位是点（pt），1pt=0.3528 毫米，用户可以根据需要更改 Illustrator CS6 用于常规度量、描边和文字的单位。 （　　）

3. 按【Ctrl+O】组合键，打开【打开】对话框。在选择文件时，按住【Shift】键单击目标文件，可以选择多个连续文件；按住【Alt】键单击，可以选择不连续的文件。

（　　）

4. 保存文件后，如果不再使用当前文件，就可以暂时关闭它，以节约内存空间，提高工作效率。执行【文件】→【关闭】命令或按【Ctrl+W】组合键，即可关闭当前文件。 （　　）

5. 使用【铅笔工具】可以绘制开放或是闭合的路径，就像用铅笔在纸上绘图一样，选择【铅笔工具】，可以打开【铅笔工具选项】对话框。 （　　）

6. 几何图形是由点、线、面组合而成的。任何复杂的几何图形，都可以分解为点、线、面和曲面。 （　　）

7. 点文本是指从单击位置开始，并随着字符输入而扩展的横排或直排文本，创建的每行文本都是独立的，对其进行编辑时，该行会扩展或缩短，但不会换行。 （　　）

8. 单击并拖曳径向渐变色条上的控制点，可以改变渐变色的方向、位置，并直观地调整渐变效果。 （　　）

9. 在【分布间距】栏中，包括【垂直间距分布】和【水平间距分布】按钮，通过这两个按钮可以依据选定的分布方式改变对象之间的分布距离。 （　　）

10. 当创建混合对象后，就会将混合对象作为一个整体，而原始对象之间混合的新对象不会具有自身的锚点，如果要对其进行编辑，需要将它分割为不同的对象。

（　　）

11. 在默认情况下，图层缩览图以"小"尺寸显示，在【图层】下拉菜单中，选择【面板选项】命令，弹出【图层面板选项】对话框，在【行大小】栏中启用不同的选项，能够得到不同尺寸的图层缩览图。 （　　）

12. 凸出厚度是用来设置对象沿 X 轴挤压的厚度，该值越大，对象的厚度越大；其中，不同厚度参数的同一对象挤压效果不同。 （　　）

13. 在【符号】面板中，绘制多个重复图形变得非常简单，在【符号】面板中包括大量的符号，还可以自己创建符号和编辑符号。 （　　）

14. 执行【窗口】→【色板】命令，打开【色板】面板，单击【色板】面板底部的【色板库】按钮，在弹出的下拉菜单中选择【色板】选项，即可打开【Web】面板。

（　　）

得分	评卷人	四、简答题（每题 6 分，共 2 小题，共计 12 分）

1. 简述矢量图和位图的区别。

2. 简述【星形工具】的绘制技巧。

CS6
ILLUSTRATOR

附录 F
知识与能力总复习 2

（全卷：100 分　答题时间：120 分钟）

得分	评卷人	一、选择题（每题 2 分，共 23 小题，共计 46 分）

1．在工具选项栏中，Illustrator CS6 会根据用户（　　）当前对象列出相应的设置选项，以方便快速对当前对象进行属性设置或修改。

　　A．指定的　　　　　B．未选中的　　　C．选中的　　　　D．框选的

2．（　　）位于工作界面的底部，用于显示当前文件页面缩放比例和页面标识等信息，如果是多画板文件，还将显示画板导航内容，用户可以快速设置页面缩放，并选择需要的画板。

　　A．状态栏　　　　　B．菜单栏　　　　C．工具栏　　　　D．空格键

3．执行【编辑】→【首选项】→【常规】命令或按（　　）组合键，弹出【首选项】对话框。

　　A．【Ctrl+Q】　　　B．【Ctrl+K】　　C．【Ctrl+C】　　D．【Ctrl+W】

4．启动 Illustrator CS6 后，执行【文件】→【新建】命令，或者按【Ctrl+N】组合键可以打开（　　）对话框，在对话框中，可以设置与新文件相关的选项，完成设置后，单击【确定】按钮，即可新建一个空白文件。

　　A．【新建文件】　　　　　　　　　B．【新建文档】

　　C．【新建图形】　　　　　　　　　D．【新建】

5．Illustrator CS6 为用户准备了大量实用的模板文件，通过模板文件可以快速创建专业领域的文件模板。执行【文件】→（　　）命令即可。

　　A．【新建模板】　　　　　　　　　B．【新建模型】

　　C．【从模板新建】　　　　　　　　D．【从模板创建】

6．【轮廓】只显示图形的轮廓线，没有（　　）显示，在该显示状态下制图，使屏幕刷新时间减短，大大节约了绘图时间。

　　A．外观　　　　　　B．颜色　　　　　C．图形　　　　　D．细节

7．参考线可以帮助用户对齐文本和图形对象。显示（　　）后，移动鼠标指针到标尺上单击并拖动鼠标，便可快速创建参考线。

　　A．标点　　　　　　B．参考线　　　　C．标尺　　　　　D．组合对象

8．绘制路径后，还可以对路径进行调整。选中单个锚点时，选项栏中除了显示转换锚点的选项外，还显示该锚点的（　　）。

　　A．角度　　　　　　B．位置　　　　　C．长度　　　　　D．坐标

9．选择【添加锚点工具】，在路径上要添加锚点的地方单击即可添加锚点，如果添加锚点的路径是直线段，则添加的锚点必是（　　）。

A．角点   B．平滑点   C．直点   D．轮廓点

10．图形路径只能进行描边，不能进行填充颜色。要想对路径进行填色，需要将单路径转换为（   ），而双路径的宽度是根据选择路径描边的宽度来决定的。

A．双路径   B．图形   C．重路径   D．圆路径

11．创建复合路径后，将两个图形对象合并为一个，这两个图形对象的重叠区域会（   ）。

A．变小   B．镂空   C．填满   D．重叠

12．在绘制圆角矩形的过程中，按【↑】键或【↓】键，可增加或减小圆角矩形的（   ）。

A．圆角半径   B．圆角长度   C．图形半径   D．圆角形状

13．（   ）是指从单击位置开始，并随着字符输入而扩展的横排或直排文本，创建的每行文本都是独立的，对其进行编辑时，该行将扩展或缩短，但不会换行。

A．点文本   B．段落文本   C．文本   D．矩形文本

14．使用【文字工具】在文字（   ）单击，执行【选择】→【全部】命令，可以将文字对象中的所有字符选中。

A．外部   B．内部   C．左部   D．右部

15．在默认情况下，输入的文字大小为（   ），要想改变文字大小，首先要选中输入的文字，然后在面板相应位置进行更改。

A．10pt   B．9pt   C．12pt   D．8pt

16．选择需要填充的图形后，选择（   ）面板中需要的色块，即可为图形填充颜色。

A．【色板】   B．【颜色】   C．【色块】   D．【色谱】

17．实时上色是通过路径将图形划分为多个上色区域，每一个区域都可以单独上色或描边，进行实时上色操作之前，需要创建（   ）。

A．实时上色组   B．实时上色   C．上色组   D．填充区域

18．使用【选择工具】同时选中需要编组的图形对象，执行【对象】→【编组】命令，或按（   ）组合键，即可快速对选中的对象进行编组。

A．【Ctrl+T】   B．【Ctrl+G】   C．【Ctrl+J】   D．【Ctrl+W】

19．双击【比例缩放工具】按钮，或按住（   ）键，在面板中单击，会弹出【比例缩放】对话框。

A．【Alt】   B．【Ctrl】   C．【Q】   D．【Esc】

20．无论是什么属性图形对象之间的混合效果，在默认情况下创建的混合对象，均是根据属性之间的（   ）来得到相应的混合效果的，而混合选项的设置能够得到具有某些相同元素的混合效果。

A．差异　　　　　B．大小　　　　　C．深浅　　　　　D．位置

21．在【图层】面板下拉菜单中，选择（　　）命令，可以将面板中的所有图层合并为一个图层。

A．【合并图稿】　　　　　　　　B．【拼合图稿】

C．【拼合图层】　　　　　　　　D．【拼合图形】

22．光源强度决定灯光的强度，强度值为（　　）～ 100% 时，参数值越高，灯光强度越大。

A．0%　　　　　B．10%　　　　　C．5%　　　　　D．−10%

23．在画板中应用符号后，还可以按照与操作其他对象相同的方式，对符号实例进行简单的操作，并且还能够使符号实例与符号脱离，形成（　　）的图形对象。

A．无联系　　　　B．另类　　　　C．特殊　　　　D．普通

得分	评卷人	二、填空题（每题 2 分，共 14 小题，共计 28 分）

1．设置首选项参数可以指示用户希望 Illustrator CS6 如何工作，包括_____、_____、_____、_____和_____等。

2．_____和_____是用于绘图的区域。画板内部的图形将被打印，画板外称为画布，位于画布上的图形不会被打印。

3．【直接选择工具】可以通过____或____方法快速选择编辑对象中的任意一个图形、路径中的任意一个锚点或某个路径上的线段。

4．【魔棒工具】可以选择图形中具有相同属性的对象，如_____、_____和_____等属性。

5．使用实时描摹功能，可以将_____、_____或其他位图转换为可编辑的矢量图形。

6．除了选择【视图】模式外，用户还可以在【描摹选项】对话框中设置其他选项来控制效果，如在【模式】下拉列表框中进行选择，可以生成_____、_____及_____等。

7．几何图形是由_____、_____、_____组合而成的。任何复杂的几何图形，都可以分解为点、线、面。

8．区域文本工具包括_____和_____，使用这两种工具可以将文字放入特定的区域内部，形成多种多样的文字排列效果。

9．在 Illustrator CS6 中创建渐变填充的方法很多，在渐变填充效果中较为常用的是_____和_____渐变。

10．在【分布间距】栏中，包括_____和_____按钮，通过这两个按钮可以依据选定的分布方式改变对象之间的分布距离。

11．【吸管工具】✐可以在对象之间复制外观属性，其中包括文字对象的_____、_____和_____属性。

12．在【图层】面板中，提供了一种简单易行的方法，它可以对作品的对象进行_____、_____、_____和_____，也可以创建模板图层。

13．使用 3D 命令可以将二维对象转换为三维对象，并且可以通过改变_____、_____、_____及更多的属性来控制 3D 对象的外观。

14．在画板中创建符号后，可以对其进行_____、_____、_____或_____等操作，像普通图形一样操作即可。

得分	评卷人	**三、判断题**（每题1分，共14小题，共计14分）

1．Illustrator CS6 新增了许多实用功能，包括性能强化、图案功能强化、描边渐变、图像描摹增强等。（　　）

2．按【Ctrl+O】组合键，打开【打开】对话框。在选择文件时，按住【Shift】键单击目标文件，可以选择多个连续文件；按住【Ctrl】键单击，可以选择不连续的文件。

（　　）

3．置入位图后，除了在【描摹选项】对话框中设置参数来描摹位图外，还可以单击属性栏中的【实时描摹】按钮来描摹图像。（　　）

4．【弧形工具】╱可以绘制弧线。选择该工具后，将鼠标指针定位于弧线起始位置，单击并拖曳鼠标至弧线结束位置即可。（　　）

5．点文本是指从单击位置开始，并随着字符输入而扩展的横排或直排文本，创建的每行文本都是独立的，对其进行编辑时，该行将扩展或缩短，而且会自动换行。

（　　）

6．实时上色是通过路径将图形划分为多个上色区域，每一个区域都可以单独上色或描边，进行实时上色操作之前，不需要创建实时上色组。（　　）

7．将图形转换为渐变网格后将不具有路径的属性。如果想保留图形的路径属性，可以从网格中提取对象原始路径。（　　）

8．选择【网格工具】▦，在网格面片外侧的空白处单击，可增加纵向和横向四条网格线。（　　）

9．执行【窗口】→【对齐】命令或按【Shift+F8】组合键，打开【对齐】面板，【对齐】面板中集合了对齐和分布命令相关按钮，选择需要对齐或分布的对象，单击【对齐】面板中的相应按钮即可。（　　）

10．图形的分布是自动沿水平或垂直轴均匀地排列对象，或者使对象之间的距离相等，精确地设置对象之间的距离，从而使对象的排列更为有序。（　　）

11．绘制对象时，默认以绘制的先后顺序进行排列，在编辑对象时，会因为各种需要调整对象的先后顺序，使用排列功能可以改变对象的排列顺序。　　　　（　　）

12．使用【旋转扭曲工具】可以使图形产生旋涡的形状，在绘图区域中需要扭曲的对象上单击或拖曳鼠标，即可使图形产生旋涡效果。　　　　（　　）

13．使用【混合工具】和【建立混合】命令可以在两个对象之间，也可以在多个对象之间创建混合效果。　　　　（　　）

14．选择图形对象是通过选择图层来实现的，还可以通过单击图层右侧的【定位】图标（未选中状态）来实现，单击该图标后，图标显示为双环时，表示项目已被选中。　　　　（　　）

得分	评卷人	四、简答题（每题 6 分，共 2 小题，共计 12 分）

1．简述绘制直线段的基本方法。

2．简述【字符样式】面板和【段落样式】面板的作用。

CS6
ILLUSTRATOR

附录 G
知识与能力总复习 3

（全卷：100 分　答题时间：120 分钟）

得分	评卷人	一、选择题（每题 2 分，共 23 小题，共计 46 分）

1.（　　）更新应该是 AI CS6 最有代表性的加强之一了。AI CS6 为自定义图案增加了一个面板来设置，可以轻松创建"四方连续填充"。

　　A.【图案】面板　　　　B. 图案定义　　　　C. 填充　　　　D. 图案功能强化

2.（　　）面板增加颜色代码名称，这样在用户选择完一个 RGB 颜色后可以直接得到这个颜色的代码，从而将其复制到其他软件中。

　　A. 颜色　　　　　　B. 色板　　　　C. RGB 色板　　　　D. 图案

3. 一般情况下，一个幅面为 A4 大小的 RGB 模式的图像，若分辨率为 300ppi，则文件大小约为（　　）。

　　A. 1MB　　　　　　B. 20MB　　　　C. 400MB　　　　D. 100MB

4. 如果菜单命令为（　　），表示该命令目前处于不能选择状态。如果菜单命令右侧有▸标记，表示该命令下还包含子菜单。

　　A. 浅灰色　　　　　　B. 虚线或点　　　　C. 浅红色　　　　D. 深灰色

5. 保存文件后，如果不再使用当前文件，就可以暂时关闭它，以节约内存空间，提高工作效率。执行【文件】→【关闭】命令或按（　　）组合键，即可关闭当前文件。

　　A.【Ctrl+Q】　　　B.【Ctrl+X】　　　C.【Ctrl+E】　　　D.【Ctrl+W】

6.【轮廓】只显示图形的轮廓线，没有颜色显示，在该显示状态下制图，使屏幕（　　）减短，大大节约了绘图时间。

　　A. 刷新时间　　　　　　　　　　B. 显示时间
　　C. 显示频率　　　　　　　　　　D. 变亮时间

7. 选择（　　），在路径上要添加锚点的地方单击即可添加锚点，如果添加锚点的路径是直线段，则添加的锚点必是角点。

　　A.【锚点工具】　　　　　　　　B.【添加锚点工具】
　　C.【点工具】　　　　　　　　　D.【添加工具】

8. 使用【路径橡皮擦工具】在开放的路径上单击，可以在单击处将路径断开，分割为（　　）个路径；如果在封闭的路径上单击，可以将路径整体删除。

　　A. 三　　　　　　B. 四　　　　C. 两　　　　D. 五

9. 在绘制多边形的过程中，按【↑】键或【↓】键，可增加或减少多边形的边数；移动鼠标可以旋转多边形；按住（　　）键操作可以锁定旋转角度。

　　A.【8】　　　　　B.【Alt】　　　C.【Shift】　　　D.【Ctrl】

10. 在绘制星形的过程中，按住【Shift】键可以把星形摆正；按住（　　）键可以使每个角两侧的"肩线"在一条直线上。

    A．【1】   B．【Esc】   C．【Shift】   D．【Alt】

11．在【字符】面板中，可以改变文档中的单个字符设置，执行【窗口】→（　　）→【字符】命令，可以打开【字符】面板，在默认情况下，【字符】面板中只显示最常用的选项。

    A．【颜色】   B．【色板】   C．【文字】   D．【色域】

12．【基线偏移】命令可以相对于周围文本的（　　）上下移动所选字符，以手动方式设置分数字或调整图片与文字之间的位置时，基线偏移尤其有效。

    A．方向   B．基线   C．左右   D．距离

13．选择对象后，执行【对象】→【排列】→【置于顶层】命令，或按（　　）组合键，可以将选定的对象放到所有对象的最前面。

    A．【Ctrl+Shift+】   B．【Shift+F5】

    C．【Ctrl+Shift+P】   D．【Shift+F4】

14．"实时上色"是一种创建彩色图画的直观方法，犹如画家在画布上作画，先使用铅笔等绘制工具绘制一些（　　），然后在这些描边之间的区域进行颜色的填充。

    A．分别变换   B．线条   C．图形   D．图形轮廓

15．选择【实时上色】组后，执行【对象】→【实时上色】→（　　）命令，可以将每个实时上色组的表面和轮廓转换为独立的图形，并划分为两个编组对象，所有表面为一个编组，所有轮廓为另一个编组。

    A．【扩展】   B．【上色】   C．【分解】   D．【划分】

16．单击【对齐】面板右上角的扩展按钮，在弹出的下拉菜单中，选择【显示/隐藏】选项，即可显示或隐藏面板中的（　　）栏。

    A．【间距】   B．【形状】   C．【分布间距】   D．【对齐】

17．"对齐"操作可使选定的对象沿指定的（　　）对齐。沿着垂直方向轴，可使选定对象的最右边、中间和最左边的定位点与其他选定的对象对齐。

    A．方向轴   B．位置   C．边缘   D．中心

18．混合对象是在（　　）个对象之间平均分布形状或颜色，从而形成新的对象。

    A．两   B．五   C．六   D．七

19．当混合效果中的对象呈现堆叠效果时，执行【对象】→【混合】→【反向堆叠】命令，那么对象的堆叠效果就会呈（　　）方向。

    A．三角形   B．正方形   C．相反   D．堆叠

20．在默认情况下，图层缩览图以"大"尺寸显示，在【图层】下拉菜单中，选择【面板选项】命令，弹出【图层面板选项】对话框，在（　　）栏中启用不同的选项，能够得到不同尺寸的图层缩览图。

  A.【显示方式】   B.【行大小】

  C.【显示尺寸】   D.【尺寸】

21. 选择对象后，单击【图层】面板中目标图层的名称，执行【对象】→【排列】→（ ）命令，可以将对象移动到目标图层中。

  A.【发送至图层】   B.【发送至面板】

  C.【发送至合并图层】   D.【发送至当前图层】

22. 在【3D 凸出和斜角选项】对话框中，单击（ ）按钮，弹出【贴图】对话框，通过该对话框可将符号或指定的符号添加到立体对象的表面上。

  A.【打断】   B.【扩展】   C.【贴图】   D.【断开】

23. 无论是缩放还是复制符号实例，都不会改变原始符号本身，只是改变符号实例在画板中的（ ）。

  A. 显示效果   B. 大小   C. 角度   D. 形状

得分	评卷人	
		二、填空题（每题 2 分，共 12 小题，共计 24 分）

1. 矢量图也称为向量图，可以对其进行任意大小缩放，而不会出现失真现象。矢量图像的形状更容易修改和控制，但是，色彩层次不如位图丰富和真实。常用的矢量绘制软件有_____、_____、_____、_____等。

2. 颜色模式是一种用来确定显示和打印电子图像色彩的模式。常见颜色模式包括_____、_____、_____等。

3. 选择曲线锚点时，锚点上会出现方向线和方向点，拖动方向点可以调整方向线的_____和_____，从而改变曲线的形状。

4. 钢笔调整工具组包括_____、_____、_____，可以添加新锚点，删除多余锚点和转换锚点的属性。

5. 线条分为_____、_____及各种由线条组合成的图形，用户可以根据要求选择不同的线条工具，进行各种线条的绘制。

6. 拖动【弧线工具】绘制弧线时，按住【X】键，可以切换弧线的凹凸方向；按下【C】键，可以在_____和_____之间切换；按下方向键可以调整弧线的斜率。

7. 输入文字常用的基本工具包括_____和_____，可以在绘制区域中创建点文本和块文本。

8. 双击工具箱中的_____和_____按钮，可以打开【拾色器】对话框，在该对话框中，用户可以通过选择色谱、定义颜色值等方式快速选择对象的填色或描边颜色。

9. 在【分布间距】栏中，包括_____和_____按钮，通过这两个按钮可以依据选定的分布方式改变对象之间的分布距离。

10. Illustrator CS6 中默认的度量单位是点（pt），1pt=0.3528 毫米，用户可以根据需要更改 Illustrator CS6 用于＿＿＿＿＿＿＿＿、＿＿＿＿＿＿＿＿和＿＿＿＿＿＿＿＿。

11. 混合对象是在两个对象之间平均分布＿＿＿＿＿＿＿＿或＿＿＿＿＿＿＿＿，从而形成新的对象。

12. 使用不透明度蒙版，可以更改底层对象的透明度。蒙版对象定义了＿＿＿＿＿＿＿＿和＿＿＿＿＿＿＿＿，可以将任何着色或栅格图像作为蒙版对象。

得分	评卷人	
		三、判断题（每题1分，共14小题，共计14分）

1. 位图也称为点阵图、栅格图像、像素图，简单地说，就是由像素点构成的图，对位图过度放大不会失真。　　　　　　　　　　　　　　　　　　　　　（　　）

2. 在【首选项】对话框中，选择【参考线和网格】选项，在该选项中，可以设置参考线和网格的相关参数。　　　　　　　　　　　　　　　　　　　　（　　）

3. 制作印刷品时，为了避免露白，或者误裁掉主体图像。通常要在印刷品成品周围留出几毫米出血尺寸。出血尺寸通常为10mm，根据纸张厚度，适当增减。　（　　）

4. 【直接选择工具】可以通过单击或框选方法快速选择编辑对象中的任意一个图形、路径中的任意一个锚点或某个路径上的线段。　　　　　　　　　　　　（　　）

5. 拖动【弧线工具】绘制弧线时，按住【P】键，可以切换弧线的凹凸方向；按【C】键，可以在开放式和闭合图形之间切换；按下方向键可以调整弧线的斜率。　（　　）

6. 在绘制星形的过程中，按住【Alt】键可以修改星形内部或外部的半径值。

　　　　　　　　　　　　　　　　　　　　　　　　　　　　　　　　（　　）

7. 路径文本工具包括【路径文字工具】 和【直排路径文字工具】 。选择工具后，在路径上单击，出现文字输入点后，输入文本，文字将沿着路径的形状进行排列。

　　　　　　　　　　　　　　　　　　　　　　　　　　　　　　　　（　　）

8. 使用【直接选择工具】修改【实时上色】组中的路径，会同时修改现有的表面和边缘，还可能创建新的表面和边缘。　　　　　　　　　　　　　　　　　（　　）

9. 线性渐变是指两种或两种以上的颜色在同一条直线上的逐渐过渡。该颜色效果与单色填充相同，均是在工具箱底部显示默认渐变色块，单击工具箱底部的【渐变】图标，即可将单色填充转换为黑白线性渐变。　　　　　　　　　　　　　　　（　　）

10. 执行【窗口】→【对齐】命令或按【Shift+F6】组合键，打开【对齐】面板，【对齐】面板中集合了对齐和分布命令相关按钮。　　　　　　　　　　　　　（　　）

11. 按【Alt+Shift+Ctrl+X】组合键，可以快速打开【分别变换】面板。　（　　）

12. Illustrator CS6 为用户提供了一些特殊编辑工具，使用这类工具可以快速调整文字或图形的外形效果。　　　　　　　　　　　　　　　　　　　　　　（　　）

13. 默认情况下，每个新建的文档都包含一个图层，该图层称为父图层，所有项目都被组织到这个单一的父图层中。（　　）

14. 对立体对象添加斜角效果后，可以在【高度】文本框中输入参数，设置斜角的高度。（　　）

得分	评卷人	四、简答题（每题 8 分，共 2 小题，共计 16 分）

1．点文本和块文本有什么区别？

2．如何取消不透明度蒙版的链接？